W0258450

Informatik — Fachberichte

Band 164: M. Eulenstein, Generierung portabler Compiler. X, 235 Seiten. 1988.

Band 165: H.-U. Heiß, Überlast in Rechensystemen. IX, 176 Seiten. 1988.

Band 166: K. Hörmann, Kollisionsfreie Bahnen für Industrieroboter. XII, 157 Seiten. 1988.

Band 167: R. Lauber (Hrsg.), Prozeßrechensysteme '88. Stuttgart, März 1988. Proceedings. XIV, 799 Seiten. 1988.

Band 168: U. Kastens, F. J. Rammig (Hrsg.), Architektur und Betrieb von Rechensystemen. 10. GI/ITG-Fachtagung, Paderborn, März 1988. Proceedings. IX, 405 Seiten. 1988.

Band 169: G. Heyer, J. Krems, G. Görz (Hrsg.), Wissensarten und ihre Darstellung. VIII, 292 Seiten. 1988.

Band 170: A. Jaeschke, B. Page (Hrsg.), Informatikanwendungen im Umweltbereich. 2. Symposium, Karlsruhe, 1987. Proceedings. X, 201 Seiten. 1988.

Band 171: H. Lutterbach (Hrsg.), Non-Standard Datenbanken für Anwendungen der Graphischen Datenverarbeitung. GI-Fachgespräch, Dortmund, März 1988, Proceedings. VII, 183 Seiten. 1988.

Band 172: G. Rahmstorf (Hrsg.), Wissensrepräsentation in Expertensystemen. Workshop, Herrenberg, März 1987. Proceedings. VII, 189 Seiten. 1988.

Band 173: M. H. Schulz, Testmustergenerierung und Fehlersimulation in digitalen Schaltungen mit hoher Komplexität. IX, 165 Seiten. 1988.

Band 174: A. Endrös, Rechtsprechung und Computer in den neunziger Jahren. XIX, 129 Seiten. 1988.

Band 175: J. Hülsemann, Funktioneller Test der Auflösung von Zugriffskonflikten in Mehrrechnersystemen. X, 179 Seiten. 1988.

Band 176: H. Trost (Hrsg.), 4. Österreichische Artificial-Intelligence-Tagung. Wien, August 1988. Proceedings. VIII, 207 Seiten. 1988.

Band 177: L. Voelkel, J. Pliquett, Signaturanalyse. 223 Seiten. 1989.

Band 178: H. Göttler, Graphgrammatiken in der Softwaretechnik. VIII, 244 Seiten. 1988.

Band 179: W. Ameling (Hrsg.), Simulationstechnik. 5. Symposium. Aachen, September 1988. Proceedings. XIV, 538 Seiten. 1988.

Band 180: H. Bunke, O. Kübler, P. Stucki (Hrsg.), Mustererkennung 1988. 10. DAGM-Symposium, Zürich, September 1988. Proceedings. XV, 361 Seiten. 1988.

Band 181: W. Hoeppner (Hrsg.), Künstliche Intelligenz. GWAI-88, 12. Jahrestagung. Eringerfeld, September 1988. Proceedings. XII, 333 Seiten. 1988.

Band 182: W. Barth (Hrsg.), Visualisierungstechniken und Algorithmen. Fachgespräch, Wien, September 1988. Proceedings. VIII, 247 Seiten. 1988.

Band 183: A. Clauer, W. Purgathofer (Hrsg.), AUSTROGRAPHICS '88. Fachtagung, Wien, September 1988. Proceedings. VIII, 267 Seiten. 1988.

Band 184: B. Gollan, W. Paul, A. Schmitt (Hrsg.), Innovative Informations-Infrastrukturen. I. I. I. – Forum, Saarbrücken, Oktober 1988. Proceedings. VIII, 291 Seiten. 1988.

Band 185: B. Mitschang, Ein Molekül-Atom-Datenmodell für Non-Standard-Anwendungen. XI, 230 Seiten. 1988.

Band 186: E. Rahm, Synchronisation in Mehrrechner-Datenbanksystemen. IX, 272 Seiten. 1988.

Band 187: R. Valk (Hrsg.), GI – 18. Jahrestagung I. Vernetzte und komplexe Informatik-Systeme. Hamburg, Oktober 1988. Proceedings. XVI, 776 Seiten.

Band 188: R. Valk (Hrsg.), GI – 18. Jahrestagung II. Vernetzte und komplexe Informatik-Systeme. Hamburg, Oktober 1988. Proceedings. XVI, 704 Seiten.

Band 189: B. Wolfinger (Hrsg.), Vernetzte und komplexe Informatik-Systeme. Industrieprogramm zur 18. Jahrestagung der GI, Hamburg, Oktober 1988. Proceedings. X, 229 Seiten. 1988.

Band 190: D. Maurer, Relevanzanalyse. VIII, 239 Seiten. 1988.

Band 191: P. Levi, Planen für autonome Montageroboter. XIII, 259 Seiten. 1988.

Band 192: K. Kansy, P. Wißkirchen (Hrsg.), Graphik im Bürobereich. Proceedings, 1988. VIII, 187 Seiten. 1988.

Band 193: W. Gotthard, Datenbanksysteme für Software-Produktionsumgebungen. X, 193 Seiten. 1988.

Band 194: C. Lewerentz, Interaktives Entwerfen großer Programmsysteme. VII, 179 Seiten. 1988.

Band 195: I. S. Bátori, U. Hahn, M. Pinkal, W. Wahlster (Hrsg.), Computerlinguistik und ihre theoretischen Grundlagen. Proceedings. IX, 218 Seiten. 1988.

Band 197: M. Leszak, H. Eggert, Petri-Netz-Methoden und -Werkzeuge. XII, 254 Seiten. 1989.

Band 198: U. Reimer, FRM: Ein Frame-Repräsentationsmodell und seine formale Semantik. VIII, 161 Seiten. 1988.

Band 199: C. Beckstein, Zur Logik der Logik-Programmierung. IX, 246 Seiten. 1988.

Band 200: A. Reinefeld, Spielbaum-Suchverfahren. IX, 191 Seiten. 1989.

Band 201: A. M. Kotz, Triggermechanismen in Datenbanksystemen. VIII, 187 Seiten. 1989.

Band 202: Th. Christaller (Hrsg.), Künstliche Intelligenz. 5. Frühjahrsschule, KIFS-87, Günne, März/April 1987. Proceedings. VII, 403 Seiten. 1989.

1989.

Band 203: K. v. Luck (Hrsg.), Künstliche Intelligenz. 7. Frühjahrsschule, KIFS-89, Günne, März 1989. Proceedings. VII, 302 Seiten. 1989.

Band 204: T. Härder (Hrsg.), Datenbanksysteme in Büro, Technik und Wissenschaft. GI/SI-Fachtagung, Zürich, März 1989. Proceedings. XII, 427 Seiten. 1989.

Band 205: P. J. Kühn (Hrsg.), Kommunikation in verteilten Systemen. ITG/GI-Fachtagung, Stuttgart, Februar 1989. Proceedings. XII, 907 Seiten. 1989.

Band 206: P. Horster, H. Isselhorst, Approximative Public-Key-Kryptosysteme. VII, 174 Seiten. 1989.

Band 207: J. Knop (Hrsg.), Organisation der Datenverarbeitung an der Schwelle der 90er Jahre. 8. GI-Fachgespräch, Düsseldorf, März 1989. Proceedings. IX, 276 Seiten. 1989.

Band 208: J. Retti, K. Leidlmair (Hrsg.), 5. Österreichische Artificial-Intelligence-Tagung, Igls/Tirol, März 1989. Proceedings. XI, 452 Seiten. 1989.

Band 209: U. W. Lipeck, Dynamische Integrität von Datenbanken. VIII, 140 Seiten. 1989.

Band 210: K. Drosten, Termersetzungssysteme. IX, 152 Seiten. 1989.

Band 211: H. W. Meuer (Hrsg.), SUPERCOMPUTER '89. Mannheim, Juni 1989. Proceedings, 1989. VIII, 171 Seiten. 1989.

Band 212: W.-M. Lippe (Hrsg.), Software-Entwicklung. Fachtagung, Marburg, Juni 1989. Proceedings. IX, 290 Seiten. 1989.

Band 213: I. Walter, Datenbankgestützte Repräsentation und Extraktion von Episodenbeschreibungen aus Bildfolgen. VIII, 243 Seiten. 1989.

Band 214: W. Görke, H. Sörensen (Hrsg.), Fehlertolerierende Rechensysteme / Fault-Tolerant Computing Systems. 4. Internationale GI/ITG/GMA-Fachtagung, Baden-Baden, September 1989. Proceedings. XI, 390 Seiten. 1989.

Informatik-Fachberichte 261

Herausgeber: W. Brauer
im Auftrag der Gesellschaft für Informatik (GI)

Wolf Zimmermann

Automatische Komplexitätsanalyse funktionaler Programme

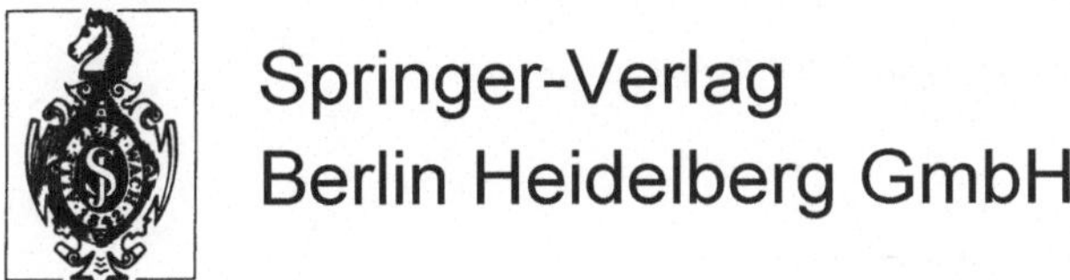

Springer-Verlag
Berlin Heidelberg GmbH

Autor

Wolf Zimmermann
Institut für Programmstrukturen und Datenorganisation
Universität Karlsruhe
Postfach 6980, W-7500 Karlsruhe 1

CR Subject Classification (1987): F.2, D.3.2

ISBN 978-3-540-53430-3   ISBN 978-3-662-05948-7 (eBook)
DOI 10.1007/978-3-662-05948-7

2145/3140-543210 – Gedruckt auf säurefreiem Papier

Geleitwort

Es gibt im Bereich der Softwaretechnik viele Werkzeuge, die die Entwicklung von Software unterstützen und es ermöglichen, auch große Systeme zu realisieren. Einige dieser Werkzeuge beziehen auch Korrektheitsfragen ein und versuchen, den Entwicklungsprozeß zu systematisieren und Korrektheit nicht nur durch nachträgliche Verifikation, sondern durch die Anwendung formaler Methoden während der Konstruktion zu garantieren. Neben der Korrektheit spielt natürlich auch die Effizienz eine wesentliche Rolle bei der Programmkonstruktion, aber im Gegensatz zur Korrektheit stehen für die Gewährleistung von Effizienz kaum geeignete Werkzeuge zur Verfügung, die bereits im Prozeß der Konstruktion angewandt werden könnten.

Die vorliegende Arbeit führt eine Methode ein, die es erlaubt, die Zeitkomplexität funktionaler Programme oder Spezifikationen automatisch zu ermitteln. Damit wird es möglich, bereits in frühen Phasen der Entwicklung durch Betrachtung der Effizienz die Auswahl, aber auch den Entwurf von Algorithmen zu unterstützen. Die Grundidee dieser Methode besteht darin, ein funktionales Programm in ein System von Rekurrenzgleichungen zu übersetzen, das das Zeitverhalten des Programms beschreibt. Anschließend wird dieses Rekurrenzsystem gelöst. Die Einführung von *bedingten Rekurrenzen* und *Rekurrenzfamilien* ermöglicht es, obere und untere Schranken für die Zeitkomplexität zu finden. Um die mittlere Zeitkomplexität zu bestimmen, werden mit Hilfe einer probabilistischen Semantik des Programms Wahrscheinlichkeiten dafür berechnet, daß im Programm vorkommende Bedingungen wahr bzw. falsch werden. Um möglichst genaue Schranken für die Zeitkomplexität zu erhalten, wird eine *Abhängigkeitsanalyse* durchgeführt. Das Verfahren ermöglicht eine genaue Analyse von Divide-and-Conquer-Programmen.

Der in dieser Arbeit vorgestellte Ansatz ermöglicht es, die oberen und unteren Schranken für die Zeitkomplexität, sowie die mittlere Zeitkomplexität einiger bekannter Algorithmen *(Quicksort*, Sortieren durch Einfügen, Horners Algorithmus, schnelle Fouriertransformation) automatisch zu analysieren. Das Analyseergebnis besteht dabei nicht nur in der asymptotischen Komplexität, sondern enthält vor allem auch die konstanten Faktoren, die wesentlich zur Auswahl geeigneter Algorithmen beitragen.

Karlsruhe, im Juli 1990   Stefan Jähnichen

Vorwort

Die vorliegende Arbeit wurde als Dissertation der Fakultät für Informatik der Universität Karlsruhe (TH) vorgelegt und genehmigt.

Ich bedanke mich bei meinen beiden Betreuern Prof. Dr. Stefan Jähnichen und Prof. Dr. Thomas Beth für zahlreiche Diskussionen und Anregungen. Ich bedanke mich auch bei Prof. Dr. Gerhard Goos, der mich in der Anfangsphase betreute. Ich danke Prof. Dr. Philippe Flajolet (INRIA Rocquencourt) und Prof. Jähnichen für die Ermöglichung eines Kurzaufenthaltes bei INRIA Rocquencourt. Prof. Flajolet möchte ich an dieser Stelle auch für seine Gesprächsbereitschaft danken. Der Aufenthalt bei INRIA brachte mir zahlreiche Diskussionspartner. Die Diskussionen hatten sicherlich Einfluß auf meine Arbeit. Besonders danken möchte ich meinem Kollegen Paul Zimmermann (INRIA Rocquencourt), der diese Arbeit in einer früheren Version sorgfältig durchlas und die Beweise genau prüfte. Ich danke außerdem Bruno Salvy für seine Geduld bei meinen ersten Versuchen mit MAPLE.

Der Ursprung dieser Arbeit liegt im ESPRIT-Projekt 510 ToolUse. Ich danke allen Kollegen im Projekt für ihre Bereitschaft zum Zuhören und Diskutieren. Besonders bedanke ich mich bei René Jacquart (CERT Toulouse), der mich vor drei Jahren auf die Idee brachte, das Thema automatische Komplexitätsanalyse zu betrachten. Ich danke außerdem Jacques Sauloy (Midival Toulouse), der mich beim Beweis der Sätze 6.20 und 6.21 unterstützte.

Ich bedanke mich ferner bei meinen Kollegen Frank Bieler und Dr. Roland Dietrich von der GMD in Karlsruhe, die mir wertvolle Hinweise zur Gestaltung der Einleitung und zu den Schlußfolgerungen gaben.

Karlsruhe, im Juli 1990 — Wolf Zimmermann

Hinweis für den Leser:
Für Leser, die mit Lösungsverfahren für Rekurrenzen nicht vertraut sind, empfiehlt es sich, zuerst den Anhang A zu lesen. Dort sind die wesentlichen Lösungsverfahren zusammengefaßt. Im Anhang C finden sich Eigenschaften und Folgen von Funktionen, die in den Beweisen in Kapitel 5 benötigt werden. Wer mit den Eigenschaften monotoner und konvexer Folgen bzw. Funktionen nicht vertraut ist, sollte also vor Kapitel 5 den Anhang C lesen.

Inhalt

Kapitel 1

Einleitung

1.1 Motivation und Problemstellung

Es gibt eine Vielzahl von Werkzeugen, die den Prozeß des Programmierens unterstützen (z.B. Transformationssysteme, Automatisierung von Programmentwicklungsmethoden). Allen diesen Werkzeugen ist gemeinsam, daß sie eine Menge von Regeln enthalten. Die sukzessive Anwendung dieser Regeln auf eine formale Spezifikation soll zu einer effizienten und korrekten Implementierung der Spezifikation führen. In der Tat stellen diese Werkzeuge die Korrektheit einer Implementierung bezüglich ihrer Spezifikation sicher. Andererseits stellen diese Werkzeuge nicht sicher, daß eine Implementierung effizient ist. Normalerweise garantieren nur wenige Regeln und Methoden eine Verbesserung der Effizienz. Oft haben die Regeln und Methoden die Eigenschaft, daß sich bei ihrer Anwendung die Zeiteffizienz eines Programms verbessert. In manchen Fällen kann sich aber auch die Effizienz verschlechtern. Wenn man Strategien zur Programmentwicklung betrachtet, die solche Regeln verwenden, ist daher erst recht keine Effizienzverbesserung garantiert. Letztendlich ist der Benutzer solcher Werkzeuge selbst dafür verantwortlich, daß er tatsächlich effiziente Programme entwickelt. Es ist also nützlich, den Zeitaufwand von Programmen zu kennen, insbesondere, um im Programmentwicklungsprozeß Entwurfsentscheidungen treffen zu können. Keines der Werkzeuge unterstützt den Benutzer in der Aufgabe das Zeitverhalten eines Programms abzuschätzen. Der Werkzeugbenutzer nimmt daher (wenn überhaupt) nur eine oberflächliche Abschätzung seiner Zwischenresultate vor. Er wird im allgemeine höchstens die schlimmste und die günstigste Zeitkomplexität asymptotisch bestimmen. Eine weitaus wichtigere Rolle für die Praxis spielt der mittlere Zeitaufwand. Außerdem spielen die konstanten Summanden und Faktoren im Zeitaufwand eine nicht unerhebliche Rolle für die Effizienz des Programms. Betrachtet man z.B. Sortierverfahren, so würden bei einer ausschließlich asymptotischen Analyse des besten und schlechtesten Falls die einfachen Verfahren wie etwa *Bubblesort* bevorzugt werden, da deren Zeitaufwand im günstigsten Fall linear, und im schlechtesten Fall quadratisch ist, während der Aufwand von dem schnellsten bekannten Sortierverfahren *Quicksort* im günstigsten Fall $O(n \log n)$ ist, und im schlechtesten Fall quadratisch ist. Erst wenn man den mittleren Fall betrachtet, würde man *Quicksort* den einfachen Verfahren vorziehen, da der mittlere Zeitaufwand von *Quicksort* $O(n \log n)$ ist, während der mittlere Aufwand der einfachen Verfahren quadratisch ist. Ohne Betrachtung der konstanten Faktoren bei der Komplexitätsanalyse würde man zwar *Quicksort* den einfachen Verfahren vorziehen. *Quicksort* würde aber nicht Verfahren wie etwa *Heapsort* vorgezogen. Der schlimmste Fall des Zeitaufwands von *Heapsort* ist nämlich ebenfalls $O(n \log n)$. Der Grund weshalb häufig *Quicksort* verwendet wird, sind die kleinen Konstanten in der mittleren Zeitkomplexität, die es zum schnellsten bekannten Sortierverfahren im mittleren Fall machen. Um während der Programmentwicklung mit Werkzeugen Situationen wie im Falle der Sortierverfahren zu vermeiden, ist eine detaillierte Komplexitätsanalyse erforderlich. Die Berechnung der Komplexität, insbesondere solcher mit konstanten Faktoren, ist mühselig und langwierig. Diese Berechnung sollte daher automatisch erfolgen. Das heißt, man muß Programmentwicklungswerkzeuge um ein Werkzeug zur automatischen Komplexitätsanalyse erweitern.

Ziel dieser Arbeit ist es, eine Methode zu entwickeln, die eine Implementierung von Werkzeugen zur automatischen Komplexitätsanalyse erlaubt. Allerdings sei hier erwähnt, daß eine vollautomatische Zeitkomplexitätsanalyse von Programmen theoretisch nicht möglich ist, da man sonst das Halteproblem lösen könnte. Ziel einer automatischen Komplexitätsanalyse kann es daher nur sein, möglichst viele Programme zu analysieren.

Als Programmiersprache wird eine einfache, typisierte funktionale Sprache gewählt, deren Konstrukte die bedingte Anweisung, Funktionsdefinition, lokale Berechnungen, Typdefinition (algebraisch) und Funktionsapplikation sind. Die Sprache wurde funktional gewählt, weil funktionale Sprachen keine Seiteneffekte kennen[1]. Seiteneffekte machen oft sogar Analysen von Hand unmöglich. Wir entschieden uns für eine Typisierung, weil wir nicht auf spezielle Typen abgestimmte Techniken entwickeln wollen.

Die Konstrukte der Funktionsdefinition, Funktionsapplikation, lokale Berechnung und bedingten Anweisung genügen, da alle anderen eingeführten Konstrukte sich auf diese abbilden lassen. Solchen funktionalen Sprachen kann ein einfaches Maschinenmodell zugrundegelegt werden – nämlich ein Reduktionssystem. Basierend auf solch einem Reduktionssystem kann dann die Zeitkomplexität definiert werden.

1.2 Verwandte Arbeiten

Eine erste Methode zur automatischen Komplexitätsanalyse wurde von Wegbreit [Weg75] für pureLISP-Programme entwickelt. Seine Techniken sind z.T. speziell auf Listen abgestimmt. Er transformiert eine LISP-Funktion in eine Rekurrenz, die die Komplexität dieser Funktion beschreibt, und löst diese anschließend. Es wird der beste, der schlimmste, der mittlere Fall und dessen Varianz bestimmt. Der Ansatz erlaubt sehr einfache Funktionen, wie das Anhängen zweier Listen oder das Umkehren einer Liste, automatisch zu analysieren.

Dieser Ansatz bildet die Basis der Weiterentwicklungen von [LeM88] und [HC88]. Beide Ansätze sind charakterisiert durch die Reduktion des Programms auf Rekurrenzen. Sie unterscheiden sich von [Weg75] durch:

- Analyse von FP-Programmen[2] ([HC88] und [LeM88])

---

[1]In logischen Sprachen wie z.B. Prolog werden über das Rücksetzen Seiteneffekte eingeführt.
[2]FP wird in Abschnitt 2.3 eingeführt

- Ausschließliches Berechnen des maximalen Aufwands ([LeM88])

- Analyse des mittleren Aufwands ([HC88])

In [LeM88] wird nur der schlechteste Fall ohne Betrachtung konstanter Faktoren analysiert. Die Menge der Funktionen, die automatisch analysiert werden können, ist kleiner als die in [Weg75], und besteht im wesentlichen aus Funktionen, die auf dem Prinzip der Induktion mit einem Basisfall und einer induktiven Definition basieren. Wie wir oben gesehen haben, ist die Analyse des mittleren Falls zur sinnvollen Verwendung solcher Werkzeuge notwendig. Einen Ausweg hierzu bietet der Ansatz von [HC88], der für den mittleren Fall Eingabeverteilungen benutzt. Allerdings müssen die Eingabeverteilungen mit der gleichen Induktion definiert sein, mit der das Programm definiert ist. Beide Ansätze basieren auf FP-Listen.

Eine alternative Methodik zur Berechnung des mittleren Aufwands ist in den Arbeiten von Flajolet und seinen Mitarbeitern [FV87, FS87, FSZ88] aufgezeigt. Aus den Typdefinitionen werden erzeugende Funktionen, die die Anzahl der Objekte der Größe n des Typs repräsentieren, abgeleitet. Anschließend werden Gleichungen für die erzeugenden Funktion für den mittleren Aufwand aus der Programmstruktur berechnet. Diese Gleichungen werden gelöst und durch Betrachtung der Singularitäten der Lösung wird die Aufwandsfunktion bestimmt. Dieser Ansatz ist von seinem Prinzip her mächtiger als die oben beschriebenen, da es möglich ist, Funktionen, die induktiv über die Struktur der Typen (r Basisfälle, k induktive Definitionen basierend auf r Hypothesen) definiert sind, zu analysieren. Außerdem ist die Methode der erzeugenden Funktionen durch Umgehen der Rekurrenzen schneller. Im Gegensatz zu den oben erwähnten Methoden kann aber z.Z. keine Funktionskomposition behandelt werden. Eine ausführlichere Beschreibung und Bewertung dieser Ansätze befindet sich in Kapitel 2.

Alle anderen Arbeiten zur Analyse der Komplexität von Programmen beschreiben Methoden die von Hand durchgeführt werden. Meistens handelt es sich hierbei um wenig systematische Ansätze. Die Ergebnisse dieser Arbeiten [AHU74], [Hof87], [Kem84], [Knu73a], [Knu73b], [Knu73c], [Meh84c], [Meh84a] und [Meh84b] können aber als Anwendungsbeispiele zur Validierung des hier entwickelten Ansatzes verwendet werden.

1.3 Lösungsansatz und Aufbau der Arbeit

Diese Arbeit soll die Mächtigkeit der oben erwähnten Ansätze (insbesonderer derer, die auf Rekurrenzen basieren) erweitern. Anstelle von Listen werden allgemeine Typdefinitionen erlaubt. Es sollen außer den Funktionen, deren Definition auf dem Induktionsprinzip der strukturellen Induktion mit r Basisfällen und k Induktionsfällen mit r Hypothesen beruht, auch noch Divide-and-Conquer Funktionen (wie etwa Quicksort) automatisch analysiert werden können (ohne, wie etwa in [HC88], deren Rekursionsprinzip explizit angeben zu müssen). Der mittlere Aufwand soll mit Hilfe von Wahrscheinlichkeitsmaßen für die Eingabeparameter analysiert werden. Um dann Wahrscheinlichkeiten, daß im Programm vorkommende Bedingungen wahr sind, zu berechnen wird die probabilistische Semantik nach [Koz81] verwendet. Diese ist auch in [HC88] für FP definiert, aber sie wird dort nur interaktiv zur Bestimmung des mittleren Aufwands verwendet. In dieser Arbeit wird eine Methode zur automatischen Komplexitätsanalyse entwickelt. Diese Methode ist eine Erweiterung von Wegbreits Ansatz [Weg75] und wurde mit dem Komplexitätsanalysesystem COMPLEXA implementiert.

Das Grundprinzip der Analyse geht von Wegbreits Ansatz für pureLISP [Weg75] aus und besteht darin, zuerst den Zeit- bzw. Speicheraufwand einer Funktion durch eine Funktion darzustellen, die den Zeit- bzw. Speicheraufwand berechnet. Anschließend wird diese Funktion auf eine Rekurrenzrelation abgebildet, deren Lösung gerade die gesuchte Komplexität ist. Die hier vorgeschlagene Methodik erlaubt eine größere Flexibilität beim Einsatz von Heuristiken (insbesondere zur Analyse von Divide-and-Conquer Verfahren) und wird daher dem Ansatz von Flajolet vorgezogen. Eine halbautomatische Komplexitätsanalyse besteht aus diesem Reduktionsprozeß (der möglichst vollständig sein sollte) und aus dem halbautomatischen Lösen von Rekurrenzrelationen. Für den Reduktionsprozeß ist dabei im einzelnen folgende Vorgehensweise vorgesehen:

- Abbildung der zu analysierenden Funktion auf eine Funktion, die den Zeit- bzw. Speicheraufwand dieser Funktion berechnet.

- Überführung dieser Funktion in Gleichungen durch Vereinfachung des Rumpfes und symbolische Auswertung der Funktion

- Umformung dieser Gleichungen in eine Rekurrenzrelation durch eine geeignete Abbildung von Typobjekten auf natürliche Zahlen

Die Fähigkeit von COMPLEXA (dessen Grundlage obiger Ansatz ist) Programme automatisch zu analysieren, ist also gleichbedeutend mit seiner Fähigkeit Rekurrenzrelationen zu analysieren. Es ist also notwendig, für eine möglichst große Klasse von Rekurrenzrelationen automatische Lösungsverfahren zu entwickeln.

Bei der symbolischen Auswertung sollen Variablen in den Bedingungen der bedingten Anweisungen der im ersten Schritt erzeugten Funktion so instantiiert werden, daß die Bedingung wahr bzw. falsch wird. Manchmal ist es nicht möglich Bedingungen so zu instantiieren, daß sie wahr bzw. falsch werden. Dann wird die Entscheidung, ob eine Bedingung wahr ist, verschoben und man erhält eine bedingte Rekurrenzrelation. Bedingte Anweisungen, aus denen bedingte Rekurrenzen resultieren, sind für den Unterschied zwischen dem besten Fall, dem schlechtesten Fall und dem mittleren Fall verantwortlich. Diese bedingte Rekurrenzrelation wird dann in eine Rekurrenzrelation für den besten, den schlechtesten und den mittleren Fall umgeformt.

Für die Analyse des mittleren Zeit- bzw. Speicheraufwandes muß die Wahrscheinlichkeit berechnet werden, daß solch eine Bedingung wahr ist. Dazu sind zusätzliche Angaben über die Eingabeparameter und Verteilungsannahmen notwendig. Mit diesen Angaben ist es möglich, durch eine im Prinzip ähnliche Vorgehensweise wie die Aufwandsanalyse, Wahrscheinlichkeitsanalysen durchzuführen.

Abschließend sei noch erwähnt, daß die oben geschilderte Vorgehensweise nur bei rekursiven Funktionen angewendet wird. Bei nichtrekursiven Funktionen genügt es, den Aufwand jedes Programmpfades zu bestimmen. Zusammen mit der Wahrscheinlichkeit, daß solch ein Programmpfad ausgeführt wird, ergibt sich dann der minimale, maximale und mittlere Aufwand.

Im 2. Kapitel werden die anderen Ansätze zur automatischen Komplexitätsanalyse ausführlich diskutiert. Im 3. Kapitel wird ein Maschinenmodell für die zu analysierende Sprache definiert. Dieses Modell bildet dann die Basis für die Komplexitätsanalyse. Im 4. Kapitel wird das Abbilden auf Rekurrenzen gezeigt, deren Lösung dann im 5. Kapitel behandelt wird. Im 6. Kapitel wird die probabilistische Semantik der zu analysierenden Sprache definiert und gezeigt, wie sie zum Berechnen von Wahrscheinlichkeiten von Bedingungen verwendet wird. Im 7. Kapitel werden die erreichten Resultate zusammengefaßt und mögliche Erweiterungen diskutiert. In einem Anhang sind die bekannten Methoden zum Lösen von Rekurrenzen und Rekurrenzsystemen zusammengefaßt. In zwei weiteren Anhängen sind wichtige Beweise enthalten, die aufgrund ihrer Länge und ihrer Eigenständigkeit nicht in dem Kapitel stehen, in dem sie benötigt werden.

Kapitel 2

Ansätze zur automatischen Komplexitätsanalyse

Es gibt zwei grundsätzlich verschiedene Ansätze zur automatischen Komplexitätsanalyse funktionaler Programme. Der eine basiert auf einem Homorphismus zwischen Typdefinitionen und Gleichungen für erzeugende Funktionen, die die Anzahl der Objekte der Größe n definiert, und auf einem Homomorphismus zwischen der Programmstruktur und Gleichung für erzeugenden Funktionen für den Zeitaufwand. Der mittlere Zeitaufwand wird dann durch Analyse der Singularitäten dieser erzeugenden Funktionen bestimmt [FSZ88].

Der zweite Ansatz basiert auf der Transformation der zu analysierenden Funktion auf eine Rekurrenz (ggf. eine bedingte Rekurrenz), die dann in einer Analysephase gelöst wird. Falls die Rekurrenzgleichung bedingt ist, wird der günstigste, der schlechteste und der mittlere Fall berechnet. Der Begründer dieser Richtung ist Ben Wegbreit. Er beschreibt eine Analyse für pureLISP-Programme [Weg75]. Da dort die Berechnung der Wahrscheinlichkeiten, daß im Programm vorkommende Bedingungen wahr werden, nur ungenügend definiert ist, konzentrierten sich weitere Arbeiten darauf, diese Berechnungen zu erweitern. Ein Ansatz, der hier beschrieben wird ist der von Timothy Hickey und Jacques Cohen in [HC88]. Sie analysieren FP-Programme (allerdings nicht automatisch).

Der erste Abschnitt behandelt Flajolets Ansatz [FSZ88], der zweite Abschnitt Wegbreits Ansatz. Schließlich wird im 3. Abschnitt die Methode von Hickey und Cohen demonstriert. Abschließend erfolgt eine Begründung, weshalb wir den Rekurrenzansatz als Ausgangspunkt verwenden, sowie die Erläuterung unserer Vorgehensweise.

2.1 Der Ansatz mit erzeugenden Funktionen

Der Ansatz mit erzeugenden Funktionen (Methodik von Flajolet) gliedert sich in zwei Phasen: einer algebraischen Phase, die aus dem zu analysierenden Programm die Gleichungen für die erzeugenden Funktion erzeugt, und einer analytischen Phase, in der die Singularitäten dieser erzeugenden Funktion analysiert werden.

Eine Beschreibung der Implementierung dieses Ansatzes (genannt $\Lambda\Upsilon\Omega$) befindet sich in [FSZ88]. Dieses System kann den mittleren Zeitaufwand von Funktionen wie *formales Differenzieren*, algebraisches Vereinfachen und *pattern-matching* analysieren.

In [Rio58, Rio68] wird der Zusammenhang zwischen Kombinatorik, erzeugenden Funktionen und komplexer Analysis ausführlich diskutiert. Diese Theorie bildet die Grundlage der in diesem Abschnitt vorgestellten Methode.

Der folgende Unterabschnitt behandelt die Grundlagen der 1. Phase (algebraische Analyse, kurz: ALAS), der zweite Unterabschnitt behandelt die 2. Phase (analytische Analyse, kurz: ANANAS). Schließlich werden im dritten Unterabschnitt die Fähigkeiten dieses Ansatzes diskutiert. Die theoretischen Grundlagen dieser Methode befinden sich in [FV87] und [FS87].

2.1.1 Algebraische Analyse

Es wird die Methode der erzeugenden Funktionen für die kombinatorische Zählung, wie sie in der Algorithmenanalyse auftritt, gezeigt. Kombinatorische Strukturen können in Funktionalgleichungen über erzeugende Funktionen umgesetzt werden. Dies induziert eine Umsetzung von Datenstrukturen und Programmstrukturen in Funktionalgleichungen über erzeugende Funktionen. Dieser Abschnitt beinhaltet die Zusammenfassung der Ergebnisse in [FV87, FS87], [Fla88] Abschnitt 6.1 und 6.2 und [Zim89]. Außerdem befindet sich eine Beschreibung dieser Methode in [Hof87].

2.1.1.1 Aufzählungen von Datenstrukturen

Zuerst werden die Prinzipien der Zählung anhand der Kardinalität von Mengen demonstriert. Es gilt allgemein das folgende Lemma:

Lemma 2.1 (Kardinalität)
Seien A, B, und C Mengen über einem Universum U. Weiter sei $|A|$ die Kardinalität einer Menge A. Dann gilt[1]

(a) $C = A \uplus B \Rightarrow |C| = |A| + |B|$

(b) $C = A \times B \Rightarrow |C| = |A| \cdot |B|$

∎

Es handelt sich bei der Abbildung der Struktur $(2^U, \uplus, \times)$ nach der Struktur $(\mathbb{N}, +, \cdot)$ durch $|\cdot|$ um einen Homomorphismus.

---

[1] $A \uplus B$ ist die disjunkte Vereinigung der zwei Mengen A und B

Beispiel 2.2 (Binärzahlen)
Es sei $A = \{0, 1\}$. Die Menge der n-stelligen Binärzahlen ist

$$A^n = \underbrace{A \times \cdots \times A}_{n}$$

Nach Lemma 2.1 ist also

$$|A^n| = \underbrace{|A| \cdots |A|}_{n} = 2^n$$

Es gibt also 2^n Binärzahlen der Länge n. ∎

Das Konzept der Kardinalität kann verallgemeinert werden. Es gibt dann ähnliche Sätze wie Lemma 2.1. Diese Sätze beziehen sich auf Datenstrukturen und erzeugende Funktionen.

Definition 2.3 (Kombinatorische Strukturen)
Eine *kombinatorische Struktur*[2] $C = (C, |\cdot|)$ ist eine endliche oder abzählbare Menge C zusammen mit einer Größenfunktion $|\cdot| : C \to \mathbf{N}$, so daß für alle $n \in \mathbf{N}$ die Menge $\{c \in C \mid |c| = n\}$ endlich ist. ∎

Beispiel 2.4
(a) $\mathcal{N} = (\mathbf{N} \times \mathbf{N}, |(i, j)| = i + j)$ ist eine kombinatorische Struktur:

$$|\{(i, j) \mid i + j = n\}| = n + 1$$

(b) Die Menge der endlichen Folgen über $\mathbf{N}$

$$\mathbf{N}^* = \biguplus_{i=0}^{\infty} \mathbf{N}^i$$

bilden zusammen mit der Größenfunktion

$$|(i_1, \ldots, i_k)| = i_1 + \cdots + i_k, k \geq 0$$

keine kombinatorische Struktur, denn es gibt unendlich viele Objekte der Größe 0:

$$|(0)| = 0, \quad |(0, 0)| = 0, \quad |(0, 0, 0)| = 0, \ldots$$

Definition 2.5 (Erzeugende Funktion) ∎
Sei $C = (C, |\cdot|)$ eine kombinatorische Struktur. Dann heißt die formale Potenzreihe

$$C(z) = \sum_{c \in C} z^{|c|}$$

die *(gewöhnliche) erzeugende Funktion* von C.

---

[2]auch *lokal endliche* Struktur

Die formale Potenzreihe

$$\hat{C}(z) = \sum_{c \in C} \frac{z^{|c|}}{|c|!}$$

heißt die *exponentielle erzeugende Funktion* von C. ∎

Sei c_n die Anzahl der Objekte der Größe n einer kombinatorischen Struktur C. Dann ist

$$C(z) = \sum_{n=0}^{\infty} c_n \, z^n \text{ bzw. } \hat{C}(z) = \sum_{n=0}^{\infty} c_n \cdot \frac{z^n}{n!}$$

die erzeugende Funktion bzw. die exponentielle erzeugende Funktion von C. Erzeugende Funktionen können einerseits als Elemente der Algebra der formalen Potenzreihen aufgefaßt werden, andrerseits können sie auch innerhalb ihres Konvergenzradius als Funktionen auf den komplexen Zahlen $\mathbf{C}$ aufgefaßt werden.

Da formale Potenzreihen kompakte Darstellungen von Folgen sind, erlaubt die algebraische Manipulation von erzeugenden Funktionen eine effiziente Realisierung von Operationen auf Folgen. Aus der Tatsache, daß die formalen Potenzreihen innerhalb ihres Konvergenzradius auch Funktionen über $\mathbf{C}$ sind, lassen sich mit Methoden der Funktionentheorie (komplexe Analysis) die Koeffizienten von z^n einer Potenzreihe bestimmen (vgl. Abschnitt 2.1.2)

Notation:

- Sei $C(z)$ eine gewöhnliche erzeugende Funktion. Dann bezeichnet $[z^n]C(z)$ den Koeffizienten von z^n in $C(z)$.

- Sei $\hat{C}$ eine exponentielle erzeugende Funktion. Dann bezeichnet

$$\left[\frac{z^n}{n!}\right] \hat{C}(z) = n! \, [z^n]\hat{C}(z)$$

den Koeffizienten von $z^n/n!$ in $\hat{C}(z)$.

Sei nun C eine kombinatorische Struktur, die mit Hilfe der kombinatorischen Strukturen $A_1, \ldots, A_k$ definiert ist. Ziel sei es, die Anzahl der Objekte der Größe n zu bestimmen.

Dazu wird wie folgt vorgegangen:

1. Bestimme die erzeugende Funktion $C(z)$ von C durch algebraische Berechnung aus den erzeugenden Funktionen $A_1(z), \ldots, A_k(z)$ der kombinatorischen Strukturen $A_1, \ldots, A_k$ (wird in diesem Abschnitt behandelt).

2. Berechne $[z^n]C(z)$ durch bekannte Identitäten oder mit Methoden der Funktionentheorie (Abschnitt 2.1.2).

Beispiel 2.6 (Binärbäume)
Ein Binärbaum ist entweder leer (**nil**) oder besteht aus einem Knoten und zwei Unterbäumen t_1 und t_2 aus k bzw. $n - k$ Knoten (**node**(t_1, t_2)). Es sei nun B_n die Anzahl der Binärbäume mit n Knoten. Man kann eine geschlossene Formel für B_n finden. Es gilt die folgende rekursive Definition (Rekurrenz) für B_n:

$$B_0 = 1$$

$$B_{n+1} = \sum_{k=0}^{n} B_k \cdot B_{n-k}$$

Durch Multiplizieren beider Seiten der Rekurrenz mit z^n, sowie Aufsummieren beider Seiten von $n = 0$ bis ∞ erhält man eine Funktionalgleichung für die erzeugende Funktion für Binärbäume:

$$
\begin{aligned}
\sum_{n=1}^{\infty} B_n z^n &= \sum_{n=0}^{\infty} \left(\sum_{k=0}^{n} B_k \cdot B_{n-k} \right) \cdot z^{n+1} \\
&= z \cdot \sum_{n=0}^{\infty} \left(\sum_{k=0}^{n} B_k \cdot B_{n-k} \right) \cdot z^n \\
&= z \cdot \sum_{k=0}^{\infty} B_k z^k \cdot \sum_{n=0}^{\infty} B_n z^n
\end{aligned}
$$

wobei die dritte Zeile durch Anwenden des Cauchy-Produktes aus der zweiten Zeile entsteht. Mit Definition 2.5 gilt wegen $\sum_{n=1}^{\infty} B_n z^n = B(z) - 1$ also:

$$B(z) = 1 + z \cdot B^2(z)$$

Von den beiden Lösungen wird diejenige ausgewählt, die eine erzeugende Funktion liefert ($B(0)$ ist endlich). Also ist:

$$B(z) = \frac{1 - \sqrt{1 - 4z}}{2z}$$

Es gilt für alle z: $(1 + z)^a = \sum_{n \geq 0} \binom{a}{n} z^n$.

Damit ist

$$\sqrt{1 - 4z} = (1 - 4z)^{1/2} = \sum_{n=0}^{\infty} (-1)^n \binom{1/2}{n} 4^n z^n$$

Da

$$\binom{1/2}{n} = \frac{1}{2n} \frac{(-1)^{n-1}}{4^{n-1}} \binom{2(n-1)}{n-1} \quad \text{für } n > 0$$

gilt:

$$\sqrt{1 - 4z} = 1 - \sum_{n=0}^{\infty} \frac{2}{n} \binom{2(n-1)}{n-1} z^n$$

Somit ergibt sich:

$$B(z) = \frac{1 - \sqrt{1 - 4z}}{2z} = \sum_{n=0}^{\infty} \frac{1}{n+1} \binom{2\,n}{n} z^n$$

Also ist

$$B_n = [z^n]B(z) = \frac{1}{n+1} \binom{2\,n}{n} = \frac{(2n)!}{n!\,(n+1)!}$$

$\blacksquare$

Bemerkung 2.7 (Homomorphie-Eigenschaften)
Betrachtet man nun die rekursive Typdefinition von Binärbäumen:

$$\mathcal{B} = \{\textbf{nil}\} \cup \{\textbf{node}\} \times \mathcal{B} \times \mathcal{B}$$

und die Funktionalgleichung

$$B(z) = 1 + z \cdot B(z) \cdot B(z)$$

so induziert die Größenfunktion $|\textbf{nil}| := 0$ und $|\textbf{node}| := 1$ einen Homomorphismus zwischen Mengen und der Algebra der formalen Potenzreihen (die erzeugende Funktion von **nil** ist 1, die von **node** ist z).

Beweis: Sei h eine Abbildung von Mengen in die Algebra der formalen Potenzreihen über z, die wie folgt definiert ist:

$$
\begin{aligned}
h(A \uplus B) &= h(A) + h(B) \\
h(A \times B) &= h(A) \cdot h(B) \\
h(\{x\}) &= z^{|x|} \\
h(\emptyset) &= 0
\end{aligned}
$$

Nach Definition von h ist h ein Homomrphismus. Durch Anwenden dieses Homomorphismus erhält man aus der Typdefinition von Binärbäumen direkt die Gleichung

$$h(\mathcal{B}) = 1 + z \cdot h(\mathcal{B}) \cdot h(\mathcal{B})$$

$\blacksquare$

Definition 2.8 (Zulässige Datenkonstruktionen)
Seien $\mathcal{A}$ und $\mathcal{B}$ zwei kombinatorische Strukturen mit den erzeugenden Funktionen $A(z)$ und $B(z)$. Ein Operator Φ auf kombinatorischen Strukturen heißt *zulässig*, wenn es einen Operator Ψ auf der Algebra der formalen Potenzreihen gibt, so daß $\Psi[A(z), B(z)]$ die erzeugende Funktion zu $\Phi[\mathcal{A}, \mathcal{B}]$ ist. $\blacksquare$

Zwei wichtige Datenkonstruktionen sind:

Definition 2.9 (Vereinigung und kartesisches Produkt kombinat. Strukturen)
Seien $\mathcal{A} = (A, |\cdot|_A)$ und $\mathcal{B} = (B, |\cdot|_B)$ zwei kombinatorische Strukturen. Dann ist die *disjunkte Vereinigung von $\mathcal{A}$ und $\mathcal{B}$* die kombinatorische Struktur

$$\mathcal{C} = \mathcal{A} \uplus \mathcal{B} = (A \uplus B, |\cdot|_C)$$

mit

$$|c|_C = \begin{cases} |c|_A & \text{falls } c \in A \\ |c|_B & \text{falls } c \in B \end{cases}$$

Das *kartesische Produkt von $\mathcal{A}$ und $\mathcal{B}$* ist die kombinatorische Struktur:

$$\mathcal{C} = \mathcal{A} \times \mathcal{B} = (A \times B, |\cdot|_C)$$

wobei $|(a,b)|_C = |a|_A + |b|_B$ ist. ∎

Die disjunkte Vereinigung und das kartesische Produkt von kombinatorischen Strukturen sind zulässige Datenkonstruktionen:

Satz 2.10 (Kombinatorische Strukturen)
Es seien $\mathcal{U}$, $\mathcal{V}$ und $\mathcal{W}$ kombinatorische Strukturen mit den erzeugenden Funktionen $U(z)$, $V(z)$ und $W(z)$. Dann gilt:

$$\text{(i)} \qquad \mathcal{W} = \mathcal{U} \uplus \mathcal{V} \Rightarrow W(z) = U(z) + V(z)$$

$$\text{(ii)} \qquad \mathcal{W} = \mathcal{U} \times \mathcal{V} \Rightarrow W(z) = U(z) \cdot V(z)$$

Beweis: (vgl. z.B. [Fla88, Zim89]) Sei $U_{(n)} = \{u \in U |\ |u|_U = n\}$. Die Mengen $V_{(n)}$ und $W_{(n)}$ seien analog definiert. Weiter sei $u_n = |U_{(n)}|$, $v_n = |V_{(n)}|$ und $w_n = |W_{(n)}|$ die Anzahl der Objekte der Größe n in $\mathcal{U}$, $\mathcal{V}$ und $\mathcal{W}$. Dann gilt also

$$U(z) = \sum_{n=0}^{\infty} u_n\, z^n \qquad\qquad V(z) = \sum_{n=0}^{\infty} v_n\, z^n \qquad\qquad W(z) = \sum_{n=0}^{\infty} w_n\, z^n$$

(i) Da $\mathcal{W} = \mathcal{U} \uplus \mathcal{V}$ gilt auch $W_{(n)} = U_{(n)} \uplus V_{(n)}$. Also ist $w_n = u_n + v_n$ und somit gilt $W(z) = U(z) + V(z)$.

(ii) Es gilt wegen Definition 2.9

$$W_{(n)} = \biguplus_{i=0}^{n} \{(u,v) |\ u \in U_{(i)},\ v \in V_{(n-i)}\}$$

Damit also ist

$$w_n = \sum_{i=0}^{n} u_i\, v_{n-i}$$

und somit

$$W(z) = \sum_{n=0}^{\infty} \left(\sum_{i=0}^{n} u_i \, v_{n-i} \right) z^n = \sum_{i=0}^{\infty} u_i \, z^i \cdot \sum_{n=0}^{\infty} v_n \, z^n = U(z) \, V(z)$$

Der in Bemerkung 2.7 definierte Homomorphismus h ist also korrekt, d.h. $[z^n](h(\mathcal{A}) \, h(\mathcal{B}))$ ist tatsächlich die Anzahl der Objekte der Größe n in $\mathcal{A} \times \mathcal{B}$ und $[z^n](h(\mathcal{A}) + h(\mathcal{B}))$ ist tatsächlich die Anzahl der Objekte der Größe n in $\mathcal{A} \uplus \mathcal{B}$.

Basierend auf disjunkter Vereinigung und kartesischem Produkt lassen sich weitere Operationen auf Mengen definieren:

Definition 2.11 (Sequenz,Markierung,Diagonalisierung,Potenzmenge)
Sei $\mathcal{U} = (U, |\cdot|_U)$ eine kombinatorische Struktur, $U_{(n)} = \{u \in U \mid |u|_U = n\}$ die Menge der Objekte der Größe n in $\mathcal{U}$ und $\mathcal{U}_{(n)} = (U_{(n)}, |\cdot|_U)$.

(a) Die kombinatorische Struktur

$$\mathcal{U}^* = \biguplus_{i \geq 0} \mathcal{U}^i = (U^*, |\cdot|_{U^*})$$

mit[3] $\mathcal{U}^0 = \{\varepsilon\}$, $\mathcal{U}^{i+1} = \mathcal{U} \times \mathcal{U}^i$ für $i \geq 0$, $|\varepsilon|_{U^*} = 0$ und $|(u_1, \ldots, u_n)|_{U^*} = |u_1|_U + \cdots + |u_n|_U$ heißt die kombinatorische Struktur der *endlichen Sequenzen über* $\mathcal{U}$.

(b) Die kombinatorische Struktur der *Markierungen über* $\mathcal{U}$ ist definiert durch:

$$\mu\mathcal{U} = \biguplus_{n \geq 0} \mathcal{U}_{(n)} \times \{1, \ldots, n\} = \biguplus_{n \geq 0} (U_{(n)} \times \{1, \ldots, n\}, |\cdot|_{\mu U})$$

wobei $|(u, i)|_{\mu U} = |u|_U$ für alle $(u, i) \in \mu\mathcal{U}$.

(c) Die kombinatorische Struktur $\Delta(\mathcal{U} \times \mathcal{U})$ der *Diagonalisierungen über* $\mathcal{U}$ ist durch

$$\Delta(\mathcal{U} \times \mathcal{U}) = (\{(u, u) \mid u \in U\}, |\cdot|_{\Delta(U \times U)})$$

definiert, wobei für alle $u \in U$ gelte:

$$|u|_{\Delta(U \times U)} = 2 \cdot |u|_U$$

(d) Die kombinatorische Struktur $2^{\mathcal{U}}$ aller *endlichen Mengen über* $\mathcal{U}$ ist die kombinatorische Struktur

$$2^{\mathcal{U}} = (2^U, |\cdot|_{2^U})$$

mit $|\{u_1, \ldots, u_k\}|_{2^U} = |u_1|_U + \cdots + |u_k|_U$ für alle $u_1, \ldots, u_k \in U$.

---

[3] ε ist die leere Sequenz ()

Auch diese Datenkonstruktionen sind zulässige Datenkonstruktionen:

Satz 2.12 (Zulässige Datenkonstruktionen 2)
Seien $\mathcal{U} = (U, |\cdot|_U)$ und $\mathcal{W} = (W, |\cdot|_W)$ kombinatorische Strukturen mit den erzeugenden
Funktionen $U(z)$ und $W(z)$. Dann gilt:

$$\text{(i)} \qquad \mathcal{W} = \mathcal{U}^* \Rightarrow W(z) = \frac{1}{1 - U(z)}$$

$$\text{(ii)} \qquad \mathcal{W} = \mu\mathcal{U} \Rightarrow W(z) = z\, U'(z)$$

$$\text{(iii)} \qquad \mathcal{W} = \Delta(\mathcal{U} \times \mathcal{U}) \Rightarrow W(z) = U(z^2)$$

$$\text{(iv)} \qquad \mathcal{W} = 2^{\mathcal{U}} \Rightarrow W(z) = 2^{u_0}\, \exp\left(\sum_{j\geq 1} \frac{(-1)^j}{j}\, (U(z^j) - u_0)\right)$$

Beweis:

(i) Nach Satz 2.10(i) und (ii) gilt:

$$W(z) = \sum_{n=0}^{\infty} (U(z))^n = \frac{1}{1 - U(z)}$$

(ii) Nach Satz 2.10(i) und (ii) gilt:

$$\begin{aligned}
W(z) &= \sum_{n=0}^{\infty} u_n\, z^n\, n \\
&= \sum_{n=1}^{\infty} n\, u_n\, z^n \\
&= z \cdot \sum_{n=0}^{\infty} (n+1)\, u_{n+1}\, z^n \\
&= z\, U'(z)
\end{aligned}$$

(iii) Es gilt

$$\mathcal{W} = \biguplus_{n\geq 0} (\{(u,u)|\ |u|_U = n\}, 2\, |u|_U)$$

Also ist nach Satz 2.10(i) und (ii):

$$W(z) = \sum_{n=0}^{\infty} u_n\, z^{2n} = U(z^2)$$

(iv) Es gilt

$$\begin{aligned}
W(z) &= \sum_{k\geq 0} \sum_{\{u_1,\ldots,u_k\}\subseteq U} z^{|u_1|_U + \cdots + |u_k|_U} \\
&= \sum_{k\geq 0} \sum_{u_1,\ldots,u_k\in U} z^{|u_1|_U} \cdots z^{|u_k|_U}
\end{aligned}$$

$$= \prod_{u \in U} (1 + z^{|u|_U})$$

$$= \prod_{n \geq 0} (1 + z^n)^{u_n}$$

$$= 2^{u_0} \prod_{n \geq 1} (1 + z^n)^{u_n}$$

Damit ist also:

$$\log W(z) = \log 2^{u_0} + \sum_{n \geq 1} u_n \log(1 + z^n)$$

$$= \log 2^{u_0} + \sum_{n \geq 1} u_n \sum_{j \geq 1} \frac{(-1)^{j-1}}{j} z^{n\,j}$$

$$= \log 2^{u_0} + \sum_{j \geq 1} \frac{(-1)^{j-1}}{j} \sum_{n \geq 1} u_n z^{j\,n}$$

Durch Exponentation ergibt sich die zu beweisende Behauptung

∎

Ausführliche Techniken zur Behandlung von erzeugenden Funktionen befinden sich in [GKP89]. Mit Hilfe der Sätze 2.10 und 2.12 können Typdefinitionen in Funktionalgleichungen für die erzeugenden Funktionen transformiert werden.

Beispiel 2.13

(a) Listen

Listen sind durch die Gleichung

$$\mathcal{L} = \{\text{nil}\} \uplus \{a\} \times \mathcal{L}$$

definiert, wobei $|\text{nil}| = 0$ und $|a| = 1$.

Nach Satz 2.10 gilt somit für die erzeugenden Funktion $L(z)$ von $\mathcal{L}$: $L(z) = 1 + z\,L(z)$. Also ist:

$$L(z) = \frac{1}{1 - z} \Rightarrow [z^n]L(z) = 1$$

(b) Allgemeine Bäume

Ein *allgemeiner Baum* besteht aus einem Knoten und endlich vielen Unterbäumen, d.h. ein allgemeiner Baum kann durch

$$\mathcal{T} = \{\bullet\} \times \mathcal{T}^*$$

mit $|\bullet| = 1$ definiert werden. Nach Satz 2.10 und Satz 2.12 gilt für die erzeugenden Funktion $T(z)$:

$$T(z) = \frac{z}{1 - T(z)}$$

und somit die Gleichung: $T^2(z) - T(z) + z = 0$.

Also ist:

$$T_{1/2}(z) = \frac{1 \pm \sqrt{1 - 4\,z}}{2}$$

Es gibt 0 Bäume der Größe 0 (d.h. $t_0 = 0$). Da

$$t_0 = \lim_{z \to 0} T(z) = \begin{cases} 1 & \text{falls } T(z) = T_1(z) \\ 0 & \text{falls } T(z) = T_2(z) \end{cases}$$

ist also

$$T(z) = \frac{1 - \sqrt{1 - 4\,z}}{2} = \sum_{n \geq 1} \frac{1}{n}\,\binom{2\,n-2}{n-1}$$

Also ist: $[z^n]T(z) = \frac{1}{n}\,\binom{2\,n-2}{n-1}$

Exponentielle erzeugende Funktionen werden bei indizierten kombinatorischen Strukturen verwendet. Bei einem indiziertem Objekt einer indizierten kombinatorischen Struktur wird jedes Elementarobjekt (Objekt der Größe 1) in dem indizierten Objekt mit einer Zahl zwischen 0 und der Größe des Objekts markiert. Insgesamt gibt es also $n!$ Möglichkeiten, ein Objekt der Größe n zu markieren. Wenn $\mathcal{C} = (C, |\cdot|_C)$ eine kombinatorische Struktur mit c_n Objekten der Größe n ist, dann hat die indizierte kombinatorische Struktur $\hat{\mathcal{C}} = (C, |\cdot|_C)$ $n!\,c_n$ Objekte der Größe n. Deshalb werden für indizierte kombinatorische Strukturen exponentielle erzeugende Funktionen verwendet.

Die disjunkte Vereinigung indizierter kombinatorischer Strukturen ist genauso definiert wie die disjunkte Vereinigung für nichtindizierte kombinatorische Strukturen. Das kartesische Produkt darf aber nicht so wie in Definition 2.9 definiert werden. Da $|(a,b)| = |a| + |b|$ ist, liegen die Markierungen von (a, b) zwischen 1 und $|a| + |b|$, während die Markierungen von a und b zwischen 1 und $|a|$ bzw. 1 und $|b|$ liegen. Damit jedes Elementarobjekt einen eindeutigen Index erhält, müssen die Indizierungen in a und b umbenannt werden.

Definition 2.14 (Kartesisches Produkt mit Zerlegung der Indizierung) [4]
Eine *Bipartition* einer Indexmenge $\{1, \ldots, n\}$ ist eine Zerlegung von $\{1, \ldots, n\}$ in zwei disjunkte Teilmengen α und β, d.h. $\alpha \uplus \beta = \{1, \ldots, n\}$. Der *Typ einer Bipartition* ist das Paar $(|\alpha|, |\beta|)$.

Seien $\hat{A} = (A, |\cdot|_A)$ und $\hat{B} = (B, |\cdot|_B)$ zwei indizierte kombinatorische Strukturen. Weiter sei $(a, b) \in A \times B$, wobei $|a|_A = r$ und $|b|_B = s$ ist. Die *Aktion* $\pi[(a,b)]$ einer Bipartition $\pi = (\alpha, \beta)$ vom Typ (r, s) ist ein Paar $(\bar{a}, \bar{b})$, wobei man $\bar{a}$ aus a durch Ersetzung der Indices $1, \ldots, r$ durch $\alpha_1, \ldots, \alpha_r$ und $\bar{b}$ durch Ersetzung der Indices $1, \ldots, s$ durch $\beta_1, \ldots, \beta_s$ erhält. Dabei sind $\alpha_1 < \cdots < \alpha_r$ und $\beta_1 < \cdots < \beta_s$ die Elemente von α bzw. β in aufsteigender Reihenfolge.

---

[4]Dieses kartesische Produkt ist in der engl. Literatur unter dem Namen *partitional product* bekannt

Das *Produkt von a und b mit Zerlegung der Indices* ist definiert als

$$a * b = \{\pi[(a,b)] \mid \pi \text{ ist vom Typ } (|a|_A, |b|_B)\}$$

Das *kartesische Produkt von $\hat{A}$ und $\hat{B}$ mit Zerlegung der Indices* ist definiert durch

$$\hat{A} * \hat{B} = \left(\biguplus_{a \in A, b \in B} a * b \; , \; |\cdot|_A + |\cdot|_B \right)$$

∎

Lemma 2.15
Seien $\hat{A} = (A, |\cdot|_A)$ und $\hat{B} = (B, |\cdot|_B)$ zwei indizierte kombinatorische Strukturen. Weiter sei a_n die Anzahl der Objekte der Größe n in $\hat{A}$, b_n die Anzahl der Objekte der Größe n in $\hat{B}$ und c_n die Anzahl der Objekte der Größe n in $\hat{A} * \hat{B}$. Dann gilt:

$$c_n = \sum_{i=0}^{n} \binom{n}{i} a_i \, b_{n-i}$$

Beweis: Es gibt $\binom{n}{i}$ Bipartitionen von $\{1, \ldots, n\}$ vom Typ $(i, n-i)$. Da sich die Objekte der Größe n in $\hat{A} * \hat{B}$ aus Objekten der Größe i $(0 \leq i \leq n)$ von $\hat{A}$ und Objekten der Größe $n-i$ von $\hat{B}$ zusammensetzen, gilt:

$$c_n = \sum_{i=0}^{n} \binom{n}{i} a_i \, b_{n-i}$$

∎

Für die disjunkte Vereinigung zweier indizierter kombinatorischer Strukturen bzw. dem kartesischen Produkt mit Zerlegung der Indices zweier kombinatorischer Strukturen gelten nun ähnliche Beziehungen zwischen ihren exponentiellen erzeugenden Funktionen wie für die nicht-indizierten kombinatorischen Strukturen in Satz 2.10.

Satz 2.16 (Indizierte kombinatorische Strukturen)
Seien $\hat{A} = (A, |\cdot|_A)$, $\hat{B} = (B, |\cdot|_B)$ und $\hat{C} = (C, |\cdot|_C)$ indizierte kombinatorische Strukturen mit ihren exponentiellen erzeugenden Funktionen $\hat{A}(z)$, $\hat{B}(z)$ und $\hat{C}(z)$. Dann gilt:

(a) $\qquad \hat{C} = \hat{A} \uplus \hat{B} \Rightarrow \hat{C}(z) = \hat{A}(z) + \hat{B}(z)$

(b) $\qquad \hat{C} = \hat{A} * \hat{B} \Rightarrow \hat{C}(z) = \hat{A}(z) \cdot \hat{B}(z)$

Beweis: Seien a_n die Anzahl der indizierten Objekte der Größe n in $\hat{A}$, b_n die Anzahl der indizierten Objekte der Größe n in $\hat{B}$ und c_n die Anzahl der indizierten Objekte der Größe n in $\hat{C}$.

(a) $\hat{C} = \hat{A} \uplus \hat{B}$:

Damit gilt $c_n = a_n + b_n$. Somit ist

$$\hat{C}(z) = \sum_{n \geq 0} a_n \frac{z^n}{n!} + \sum_{n \geq 0} b_n \frac{z^n}{n!} = \hat{A}(z) + \hat{B}(z)$$

(b) $\hat{C} = \hat{A} * \hat{B}$:

Nach Lemma 2.15 ist:

$$c_n = \sum_{i=0}^{n} \binom{n}{i} a_i \, b_{n-i}$$

und somit ergibt sich

$$
\begin{aligned}
\hat{C}(z) &= \sum_{n=0}^{\infty} \left(\sum_{i=0}^{n} \binom{n}{i} a_i \, b_{n-i} \right) \frac{z^n}{n!} \\
&= \sum_{n=0}^{\infty} \left(\sum_{i=0}^{n} \frac{a_i}{i!} \frac{b_{n-i}}{(n-i)!} \right) z^n \\
&= \sum_{i=0}^{\infty} a_i \frac{z^i}{i!} \cdot \sum_{n=0}^{\infty} b_n \frac{z^n}{n!} \\
&= \hat{A}(z) \, \hat{B}(z)
\end{aligned}
$$

$\blacksquare$

Weitere Operationen auf indizierten Strukturen können auf $\uplus$ und $*$ basierend entsprechend Definition 2.11 definiert werden. Dann gilt ein ähnlicher Satz wie Satz 2.12.

2.1.1.2   Der Zeitaufwand von Programmen

Um den Zeitaufwand eines Programms zu bestimmen wird ähnlich wie bei der kombinatorischen Analyse der Datenstrukturen vorgegangen. Auch hier gibt es Beziehungen zwischen Progammstrukturen und Operationen auf erzeugenden Funktionen.

Ein *Programm* besteht aus einer Folge von Anweisungen, die sequentiell abgearbeitet werden. Eine *Prozedur P* ist ein Programm mit einer Eingabe vom Typ A ohne Ausgabe. Dabei ist A eine kombinatorische Struktur. Eine *Funktion F* ist ein Programm mit einer Eingabe vom Typ A und einer Ausgabe vom Typ B, wobei A und B kombinatorische Strukturen sind.

Notationen:
$P : A$ ist eine Prozedur P mit Eingabe vom Typ A. $F : A \rightarrow B$ ist eine Funktion F mit Eingabe vom Typ A und Ausgabe vom Typ B. Wenn der Ausgabetyp von F keine Rolle spielt, wird manchmal auch nur $F : A$ geschrieben.

Definition 2.17 (Komplexitätsdeskriptor)
Gegeben sei ein Programm P mit einer Eingabe vom Typ $\mathcal{A}$. Der Zeitaufwand zur Ausführung von P mit der Eingabe $a \in \mathcal{A}$ sei $\mu P(a)$. Dann ist der *Komplexitätsdeskriptor* von P die Potenzreihe:

$$\tau P(z) = \sum_{a \in \mathcal{A}} \mu P(a) z^{|a|}$$

∎

Die Komplexitätsdeskriptoren sind also ebenfalls formale Potenzreihen und können auch innerhalb ihres Konvergenzradius als analytische Funktionen auf den komplexen Zahlen aufgefaßt werden. Der Koeffizient $[z^n]\tau P(z)$ ist die Zeit, die P benötigt, wenn für alle Eingaben $a \in \mathcal{A}$ der Größe n nacheinander $P(a)$ berechnet wird. Sind alle $a \in \mathcal{A}$ der Größe n gleichverteilt, dann ist der mittlere Zeitaufwand von P durch

$$\bar{\tau} P_n = \frac{[z^n]\tau P(z)}{[z^n]A(z)}$$

gegeben, wobei $A(z)$ die erzeugende Funktion zu $\mathcal{A}$ ist.

Definition 2.18 (Zulässige Programmkonstruktion)
Seien P und Q zwei Programme mit einer Eingabe vom Typ $\mathcal{A}$ bzw. $\mathcal{B}$. Weiter seien $\tau P(z)$ und $\tau Q(z)$ die Komplexitätsdeskriptoren von P bzw. Q, sowie $A(z)$ und $B(z)$ die erzeugenden Funktion von $\mathcal{A}$ und $\mathcal{B}$. Das Programm $R = \Gamma[P, Q]$ sei durch das Schema Γ aus den Programmen P und Q konstruiert und habe die Eingabe vom Typ $\mathcal{C}$. Der Komplexitätsdeskriptor von R sei $\tau R(z)$ und die erzeugende Funktion von $\mathcal{C}$ sei $C(z)$. Die Programmkonstruktion Γ heißt *zulässig*, wenn

(i) es eine zulässige Datenkonstruktion Φ gibt, so daß $C = \Phi(\mathcal{A}, \mathcal{B})$ ist, und

(ii) die Koeffizienten von $\tau R(z)$ nur von den Koeffizienten von $\tau P(z)$, $\tau Q(z)$, $A(z)$ und $B(z)$ abhängen.

∎

Definition 2.19 (Programmkonstruktionen)
Seien $\mathcal{A}$ und $\mathcal{B}$ kombinatorische Strukturen mit den erzeugenden Funktionen $A(z)$ und $B(z)$.

(a) (*Sequentielle Ausführung*)
Seien $P : \mathcal{A}$ und $Q : \mathcal{A}$ Programme. Dann heißt $R := P; Q$ die sequentielle Ausführung von P und Q. Sei $a \in \mathcal{A}$. Dann sind die Kosten von $\mu R(a) = \mu P(a) + \mu Q(a)$.

(b) (*Strukturell bedingte Anweisung*)
Sei $P : \mathcal{A}$ ein Programm. Dann ist die strukturell bedingte Anweisung ein Programm $R : \mathcal{A} \uplus \mathcal{B}$, das für $c \in \mathcal{A} \uplus \mathcal{B}$ durch

$$R(c) := \textbf{if } c \in \mathcal{A} \textbf{ then } P(c)$$

definiert ist.

(c) (*Projektion auf eine Komponente eines kartesischen Produkts*)
Sei $P : \mathcal{A}$ ein Programm. Dann ist die Projektion von $\mathcal{A} \times \mathcal{B}$ auf $\mathcal{A}$ ein Programm $R : \mathcal{A} \times \mathcal{B}$, das für $(a, b) \in \mathcal{A} \times \mathcal{B}$ durch

$$R((a, b)) := P(a)$$

definiert ist.

(d) (*Projektion auf eine Komponente einer Sequenz*)
Sei $P : \mathcal{A}$ ein Programm. Dann ist die Projektion auf die j-te Komponente von $\mathcal{A}^*$ ein Programm $R : \mathcal{A}^*$, das für alle $(a_1, \ldots, a_k) \in \mathcal{A}^*$ durch

$$R((a_1, \ldots, a_k)) := \mathbf{if}\ k \geq j\ \mathbf{then}\ P(a_j)$$

definiert ist.

(e) (*Projektion bei indizierten Produkten*)
Seien $\hat{A}$ und $\hat{B}$ indizierte kombinatorische Strukturen, sowie $P : \hat{A}$ ein Programm. Dann ist die Projektion von $\hat{A} * \hat{B}$ auf $\hat{A}$ ein Programm $R : \hat{A} * \hat{B}$, das für alle $(a, b) \in \hat{A} * \hat{B}$ durch

$$R((a, b)) := P(a)$$

definiert ist.

■

Mit Ausnahme von P bei der sequentiellen Ausführung können alle Programme auch Funktionen sein.

Satz 2.20 (Zulässigkeit der Programmkonstruktionen)
Alle Programmkonstruktionen in Definition 2.19 sind zulässig, d.h.:
(a) Sei $P : \mathcal{A}$, $Q : \mathcal{A}$ und $R = P; Q$ mit den Komplexitätsdeskriptoren $\tau P(z)$, $\tau Q(z)$ und $\tau R(z)$. Dann gilt:

$$\tau R(z) = \tau P(z) + \tau Q(z)$$

(b) Sei $P : \mathcal{A}$ und $R : \mathcal{A} \uplus \mathcal{B}$ mit

$$R(c) := \mathbf{if}\ c \in \mathcal{A}\ \mathbf{then}\ P(c)$$

für alle $c \in \mathcal{A} \uplus \mathcal{B}$. Die Komplexitätsdeskriptoren von P bzw. R seien $\tau P(z)$ bzw. $\tau R(z)$. Dann ist

$$\tau R(z) = \tau P(z)$$

(c) Sei $P : \mathcal{A}$, $R : \mathcal{A} \times \mathcal{B}$ und für $(a, b) \in \mathcal{A} \times \mathcal{B}$ sei $R((a, b)) := P(a)$, wobei $\mathcal{A}$ bzw. $\mathcal{B}$ kombinatorische Strukturen mit den erzeugenden Funktionen $A(z)$ bzw. $B(z)$ und $\tau P(z)$ bzw. $\tau R(z)$ die Komplexitätsdeskriptoren von P bzw. R. Dann gilt:

$$\tau R(z) = \tau P(z) \cdot B(z)$$

(d) Sei $P : \mathcal{A}$, $R : \mathcal{A}^*$ mit

$$R((a_1, \ldots, a_k)) := \textbf{if } k \geq j \textbf{ then } P(a_j)$$

für alle $(a_1, \ldots, a_k) \in \mathcal{A}^*$. $\mathcal{A}$ sei eine kombinatorische Struktur mit der erzeugenden Funktion $A(z)$. Die Komplexitätsdeskriptoren von P und R seien $\tau P(z)$ und $\tau R(z)$. Dann gilt:

$$\tau R(z) = \tau P(z) \frac{A^{j-1}(z)}{1 - A(z)}$$

(e) Sei $P : \hat{\mathcal{A}}$, $R : \hat{\mathcal{A}} * \hat{\mathcal{B}}$ und für alle $(a, b) \in \hat{\mathcal{A}} * \hat{\mathcal{B}}$ sei $R((a, b)) := P(a)$, wobei $\hat{\mathcal{A}}$ und $\hat{\mathcal{B}}$ indizierte kombinatorische Strukturen mit den erzeugenden Funktionen $\hat{A}(z)$ und $\hat{B}(z)$ sind. Dann ist

$$\hat{\tau} R(z) = \hat{\tau} P(z) \cdot \hat{B}(z)$$

wobei für Programme $Q : \mathcal{C}$

$$\hat{\tau} Q(z) = \sum_{c \in \mathcal{C}} \mu Q(c) \frac{z^{|c|}}{|c|!}$$

der exponentielle Komplexitätsdeskriptor von Q ist.

Beweis:

(a)

$$
\begin{aligned}
\tau R(z) &= \sum_{a \in \mathcal{A}} \mu R(a)\, z^{|a|} \\
&= \sum_{a \in \mathcal{A}} (\mu P(a) + \mu Q(a))\, z^{|a|} \\
&= \tau P(z) + \tau Q(z)
\end{aligned}
$$

(b)

$$
\begin{aligned}
\tau R(z) &= \sum_{a \in \mathcal{A} \uplus \mathcal{B}} \mu R(a)\, z^{|a|} \\
&= \sum_{a \in \mathcal{A}} \mu P(a)\, z^{|a|} \\
&= \tau P(z)
\end{aligned}
$$

(c)

$$
\begin{aligned}
\tau R(z) &= \sum_{a \in \mathcal{A}, b \in \mathcal{B}} \mu P(a)\, z^{|a|+|b|} \\
&= \sum_{a \in \mathcal{A}} \mu P(a)\, z^{|a|} \cdot \sum_{b \in \mathcal{B}} z^{|b|} \\
&= \tau P(z)\, B(z)
\end{aligned}
$$

(d)

$$
\begin{aligned}
\tau R(z) &= \sum_{k \geq j} \sum_{(a_1,\dots,a_k) \in \mathcal{A}^k} \mu P(a_j)\, z^{|a_1| + \cdots + |a_k|} \\
&= \sum_{k \geq j} \sum_{a_j \in \mathcal{A}} \mu P(a_j)\, z^{|a_j|} \cdot \sum_{(a_1,\dots,a_{j-1},a_{j+1},\dots,a_k) \in \mathcal{A}^{k-1}} z^{|a_1| + \cdots + |a_{j-1}| + |a_{j+1}| + \cdots + |a_k|} \\
&= \sum_{k \geq j} \tau P(z)\, A^{k-1}(z) \\
&= \tau P(z)\, \frac{A^{j-1}(z)}{1 - A(z)}
\end{aligned}
$$

(e)

$$
\begin{aligned}
\hat{\tau} R(z) &= \sum_{a \in \hat{\mathcal{A}},\, b \in \hat{\mathcal{B}}} \binom{|a| + |b|}{|a|} \mu P(a)\, \frac{z^{|a| + |b|}}{(|a| + |b|)!} \\
&= \sum_{a \in \hat{\mathcal{A}},\, b \in \hat{\mathcal{B}}} \mu P(a)\, \frac{z^{|a|}}{|a|!} \cdot \frac{z^{|b|}}{|b|!} \\
&= \hat{\tau} P(z) \cdot \hat{B}(z)
\end{aligned}
$$

∎

Korollar 2.21

Sei $P : \mathcal{A}$, $Q : \mathcal{B}$ und $R : \mathcal{A} \uplus \mathcal{B}$,wobei für alle $c \in \mathcal{A} \uplus \mathcal{B}$:

$$R(c) := \textbf{if } c \in \mathcal{A} \textbf{ then } P(c) \textbf{ else } Q(c)$$

ist. Dann gilt für die Komplexitätsdeskriptoren $\tau P(z)$, $\tau Q(z)$ und $\tau R(z)$ von P, Q und R:

$$\tau R(z) = \tau P(z) + \tau Q(z)$$

Beweis: Analog zu Satz 2.20 ∎

Bemerkung 2.22 (Funktionskomposition)

Die Funktionskomposition ist keine zulässige Programmkonstruktion. Sei $Q : \mathcal{A} \to \mathcal{B}$ und $P : \mathcal{B} \to \mathcal{C}$. Dann ist die *Funktionskomposition* ein Programm $R : \mathcal{A} \to \mathcal{C}$, das für alle $a \in \mathcal{A}$ durch $R(a) := P(Q(a))$ definiert ist. Es gilt für alle $a \in \mathcal{A}$: $\mu R(a) = \mu Q(a) + \mu P(Q(a))$. Somit ist:

$$
\begin{aligned}
\tau R(z) &= \sum_{a \in \mathcal{A}} \mu Q(a)\, z^{|a|} + \sum_{a \in \mathcal{A}} \mu P(Q(a))\, z^{|a|} \\
&= \tau Q(z) + \sum_{a \in \mathcal{A}} \mu P(Q(a))\, z^{|a|}
\end{aligned}
$$

Betrachten wir die zweite Summe genauer: es gilt

$$[z^n] \sum_{a \in \mathcal{A}} \mu P(Q(a))\, z^{|a|} = \sum_{a \in \mathcal{A}_{(n)}} \mu P(Q(a))$$

wobei $\mathcal{A}_{(n)} = (\{a \in A \mid |a| = n\}, |\cdot|)$ ist.

Die Verteilung der Ausgabe von $Q(a)$ ist irgendeine Verteilung. Damit besteht normalerweise keine Möglichkeit, diese Summe in Termen von $[z^n]P(z)$ auszudrücken. Selbst wenn eine Beziehung

$$|a| = n \Rightarrow |Q(a)| = f(n)$$

bestehen würde, ist noch nicht gesichert, daß die $Q(a)$ über $\mathcal{B}_{f(n)}$ gleichverteilt sind. Es können manche Werte in $\mathcal{B}_{f(n)}$ mehrfach vorkommen, während andere Werte überhaupt nicht vorkommen. So ergibt sich zum Beispiel beim Sortieren einer n-elementigen Liste genau eine Ausgabeliste (nämlich die sortierte Liste), während alle anderen $n! - 1$ n-elementige Listen nie als Ausgabe eines Sortierprogramms vorkommen. Der Komplexitätsdeskriptor $\tau P(z)$ kann nur dann verwendet werden, wenn $\{Q(a)|a \in \mathcal{A}_{(n)}\} = \mathcal{B}_{(n)}$ und die Ausgabeverteilung von Q eine Gleichverteilung auf $\mathcal{B}_{(n)}$ ist. ∎

Hat man rekursive Programme so erhält man ähnlich wie bei rekursiven Typen nach Satz 2.20 eine Funktionalgleichung für den Komplexitätsdeskriptor des Programms:

Beispiel 2.23 (Verkettung von Listen)
Die Typdefinition für Listen ist

$$List = \{nil\} \uplus \{a\} \times List$$

mit der Größenfunktion $|nil| = 0$ und $|a| = 1$. Die erzeugende Funktion der Listen ist nach Beispiel 2.13:

$$L(z) = \frac{1}{1 - z}$$

Die Funktion *append* kann wie folgt rekursiv definiert werden:

$$append((l,m): List \times List) =$$
$$l = nil : \quad m$$
$$l = (a, l'): \quad (a, append(l', m))$$

Nach Satz 2.20 erhält man unter der Annahme, daß jeder Funktionsaufruf gezählt wird, für die Komplexitätsfunktion:

$$\tau append(z) = L(z) + z \cdot \tau append(z)$$

Die Lösung dieser Funktionalgleichung ist:

$$\tau append(z) = \frac{L(z)}{1 - z} = \frac{1}{(1 - z)^2} = \sum_{n=0}^{\infty}(n + 1)z^n$$

Die mittlere Zeitkomplexität ist also

$$\overline{\tau append_n} = n + 1$$

wobei n die Größe der Liste l ist. ∎

Man beachte, daß auch Funktionalgleichungen erzeugt werden können, die nicht einfach durch Auflösen einer Gleichung bestimmt werden können. So lautet z.B. die Funktionalgleichung der erzeugenden Funktion für 2-3-Bäume $f(z) = 1 + f(z^2 + z^3)$. Es stehen zur Lösung von Funktionalgleichungen eine Reihe von Techniken wie etwa *Lagrange-Bürmann-Inversion*, *Abel-Identitäten*, dem Umformen in eine Differentialgleichung oder Iteration zur Verfügung (siehe etwa [FV87]). Lösungsmethoden für Funktionalgleichungen können unter Verwendung von Computeralgebrasystemen (z.B. Maple [CGG$^+$88]) implementiert werden.

2.1.2 Analytische Analyse

In dieser Phase werden die in der algebraischen Analyse gefundenen erzeugenden Funktionen $C(z)$ auf ihre Koeffizienten $[z^n]C(z)$ hin analysiert. Im System $\Lambda\Upsilon\Omega$ erfolgt dies z.T. asymptotisch. Die Koeffizienten werden durch Analyse der Singularitäten der erzeugenden Funktion bestimmt. Die erzeugende Funktion bzw. der Komplexitätsdeskriptor ist entweder explizit oder implizit über eine Funktionalgleichung gegeben. Der Koeffizient $[z^n]C(z)$ einer Potenzreihe $C(z)$ kann durch asymptotische Methoden oder/und durch Anwendung von bekannten Identitäten bestimmt werden. Dieser Abschnitt faßt die Resultate von [FV87, Fla88, FO88] zusammen. In [Hof87] befindet sich ebenfalls eine Diskussion der in diesem Abschnitt vorgestellten Methoden.

2.1.2.1 Bestimmung der Koeffizienten über Tabellen

Bei dieser Methode werden bekannte Reihenentwicklungen verwendet.

Beispiel 2.24
Die erzeugende Funktion für die Wahrscheinlichkeit, daß eine Permutation keinen Fixpunkt hat (d.h. keinen Zyklus der Länge 1 besitzt), ist:

$$C(z) = \frac{e^{-z}}{1 - z} = \sum_{n=0}^{\infty} \left(\sum_{k=0}^{n} \frac{(-1)^k}{k!} \right) z^n$$

Also ist: $[z^n]C(z) = \sum_{k=0}^{n} \frac{(-1)^k}{k!}$.

Dies ist die n-te Partialsumme von e^{-1}. Es gilt also:

$$[z^n]C(z) = e^{-1} + O\left(\frac{1}{(n+1)!} \right)$$

∎

2.1.2.2 Grundlagen aus der Funktionentheorie

Allgemein benutzt man Methoden der Funktionentheorie um $[z^n]C(z)$ zu bestimmen. Im Wesentlichen sind dies Singularitätenanalyse und Sattelpunktschätzungen.

Definition 2.25 (analytische und meromorphe Funktionen)
Eine Funktion $f(z)$ einer komplexen Variablen z heißt *analytisch* in $z = a$, wenn sie eine Potenzreihenentwicklung (auch: *Taylorentwicklung*) in einer Umgebung von a besitzt:

$$\sum_{n=0}^{\infty} f_n \, (z - a)^n$$

Eine Funktion $f(z)$ einer komplexen Variablen z heißt *meromorph* in $z = a$, wenn sie in einer Umgebung von a eine für $z \neq a$ konvergente Reihenentwicklung der Form

$$f(z) = \sum_{n=-\infty}^{\infty} f_n \, (z - a)^n$$

besitzt. Diese Reihenentwicklung nennt man die *Laurentreihe* von f. Falls $f_{-M} \neq 0$ für ein $M > 0$ und $f_{-k} = 0$ für alle $k > M$ ist, so hat f einen *Pol der Ordnung M* in $z = a$.

Eine Funktion ist *analytisch (meromorph) in einem Definitionsbereich* $D \subseteq \mathbf{C}$, wenn sie in jedem Punkt von D analytisch (meromorph) ist. Ein Punkt, in dem eine Funktion f nicht analytisch ist, heißt *Singularität* von f. Eine Funktion $f : \mathbf{C} \to \mathbf{C}$ heißt *ganze* Funktion, wenn sie keine Singularität in $\mathbf{C}$ hat. ■

Bemerkung 2.26
Normalerweise definiert man analytische Funktionen als stetig differenzierbare Funktionen. Ein Satz der Funktionentheorie besagt, daß jede stetig differenzierbare Funktion auch unendlich oft stetig differenzierbar ist. Damit existiert für jede analytische Funktion eine Taylorentwicklung. Umgekehrt sind genau die Funktionen, die sich als Taylorentwicklung beschreiben lassen, die analytischen Funktionen.

Meromorphe Funktionen in $D \subseteq \mathbf{C}$ sind als bis auf abzählbar viele Punkte in D analytische Funktionen definiert. Auch dann gibt es einen Satz, daß die meromorphen Funktionen genau diejenigen Funktionen sind, die sich als Laurentreihe entwickeln lassen. ■

Definition 2.27 (Residuum)
Sei $f(z)$ eine meromorphe Funktion mit einem Pol der Ordnung $M > 0$ in $z = a$. Dann heißt der Koeffizient f_{-1} in der Laurententwicklung von f das *Residuum von f in* $z = a$, und wird wie folgt geschrieben:

$$\mathrm{Res}(f(z), z = a) = [(z - a)^{-1}]f(z)$$

■

Wenn f einen Pol der Ordnung m in $z = a$ hat, so ist die Funktion $(z - a)^m\, f(z)$ analyatisch in $z = a$. Dann gilt:

$$\mathrm{Res}(f(z), z = a) = \frac{1}{(m - 1)!} \frac{\mathrm{d}^{m-1}}{\mathrm{d}z^{m-1}} [(z - a)^m\, f(z)]_{z=a}$$

Insbesondere gilt für $m = 1$:

$$\mathrm{Res}(f(z), z = a) := \lim_{z \to a}(z - a)\, f(z)$$

Mit Hilfe von Residuuen lassen sich Wegintegrale einfach berechnen:

Satz 2.28 (Cauchys Residuuensatz)
Sei γ ein einfacher, geschlossener und positiv orientierter Weg[5]. Die Funktion f sei meromorph in $D \subseteq \mathbf{C}$, wobei der Weg γ im Innern von D enthalten ist. Sei $\mathrm{Sing}(f)$ die Menge der Singularitäten von f und es gelte $\mathrm{Sing}(f) \cap \gamma = \emptyset$. Dann gilt:

$$\frac{1}{2\pi\mathrm{i}} \int_{\gamma} f(z)\mathrm{d}z = \sum_{s \in \mathrm{Sing}(f)} \mathrm{Res}(f(z), z = s)$$

Beweis: [Rem84]   ■

Korollar 2.29 (Cauchysche Integralformel)
Sei γ ein einfacher, geschlossener und positiv orientierter Weg um den Ursprung, der im Inneren eines Definitionsbereichs $D \subseteq \mathbf{C}$ einer analytischen Funktion f enthalten ist. Dann gilt:

$$f_n = [z^n]f(z) = \frac{1}{2\,\pi\,\mathrm{i}} \int_{\gamma} \frac{f(z)}{z^{n+1}}\mathrm{d}z$$

Beweis: Nach Satz 2.28 gilt:

$$\begin{aligned}
\frac{1}{2\pi\mathrm{i}} \int_{\gamma} \frac{f(z)}{z^{n+1}}\mathrm{d}z &= \mathrm{Res}\left(\frac{f(z)}{z^{n+1}}, z = 0\right) \\
&= \mathrm{Res}\left(\sum_{i=-(n+1)}^{\infty} f_{i+n+1}\, z^i, z = 0\right) \\
&= f_n
\end{aligned}$$

■

Dieser Satz ist die Grundlage für die Bestimmung der Koeffizienten $[z^n]C(z)$ einer erzeugenden Funktion $C(z)$.

---

[5]Wenn man den Weg entlangwandert, so wandert man gegen den Uhrzeigersinn, und kommt genau einmal zum Ausgangspunkt zurück

2.1.2.3 Singularitätenanalyse

Satz 2.30
Es sei $f(z) = \sum_{n=0}^{\infty} f_n$ eine in $z = 0$ analytische Funktion und[6]

$$R = \min_{s \in \mathrm{Sing}(f)} |s|$$

Dann gilt für jedes $\varepsilon > 0$:

$$R^{-n} (1 - \varepsilon)^n <_{u.o.} |f_n| <_{f.i.} R^{-n} (1 + \varepsilon)^n$$

wobei:

$$a_n <_{u.o.} b_n \quad :\Leftrightarrow \quad a_n < b_n \text{ für unendlich viele } n \ (\textit{unendlich oft})$$

$$a_n <_{f.i.} b_n \quad :\Leftrightarrow \quad a_n < b_n \text{ bis auf endlich viele } n \ (\textit{fast immer})$$

Beweis: Angenommen es gelte $R^{-n} (1 - \varepsilon)^n < |f_n|$ nur für endlich viele n. Der Konvergenzradius einer in $z = a$ analytischen Funktion f beträgt $\min\{|s - a| \mid s \in \mathrm{Sing}(f)\}$. Falls also $R^{-n} (1 - \varepsilon)^n < |f_n|$ nur für endlich viele n sein würde, hätte f_n einen grösseren Konvergenzradius und somit eine betragsmäßig größere kleinste Singularität. Dies ist ein Widerspruch zur Voraussetzung, daß R die betragsmäßig kleinste Singularität von f ist.

Sei γ ein positiv orientierter Kreis mit Radius $R (1 + \varepsilon)^{-1}$. Dann folgt unmittelbar aus Korollar 2.29 die obere Schranke. ∎

Bemerkung 2.31
Die obere Schranke in Satz 2.30 bedeutet, daß $f_n = O(R^{-n})$. ∎

Beispiel 2.32
Eine surjektive Abbildung von $\{1, \ldots, n\}$ auf einen Anfangsabschnitt von $\mathbf{N}$ heiße *Surjektion*. Die exponentielle erzeugenden Funktion der Menge der Surjektionen ist:

$$f(z) = \frac{1}{2 - e^z}$$

Die Funktion f ist analytisch im Ursprung und Singularitäten

$$\mathrm{Sing}(f) = \{\log 2 + 2\mathrm{i}\pi k \mid k \in \mathbf{Z}\}$$

Somit ist $R = \log 2 = \min\{|s| \mid s \in \mathrm{Sing}(f)\}$ und es gilt damit für jedes $\varepsilon > 0$:

$$\left(\frac{1}{\log 2}\right)^{-n} (1 - \varepsilon)^n <_{u.o.} |f_n| <_{f.i.} \left(\frac{1}{\log 2}\right)^{-n}$$

Das heißt also: $f_n = O\left(\left(\frac{1}{\log 2}\right)^n\right)$. ∎

Die Bestimmung von f_n soll nun genauer erfolgen. Nach Satz 2.30 gilt $f(n) \sim \theta(n) \, R^{-n}$, wobei $\theta(n)$ ein nichtexponentieller Faktor ist. Dieser Faktor soll nun (asymptotisch) bestimmt werden.

---

[6] $|a + \mathrm{i}\, b| = \sqrt{a^2 + b^2}$ ist hier der Betrag der komplexen Zahl $a + \mathrm{i}\, b$

Zuerst betrachten wir die Klasse der *rationalen Funktionen*. Das sind Funktion $f(z)$, die durch

$$f(z) = \frac{N(z)}{D(z)}$$

ausgedrückt werden können, wobei $N(z)$ und $D(z)$ Polynome sind. Im folgenden seien die rationalen Funktionen $f(z)$ zusätzlich analytisch im Ursprung, d.h. es gelte $D(0) \neq 0$. Da $N(z) = D(z)\, f(z)$ gilt, erfüllen die Koeffizienten $f_n = [z^n]f(z)$ die lineare Rekurrenz

$$\sum_{k=0}^{r} f_{n-k}\, D_k = 0$$

wobei $D(z) = D_0 + D_1\, z + \cdots + D_r\, z^r$ sei und die Anfangsbedingungen durch $N(z)$ gegeben sind. Für diese rationalen Funktionen ist die asymptotische Entwicklung ihrer Koeffizienten einfach, denn sie können in ihre Partialbrüche zerlegt werden:

$$
\begin{aligned}
f(z) &= \sum_{j=0}^{d} \sum_{k=1}^{r_j} \frac{c_{j,k}}{(z - \alpha_j)^k} \\
&= \sum_{j=0}^{d} \sum_{k=1}^{r_j} \frac{\gamma_{j,k}}{(1 - z/\alpha_j)^k}
\end{aligned}
$$

wobei für $0 \leq i \leq d$ die α_i r_i-fache Nullstellen von $D(z)$ sind. Damit gilt also:

$$f_n = \sum_{j=0}^{d} \sum_{k=1}^{r_j} \gamma_{j,k}\, \alpha_j^{-n} \binom{n + k - 1}{k - 1}$$

Es gilt also

Lemma 2.33 (Singularitätenanalyse für rationale Funktionen)
Sei $f(z) = N(z)/D(z)$ eine rationale, im Ursprung analytische Funktion. Dann gilt für den n-ten Taylorkoeffizient von f:

$$[z^n]f(z) = \sum_{j=0}^{d} \alpha_j^{-n}\, P_j(n)$$

wobei die $\alpha_0, \ldots, \alpha_d$ Pole der Ordnung $r_0, \ldots, r_d$ und für $j = 0, \ldots, d$ die $P_j(n)$ Polynome vom Grad $r_j - 1$ sind. ∎

Lemma 2.33 gilt auch für nichtreelle Pole α. Allgemein ist $\alpha = \rho\, e^{i\varphi}$ und somit ist

$$\alpha^{-n} = \rho^{-n}\, (\cos(n\,\varphi) - i\,\sin(n\,\varphi))$$

Ein ähnlicher Satz gilt auch für meromorphe Funktionen:

Satz 2.34 (Singularitätenanalyse für meromorphe Funktionen)
Sei $f(z)$ eine für $|z| \leq R$ meromorphe und $|z| = R$ analytische Funktion mit endlich vielen
Polen $\{\alpha_1, \ldots, \alpha_d\}$ im Kreis $|z| < R$. Für $1 \leq j \leq d$ sei r_j die Ordnung des Pols α_j. Dann
gibt es Polynome $P_1(n), \ldots, P_d(n)$ vom Grad $r_1 - 1, \ldots, r_d - 1$, so daß

$$f_n = \sum_{j=1}^{d} \alpha_j^{-n} \, P_j(n) + O(R^{-n})$$

Beweis: Sei α_j ein Pol der Ordnung r_j in $f(z)$. Dann gibt es eine in α_j analytische Funktion
g_j, so daß

$$f(z) \frac{g_j(z)}{(z - \alpha_j)^{r_j}}$$

Wenn h um α_j bis zu Termen der Ordnung r_j entwickelt wird, dann erhält man ein Polynom

$$Q_j(z) = \sum_{i=0}^{r_j} \frac{1}{i!} \left. \frac{d^i}{dz^i} h(z) \right|_{z=\alpha_j} (z - \alpha_j)^i$$

Für dieses Polynom ist $f(z) - Q_j(z)/(z - \alpha_j)^{r_j}$ analytisch in $z = \alpha_j$. Also ist mit

$$Q(z) = \sum_{j=1}^{d} \frac{Q_j(z)}{(z - \alpha_j)^{r_j}}$$

$f(z) - Q(z)$ analytisch für $|z| \leq R$. Damit ist mit Lemma 2.33:

$$\begin{aligned}
[z^n] f(z) &= [z^n] Q(z) + [z^n](f(z) - Q(z)) \\
&= \sum_{j=1}^{d} \alpha_j^{-n} \, P_j(n) + [z^n](f(z) - Q(z)) \\
&= \sum_{j=1}^{d} \alpha_j^{-n} \, P_j(n) + O(R^{-n})
\end{aligned}$$

wobei für $1 \leq j \leq d$ die $P_j(n)$ Polynome höchstens vom Grad $r_j - 1$ sind. $\blacksquare$

Beispiel 2.35

(a) Sei $\mathcal{L} = (\{\varepsilon\} \uplus \{1\}) \times (\{0\} \times (\{\varepsilon\} \uplus \{1\}))^*$ mit $|\varepsilon|_L = 0$, $|0|_L = 1$ und $|1|_L$ die Menge aller
Folgen über $\{0, 1\}$ ohne zwei aufeinanderfolgende Einsen. Dann gilt für die erzeugende
Funktion von $\mathcal{L}$:

$$L(z) = (1 + z) \frac{1}{1 - z\,(1 + z)} = \frac{1 + z}{1 - z - z^2}$$

Aus der Partialbruchzerlegung von $L(z)$ erhält man:

$$[z^n]L(z) = \frac{1+\sqrt{5}}{2\sqrt{5}}\left(\frac{1+\sqrt{5}}{2}\right)^n - \frac{1-\sqrt{5}}{2\sqrt{5}}\left(\frac{1-\sqrt{5}}{2}\right)^n$$

(b) Es sei $f(z) = (2 - e^z)^{-1}$. Dann ist

$$\text{Sing}(f) = \{\log 2 + 2\pi i k \,|\, k \in \mathbf{Z}\}$$

Beschränkt man sich auf einen Kreis $|z| \le R$, dann gibt es nur endlich viele Singularitäten innerhalb dieses Kreises, weil

$$|\log 2 + 2\pi i k| = \sqrt{\log^2 2 + 4\,\pi^2\,k^2}$$

mit $|k|$ wächst. Je größer R ist, desto genauer ist die asymptotische Entwicklung. Jeder Pol ist einfach, d.h. es gilt

$$P_j(n) = -\frac{1}{\log 2 + 2\,\pi\,i\,j}\,\text{Res}(f(z), z = \log 2 + 2\,\pi\,i\,j)$$

für $0 \le j \le k$. Dabei sei k so daß $|\log 2 + 2\,\pi\,i\,k| < R$ und $|\log 2 + 2\,\pi\,i\,(k+1)| > R$ ist. Es sei $\alpha_j = \log 2 + 2\,\pi\,i\,j$. Dann ist

$$P_j(n) = \lim_{z \to \alpha_j} \frac{z - \alpha_j}{2 - e^z} = -e^{-\alpha_j} = -\frac{1}{2}$$

Nach Satz 2.34 ist also

$$
\begin{aligned}
f_n &= \sum_{j=-k}^{k} \alpha_j^{-n}\,\frac{-1}{\alpha_j}\left(-\frac{1}{2}\right) + O(R^{-n}) \\[2mm]
&= \frac{1}{2}\sum_{j=-k}^{k} \alpha_j^{-(n+1)} + O(R^{-n}) \\[2mm]
&= \frac{1}{2}\left[\frac{1}{\log^{n+1} 2} + \sum_{j=1}^{k}\left(\frac{1}{(\log 2 + 2\,\pi\,ij)^{n+1}} + \frac{1}{(\log 2 - 2\,\pi\,ij)^{n+1}}\right)\right] + O(R^{-n})
\end{aligned}
$$

wobei $\log^2 2 + 4\,\pi^2\,k^2 \le R < \log^2 2 + 4\,\pi^2\,(k+1)^2$ ist.

■

Es sei nun $f(z)$ eine meromorphe Funktion mit der Singularität α, die dem Ursprung am nächsten ist (α muß nicht notwendigerweise ein Pol sein). Angenommen man kann $f(z)$ in einer Umgebung von α in der Form

$$f(z) = g_1(z) + \cdots + g_k(z)$$

entwickeln, wobei die $g_i(z)$ Elementarfunktionen sind, deren Entwicklung bekannt ist. Dann gilt für die in Satz 2.36 genannten Voraussetzungen:

$$f_n = g_{1,n} + \cdots + g_{k,n} + O(g_n)$$

Satz 2.36

(a) Sei $g(z)$ analytisch im Kreis $D = \{z|\ |z| \leq 1, z \neq 1\}$ und es gelte für ein $s > 1$:

$$g(z) = O(|1 - z|^{-s}) \quad \text{für } z \to 1 \text{ in } D$$

Dann ist $[z^n]g(z) = O(n^{-s-1})$.

(b) Sei $g(z)$ eine in der Scheibe[7]

$$D = \{z|\ |z| < 1 + \delta, \theta < |\text{Arg}(z - 1)| < 2\,\pi\}$$

definierte Funktion, wobei $\delta > 0$ und $0 < \theta < \pi/2$ ist. Für $z \to 1$ in D sei $g(z) = O(|1 - z|^r)$, wobei $r > 0$ ist. Dann gilt $[z^n]g(z) = O(n^{-r-1})$.

Beweis: [Fla88] ∎

Beispiel 2.37
Es sei $f(z)$ die Lösung der Gleichung[8]

$$f(z) = z\,(1 + f(z) + (f(z))^2),$$

Dann ist:

$$f(z) = \frac{1 - z - \sqrt{1 - 2\,z - 3\,z^2}}{2\,z}$$

Die Singularitäten von f sind bei $z = 1/3$ und $z = -1$. In einer Umgebung von $z = 1/3$ gilt für ein geeignetes $c_0 \in \mathbf{C}$.

$$f(z) = c_0\,\sqrt{1 - 3\,z} + O(|1 - 3z|^{3/2})$$

Insgesamt ergibt sich:

$$[z^n]f(z) = \frac{3^{n+1}}{2\,\sqrt{\pi\,n^3}} + O(3^n\,n^{-5/2})$$

∎

2.1.2.4 Sattelpunktschätzungen

Ab jetzt sei f eine ganze Funktion mit positiven Koeffizienten. Dann gilt die Cauchysche Integralformel:

$$f_n = [z^n]f(z) = \frac{1}{2\pi i} \int_\gamma \frac{f(z)}{z^{n+1}}\, \mathrm{d}z \tag{2.1}$$

---

[7]$\text{Arg}(z)$ ist der Winkel zwischen der reel;en Achse und der Geraden durch den Ursprung und z
[8]Diese Gleichung definiert dio erzeugende Funktion für Bäume, deren Knoten höchstens zwei Söhne haben

für einfache, geschlossene und positiv orientierte Wege γ um den Ursprung. Es sei nun γ ein positiv orientierter Kreis mit dem Ursprung als Mittelpunkt und dem Radius R. Da $f(z)$ positive Koeffizienten hat, gilt auf γ, daß $|f(z)| \leq f(R)$. Aus (2.1) ergibt sich dann

$$f_n \leq \frac{1}{2\,\pi} \, \frac{f(R)}{R^{n+1}} \, 2\pi \, R = \frac{f(R)}{R^n} \tag{2.2}$$

Diese Schranke ist für alle $R > 0$ gültig und kann daher minimiert werden. Da $f(R)/R^n \to \infty$ für $R \to 0$ und $R \to \infty$ gilt, wird $f(R)/R^n$ für ein $R = \rho$ minimal, das

$$\frac{\mathrm{d}}{\mathrm{d}R} \, \frac{f(R)}{R^n} \bigg|_{R=\rho} = 0$$

erfüllt. Es gilt insbesondere $\rho\, f'(\rho) - n\, f(\rho) = 0$. Damit ist der folgende Satz bewiesen:

Satz 2.38 (Sattelpunktabschätzungen)
Sei f eine ganze Funktion mit positiven Koeffizienten. Dann ist

$$[z^n]f(z) \leq \frac{f(\rho)}{\rho^n}$$

wobei ρ die kleinste positive reelle Wurzel von

$$\frac{\rho f'(\rho)}{f(\rho)} = n$$

ist.   ∎

Beispiel 2.39
Es sei $f(z) = e^z$. Nach Satz 2.38 ist ein R gesucht mit $e^R(R - n) = 0$. Also ergibt sich $R = n$ und somit

$$[z^n]f(z) \leq \frac{e^n}{n}$$

∎

Oft trägt nur ein kleiner Ausschnitt des Kreises $|z| = R$ wesentlich zum Wert des Integrals (2.1) bei. Diese Tatsache wird für asymptotische Entwicklungen genutzt. Sattelpunktmethoden werten Integrale der Form

$$I = \frac{1}{2\pi\mathrm{i}} \int_\gamma e^{h_n(z)} \, \mathrm{d}z$$

aus. Im Falle der Cauchyschen Integralformel ist

$$h_n(z) = \log f(z) - (n + 1)\, \log z$$

Wir wählen als Weg γ den positiv orientierten Kreis $|z| = R_n$, wobei der Radius $R_n\, h'_n(R_n) = 0$ erfüllt. Das Kurvenintegral kann dann mit diesem Kreis gut geschätzt werden, wenn der Beitrag der Punkte $R_n\, e^{i\theta}$ zum Wert des Integrals nur für $|\theta| < \theta_0$ signifikant ist. Falls θ_0 klein ist, kann man das Integral über den Weg $\gamma(\theta_0) = \{|z| = R_n|\ |\mathrm{Arg}\, z| < \theta_0\}$ durch das Integral über die Gerade $z = R_n + \mathrm{i}\, t$, $-\infty < t < \infty$ abschätzen, wenn auf der Geraden ebenfalls die Beiträge zum Wert des Integrals mit $|\mathrm{Arg}\, z| < \theta_0$ dominieren.

Nun gelte für die z auf dem Segment $\gamma(\theta_0)$:

$$h_n(z) = h_n(R_n) + \frac{1}{2} h_n''(R_n)\,(z - R_n)^2$$

Nach der obigen Überlegung wird z durch $R_n + \mathrm{i}\,t$ abgeschätzt, und man erhält:

$$\begin{aligned}
I &\approx e^{h_n(R_n)}\, \frac{1}{2\pi} \int_{-\infty}^{\infty} e^{1/2\, h_n''(R_n)\,(\mathrm{i}t)^2}\, \mathrm{d}t \\
&= e^{h_n(R_n)}\, \frac{1}{2\pi} \int_{-\infty}^{\infty} e^{-t^2\, \frac{h_n''(R_n)}{2}}\, \mathrm{d}t \\
&= \frac{e^{h_n(R_n)}}{\sqrt{2\,\pi\, h_n''(R_n)}}
\end{aligned}$$

Bei dieser Rechnung wurde die Identität

$$\frac{1}{\sqrt{2\pi}\,\sigma} \int_{-\infty}^{\infty} e^{-\frac{x^2}{2\,\sigma}}\, \mathrm{d}x = 1$$

ausgenutzt. Insgesamt ergibt sich also der Satz:

Satz 2.40 (Sattelpunktschätzungen)
Sei $f(z)$ eine ganze Funktion mit positiven Koeffizienten und $h_n(z) = \log f(z) - (n+1)\,\log z$.
Weiter sei $\gamma = \{|z| = R_n|\, z \in \mathbf{C}\}$ mit $h_n'(R_n) = 0$ und $\gamma(\theta_0) = \{z \in \gamma|\, |\mathrm{Arg}\,z| < \theta_0\}$. Es gelte

(i) $$\int_{\gamma\backslash\gamma(\theta_0)} e^{h_n(z)}\mathrm{d}z \ll \int_{\gamma} e^{h_n(z)}\mathrm{d}z,$$

(ii) $$e^{h_n(z)} \approx e^{h_n(R_n) + \frac{1}{2}\,h_n''(R_n)\,(z-R)^2} \text{ für } z \in \gamma(\theta_0) \text{ und}$$

(iii) $$\frac{1}{2\pi\mathrm{i}} \int_{\gamma} \frac{f(z)}{z^{n+1}}\, \mathrm{d}z \approx \frac{1}{2\pi} \int_{-\infty}^{\infty} e^{-\frac{t^2}{2}\,h_n''(R_n)}\, \mathrm{d}t.$$

Dann gilt:

$$[z^n] f(z) \approx \frac{e^{h_n(R_n)}}{\sqrt{2\,\pi\, h_n''(R_n)}}$$

■

Beispiel 2.41
Es sei $f(z) = e^z$. Dann ist in Satz 2.40:

$$\begin{aligned}
h_n(z) &= z - (n+1)\,\log z \\
h_n'(z) &= 1 - \frac{n+1}{z} \\
h_n''(z) &= \frac{n+1}{z^2}
\end{aligned}$$

Da $h_n'(n+1) = 0$ ist, wird $R_n = n+1$ gewählt. Insgesamt ergibt sich dann

$$[z^n] e^z \approx \frac{(n+1)^n\, e^{n+1}}{\sqrt{2\,\pi\,(n+1)}}$$

■

2.1.2.5 Zusammenfassung

Man berechnet nach der Cauchyschen Integralformel

$$[z^n]f(z) = \frac{1}{2\pi i} \int_\gamma e^{h_n(z)} \, dz$$

1. Falls $f(z)$ meromorph in $\mathbf{C}$ ist und nur endlich viele Pole besitzt, dann wähle als γ einen Kreis, so daß die Residuuen von f an diesen Polen zur Berechnung herangezogen werden können, d.h. Satz 2.34 wird angewendet.

2. Falls $f(z)$ Singularitäten besitzt, die keine Pole sind, so wird für γ eine Kurve gewählt die nahe bei der Singularität liegt und Satz 2.36 angegewendet.

3. Falls f eine ganze Funktion ist, dann wähle γ als einen Kreis, der Sattelpunkte von $f(z)$ enthält und wende Satz 2.40 an.

Diese Verfahren sind z.B. in Maple [CGG+88], einem Computeralgebrasystem, implementiert.

2.1.3 Bewertung des Verfahrens

Der Ansatz mit erzeugenden Funktionen kann für alle funktionalen Programme, deren Definitionsprinzip auf struktureller Induktion über dem Typaufbau beruht, und die keine Funktionskomposition verwenden, eine Funktionalgleichung für die erzeugende Funktion des Zeitaufwandes ableiten. Problematisch hierbei ist, daß die Analyse der verwendeten Funktion auf einer Gleichverteilung beruht, was bei Aufruf einer Funktion aus dem Rumpf einer anderen Funktion i.a. nicht zutrifft. Es muß zuerst die Ausgabeverteilung bestimmt werden können, um auf Basis dieser Verteilungen die Analyse durchzuführen. Erst dann kann Funktionskomposition behandelt werden. Dies ist jedoch mit dem Ansatz der erzeugenden Funktionen schwierig (vgl. Bemerkung 2.22). Komplexitätsmaße auf den Eingabetypen (wie etwa die Länge einer Liste bzw. die Größe einer Liste) können nicht abgeleitet werden.

Für Divide-and-Conquer-Algorithmen kann keine Funktionalgleichung für die erzeugende Funktion des Zeitaufwandes abgeleitet werden, weil zu deren Definition Hilfsfunktionen (die *divide*– und die *conquer*–Funktion) verwendet werden müssen. Die Divide-and-Conquer Algorithmen benutzen also stets die Funktionskomposition. So ist z.B. der mittlere Zeitaufwand von *Quicksort* durch

$$(n+1)a_{n+1} = (n+1) \cdot (c_0 + c_1 \cdot n) + 2 \cdot \sum_{i=0}^{n} a_i$$

für gewisse Konstanten c_0 und c_1 definiert. Wendet man den Ansatz der erzeugenden Funktionen für die Lösung der Rekurrenz an, so erhält man:

$$\sum_{n=0}^{\infty}(n+1)a_{n+1}z^n = C(z) + 2 \cdot \sum_{n=0}^{\infty} \left(\sum_{i=0}^{n} a_i \right) z^n$$

wobei $C(z)$ die erzeugenden Funktion von $(n+1)\cdot(c_0+c_1\cdot n)$ ist. Es sei nun $A(z) = \sum_{n=0}^{\infty} a_n z^n$. Mit der Anwendung des Cauchyproduktes und der Tatsache, daß die Ableitung von $A(z)$ gegeben ist durch:

$$A'(z) = \sum_{n=0}^{\infty} (n+1) a_{n+1} z^n$$

erhält man die Gleichung:

$$A'(z) = C(z) + \frac{2}{1-z} A(z)$$

Es handelt sich also um eine Differentialgleichung. Die Transformationen aus Satz 2.20 bieten keine Möglichkeit, Differentialgleichungen abzuleiten. Es wurde auch bisher keine zulässige Programmkonstruktion angegeben, deren Komplexitätsdeskriptor die Ableitung eines anderen Komplexitätsdeskriptors verwendet.

Der in diesem Abschnitt beschriebene Ansatz ist also in der Lage, Funktionen, die nach dem Prinzip der strukturellen Induktion definiert sind, zu analysieren. Die Grenzen des Ansatzes liegen in der Nichtbehandlung der Funktionskomposition (keine zulässige Konstruktion), in der Nichtberücksichtigung verschiedener Größenmaße auf Datenstrukturen und der Unmöglichkeit Divide-und-Conquer Programme zu analysieren. Auch können Funktionen, deren Definitionsprinzip nicht auf einer Induktion beruht, i.a. nicht analysiert werden.

2.2 Der Ansatz mit Rekurrenzen

Ähnlich wie Flajolets Ansatz mit erzeugenden Funktionen gliedert sich Wegbreits Ansatz mit Rekurrenzen [Weg75] in zwei Teile. In einer Analysephase werden Rekurrenzrelationen abgeleitet, die das Komplexitätsverhalten der zu analysierenden Funktion beschreiben. In einer zweiten Phase wird versucht, diese Rekurrenz zu lösen.

Wegbreit analysiert pureLISP-Programme erster Ordnung[9]. Im Unterschied zu Flajolet werden also Programme mit speziellen Typen (Listen) behandelt. Andererseits werden auch verschiedene Maße auf Listen verwendet ("Länge" und "Größe"), in deren Termen schließlich das Ergebnis ausgedrückt wird. Es werden der günstigste, der schlechteste und der mittlere Fall, sowie dessen Varianz ermittelt. Ein *Kostenausdruck* ist ein Quadrupel $\langle best, worst, ave, var \rangle$, wobei *best* bzw. *worst* eine untere bzw. obere Schranke für die Komplexität eines Programms, *ave* die mittlere Komplexität des Programms und *var* die Varianz der Komplexität des Programms ist.

Wegbreits Ansatz wird anhand von Beispielen eingeführt. Auf dem hier beschrieben Ansatz basiert auch die Methode von Le Métayer, der Wegbreits Ansatz auf FP-Programme übertrug, und dort spezielle Eigenschaften der FP-Algebra ausnutzte. Allerdings analysiert er nur den schlechtesten Fall.

---

[9]d.h. Funktionsparameter sind nicht erlaubt

Im 1. Abschnitt wird die Analysemethode diskutiert, im 2. Abschnitt das Lösen von Rekurrenzen. Schließlich werden im 3. Abschnitt die Unterschiede des Ansatzes von Le Métayer herausgearbeitet. Abschließend wird eine Bewertung dieser Ansätze vorgenommen.

2.2.1 Das Ermitteln von Rekurrenzen

Die Rekurrenz für die Komplexität einer Funktion wird in vier Schritten ermittelt:

1. Berechnung einer Funktion, die die Komplexität des Programmes berechnet

2. Transformation dieser Funktion in eine Normalform

3. Erzeugen einer strukturell induktiven Definition der Funktion durch symbolische Auswertung der Funktion

4. Erzeugen der Rekurrenz durch die Wahl geeigneter Abbildungen von Listen auf natürliche Zahlen

Diese Schritte sollen in diesem Teilabschnitt genauer beschrieben und anhand der folgenden beiden Beispiele demonstriert werden. Diese Beispiele sind einer übersichtlichen Notation für pureLISP geschrieben.

Beispiel 2.42 (Verkettung zweier Listen)

```
APP(X,Y) =
  if NULL(X) then Y
  else CONS(CAR(X),APP(CDR(X),Y))
```

∎

Beispiel 2.43 (Vereinigen zweier Mengen)

```
UNION(X,Y) =
  if NULL(X) then Y
  else if MEMBER(CAR(X),Y) then UNION(CDR(X),Y)
  else CONS(CAR(X),UNION(CDR(X),Y))

MEMBER(Z,L) =
  if NULL(L) then FALSE
  else if Z = CAR(L) then TRUE
  else MEMBER(Z,CDR(L))
```

∎

Es soll nun der Zeitaufwand von `APP(X,Y)` und die Länge der Liste `UNION(X,Y)` ermittelt werden.

1. Schritt: Funktionen, die die Komplexität berechnen

Es werden den Grundfunktionen und -operationen lokale (symbolische) Kosten zugewiesen:
car, cdr, cons, null, vref, cref, fncall, eq, wobei *vref* die Zeit für den Zugriff auf eine Variable,
cref die Zeit für den Zugriff auf eine Konstante, *fncall* die Zeit für einen Funktionsaufruf und
eq die Zeit für einen Vergleich ist.

Dann wird eine Transformation gemäß Abbildung 2.1 durchgeführt. Falls eine Funktion **F** eine
Funktion **G** verwendet, so wird zuerst die Komplexität von **G** analysiert und dann das Ergebnis
dieser Analyse zur Bestimmung der Komplexität von **F** verwendet. Bei verschränkt rekursiven
Funktionen terminiert daher die Methode von Wegbreit nicht. Andererseits erhält man durch
diese Vorgehensweise immer direkt rekursive Funktionen, die die Komplexität berechnen.

Beispiel 2.44 (Fortsetzung von 2.42)
Die Zeitkomplexität ist ein additives Maß. Folgende Funktion berechnet dann den Zeitaufwand von **APP**:

```
time(APP(X,Y)) ≡
    if NULL(X) then c₀
    else c₁+ time(APP(CDR(X),Y))
```

wobei
$$c_0 = null + 2 \cdot vref + eq$$
$$c_1 = null + 4 \cdot vref + fncall + cons + car + cdr$$

∎

Beispiel 2.45 (Fortsetzung von Beispiel 2.43)
Die Länge einer Liste ist ein nichtadditives Maß, d.h. innere Funktionsaufrufe werden nur
dann behandelt, falls eine Eigenschaft ihres Ergebnisses benötigt wird. Man erhält dann:

```
length(UNION(X,Y)) ≡
    if NULL(X) then length(Y)
    else if MEMBER(CAR(X),Y) then length(UNION(CDR(X),Y))
    else 1 + length(UNION(CDR(X),Y))
```

∎

2. Schritt: Überführung in eine Normalform

2.1. Schritt: Beseitigen verschachtelter Bedingungen

Definition 2.46 (Normalform eines Kostenausdruckes)
Ein Kostenausdruck $M(F(X1,\ldots,Xn))$ ist in *Normalform*, wenn er die folgende Gestalt hat:

```
M(F(X1,...,Xn)) =
    if cond₁ then expr₁
    else if cond₂ then expr₂
        ⋮
    else if condₙ then exprₙ
    else exprₙ₊₁
```

Sei $f(\vec{x}) = R[\vec{x}]$ eine Funktionsdefinition, wobei $\vec{x} = (x_1, \ldots x_k)$ und $R[\vec{x}]$ einen Ausdruck bezeichnet, der höchstens die Variablen $x_1, \ldots, x_k$ enthält. Diese Definition wird transformiert in

$$M(f(\vec{x})) = M[\![\, R[\vec{x}] \,]\!]$$

für $M \in \{time,\ size,\ length\}$. Dabei sei

$time[\![\ \textbf{if } B[\vec{x}] \textbf{ then } S_1[\vec{x}] \textbf{ else } S_2[\vec{x}]\ ]\!]$

$\equiv\ \textbf{if } B[\vec{x}] \textbf{ then } time[\![\ B[\vec{x}]\ ]\!] + time[\![\ S_1[\vec{x}]\ ]\!] \textbf{ else } time[\![\ B[\vec{x}]\ ]\!] + time[\![\ S_2[\vec{x}]\ ]\!]$

$time[\![\ g(t_1, \ldots, t_n)\ ]\!] \equiv time[\![\ t_1\ ]\!] + \cdots + time[\![\ t_n\ ]\!] + g$

für alle Grundfunktionen g

$time[\![\ g(t_1, \ldots, t_n)\ ]\!]$

$\equiv\ time[\![\ t_1\ ]\!] + \cdots + time[\![\ t_n\ ]\!] + fncall + h(M[\![\ t_1\ ]\!], \ldots, M[\![\ t_k\ ]\!])\ (g \neq f)$

wenn $time(g(y_1, \ldots, y_n)) = h(M_1(y), \ldots, M_n(y))$

und $M_i \in \{length, size\}$ für $1 \leq i \leq n$

$time[\![\ f(t_1, \ldots, t_k)\ ]\!]$

$\equiv\ time[\![\ t_1\ ]\!] + \cdots [\![\ t_k\ ]\!] + time(f(t_1, \ldots t_k)) + fncall$

$time[\![\ x_i\ ]\!] = vref,\ 1 \leq i \leq k$

Für $M \in \{length, size\}$ ist:

$M[\![\ \textbf{if } B[\vec{x}] \textbf{ then } S_1[\vec{x}] \textbf{ else } S_2[\vec{x}]$

$\equiv\ \textbf{if } B[\vec{x}] \textbf{ then } M[\![\ S_1(\vec{x})\ ]\!] \textbf{ else } M[\![\ S_2(\vec{x})\ ]\!]$

$M[\![\ x_i\ ]\!] \equiv M(x_i),\ 1 \leq i \leq k$

$M[\![\ g(t_1, \ldots, t_n)\ ]\!] \equiv h(M_1[\![\ t_1\ ]\!], \ldots M_n[\![\ t_n\ ]\!])(g \neq f))$

wenn $M(g(y_1, \ldots, y_n)) = h(M_1(y), \ldots, M_n(y))$

und $M_i \in \{length, size\}$ für $1 \leq i \leq n$

$M[\![\ f(t_1, \ldots, t_k)\ ]\!] \equiv M(f(t_1, \ldots, t_k))$

Für $M \in \{size,\ length\}$ sind die Grundfunktion wie in Abbildung 2.2 definiert.

Abbildung 2.1: Transformationen nach [Weg75]

$$
\begin{aligned}
length(nil) &= 0 \\
length(cons(a, l)) &= 1 + length(l) \\
length(cdr(l)) &= length(l) - 1 \\
\\
size(nil) &= 0 \\
size(a) &= 1 \qquad \text{für LISP-Atome } a \\
size(cons(a, l)) &= 1 + size(a) + size(l)
\end{aligned}
$$

Abbildung 2.2: *length* und *size* für Grundfunktionen

wobei die *expr*$_i$ nur noch aus (evtl. verschachtelten) Funktionsaufrufen, Konstanten und Variablen bestehen. ∎

In beiden Beispielen ist der Ausdruck schon in Normalform.

2.2 Schritt: Beseitigen irrelevanter Parameter

Ziel dieses Schrittes ist es, unnötige Argumente in den normalisierten komplexitätsberechnenden Funktionen zu beseitigen. Diese Funktionen enthalten höchstens Prädikate in den bedingten Anweisungen, Grundfunktionen und außer rekursiven Aufrufen keine weiteren Funktionsaufrufe anderer Funktionen.

Definition 2.47 (irrelevante Argumentpositionen)
Sei $f(x_1, \ldots, x_n) = R[x_1, \ldots, x_n]$ eine direkt rekursive Funktionsdefinition. Der Rumpf $R[x_1, \ldots, x_n]$ enthalte außer Prädikaten in bedingten Anweisungen, Aufruf von LISP-Grundfunktionen und rekursiven Aufrufen keine weiteren Funktionsaufrufe. Die Argumentposition f/i heißt *irrelevant*, wenn

(i) jeder rekursive Aufruf in $R[x_1, \ldots, x_n]$ die Gestalt $f(t_1, \ldots, t_{i-1}, x_i, t_{i+1}, \ldots, t_n)$ für beliebige Ausdrücke $t_1, \ldots, t_{i-1}, t_{i+1}, \ldots, t_n$ hat, oder

(ii) für alle Argumente $t_1, \ldots, t_n$ und t_i' von f gilt:

$$
f(t_1, \ldots, t_{i-1}, t_i, t_{i+1}, \ldots, t_n) = f(t_1, \ldots, t_{i-1}, t_i', t_{i+1}, \ldots, t_n)
$$

Eine Argumentposition f/i heißt *relevant*, wenn sie nicht irrelevant ist. ∎

Im allgemeinen ist es unentscheidbar, ob eine Argumentposition relevant ist oder nicht (insbesondere wegen Bedingung (ii)). In [Weg75] ist aber ein Algorithmus angegeben, der hinreichend für irrelevante Argumentpositionen ist. Dort werden irrelevante Argumentpositionen allerdings über diesen hinreichenden Algorithmus eingeführt.

Algorithmus *irrelevante_Positionen*

Eingabe: Eine Funktionsdefinition $f(x_1, \ldots, x_n) = R[x_1, \ldots, x_n]$.

Ausgabe: Eine Menge $\{i_1, \ldots, i_k\} \subseteq \{1, \ldots, n\}$ so daß alle i_j relevante Positionen von f sind.

Variablen: R: Menge von (relevanten) Argumentpositionen
I: Menge von (irrelevanten) Argumentpositionen
i: Argumentposition (d.h $1 \leq i \leq n$)

[Initialisierung: Markiere alle Argumentpositionen als irrelevant]
$I := \{1, \ldots, n\}$; $R := \emptyset$
while I sich ändert **do**
     for i **from** 1 **to** n **do**
         if $f/i \neq x_i$ und
             (x_i kommt in einem nichtrekursiven Kostenausdruck vor, oder
             x_i kommt in einem Test vor, oder
             x_i kommt in einem rekursiven Aufruf auf einer Position $j \in R$ vor)
         then [Markiere Position i als relevant]
             $I := I \setminus \{i\}$ $R := R \cup \{i\}$
     od;
od;
[I enthält nur irrelevante Argumentpositionen]

In [Weg75] ist anstelle des Prädikats

     x_i kommt in einem Test vor

in Algorithmus *irrelevante_Positionen* das Prädikat

     x_i kommt in einem Test vor, dessen Ergebnis von x_i abhängt

enthalten. Dieses Prädikat ist jedoch unentscheidbar.

Irrelevante Argumentpositionen können ohne Änderung des Ergebnisses der Analyse eliminiert werden.

Beispiel 2.48 (Fortsetzung von Beispiel 2.44)
Da sich der zweite Parameter Y während der Rekursion nicht ändert, ist er irrelevant. Das Ergebnis des Testes hängt von X ab, also ist der erste Parameter relevant. Man erhält also:

```
time(APP(X)) ≡
    if NULL(X) then c₀
    else c₁ + time(APP(CDR(X))
```

Beispiel 2.49 (Fortsetzung von Beispiel 2.45)
Auch hier ändert sich der zweite Parameter Y nicht während der Rekursion und ist daher
irrelevant. Die erste Argumentposition hingegen ist relevant. Man erhält dann:

```
length(UNION(X)) ≡
    if NULL(X) then length(Y)
    else if MEMBER(CAR(X),Y)) then length(UNION(CDR(X))
    else 1 + length(UNION(CDR(X))
```

Der Parameter Y kommt also frei vor in diesem Ausdruck. Das ändert trotzdem nichts am
Ergebnis, da ja dieser Parameter während der Durchführung immer den gleichen Wert behält.

■

3.Schritt: Symbolische Auswertung

In diesem Schritt werden Bedingungen in den komplexitätsberechnenden Funktionen gelöst,
d.h. es werden dort vorkommende Variablen so mit symbolischen Ausdrücken belegt, daß diese Bedingungen wahr bzw. falsch werden. Diese Implementierung ist LISP-spezifisch. Dabei
werden Listen als S-Ausdrücke repräsentiert, d.h. $\{\}$ ist die leere Liste und $\{s_1.s_2\}$ ist die
Liste mit dem ersten Element s_1 und der Restliste s_2. Bedingungen, die außer Grundfunktionen auch noch andere Funktionsaufrufe enthalten, können i.A. nicht aufgelöst werden. Falls
eine Bedingung nicht aufgelöst werden kann, so wird die Entscheidung über deren Wahrheit
verschoben. Durch diesen Schritt können strukturelle Bedingungen aufgelöst werden.

Beispiel 2.50 (Fortsetzung von Beispiel 2.48)
Es sei $E(X) = time(\text{APP}(X))$. Die Bedingung NULL(X) liefert das Ergebnis TRUE falls $X = \{\}$
und das Ergebnis FALSE, falls $X = \{s_1.s_2\}$. Man erhält also die Gleichungen:

$$\begin{aligned} E(\{\}) &= c_0 \\ E(\{s_1.s_2\}) &= c_1 + E(s_2) \end{aligned}$$

wobei ausgenutzt wurde, daß

$$\text{CDR}(\{s_1.s_2\}) = s_2$$

■

Beispiel 2.51 (Fortsetzung von Beispiel 2.49)
Sei $E(X) = length(\text{UNION}(X))$. Die Bedingung NULL(X) kann wie oben aufgelöst werden. Allerdings ist es nicht möglich die Bedingung MEMBER(CAR(X),Y) aufzulösen. Mit Berücksichtigung
der Semantik von CAR und CDR erhält man:

$$\begin{aligned} E(\{\}) &= length(\text{Y}) \\ E(\{s_1.s_2\}) &= \begin{cases} E(s_2) & \text{falls MEMBER}(s_1,\text{Y}) \\ 1 + E(s_2) & \text{falls } \neg\text{MEMBER}(s_1,\text{Y}) \end{cases} \end{aligned}$$

■

4. Schritt: Abbilden auf natürliche Zahlen

Aus den Rekursionsgleichungen erhält man durch Abbildung von Listen auf natürliche Zahlen die Rekurrenzen. Es werden zwei solche Abbildungen zur Verfügung gestellt:

$$length(\{\}) = 0$$
$$length(\{s_1.s_2\}) = 1 + length(s_2)$$

und

$$size(\{\}) = 0$$
$$size(\{s_1.s_2\}) = 1 + size(s_1) + size(s_2)$$

Falls auf der rechten Seite von $E(\{s_1.s_2\})$ nur s_2 vorkommt, so wählt man *length*, ansonsten wählt man *size*. Es wird also in beiden Beispielen *length* gewählt und man erhält:

Beispiel 2.52 (Fortsetzung von Beispiel 2.50)
Es sei $F(length(l)) = E(l)$:
$$F(0) = c_0$$
$$F(n+1) = c_1 + F(n)$$

Beispiel 2.53 (Fortsetzung von Beispiel 2.51)
Es sei $F(length(l)) = E(l)$:
$$F(0) = length(\mathtt{Y})$$
$$F(n+1) = \begin{cases} F(n) & \text{falls } \mathtt{MEMBER}(s_1,\mathtt{Y}) \\ 1 + F(n) & \text{falls } \neg\mathtt{MEMBER}(s_1,\mathtt{Y}) \end{cases}$$

2.2.2 Das Lösen von Rekurrenzen

Man unterscheidet das Lösen von unbedingten Rekurrenzen (wie sie etwa in Beispiel 2.52) und das Lösen von bedingten Rekurrenzen (wie etwa in Beispiel 2.53). Unbedingte Rekurrenzen werden durch direktes Aufsummieren gelöst. In Beispiel 2.52 ergibt sich also:

$$F(n) = c_0 + c_1 \cdot n$$

Allgemein wird das folgende Lemma verwendet:

Lemma 2.54 (Rekurrenzen)

(a) Die Rekurrenz
$$F(0) = d_0$$
$$F(n+1) = d_1 + d_2 \cdot n + F(n)$$

hat die Lösung
$$F(n) = d_0 + d_1 \cdot n + 0.5 \cdot d_2 \cdot n \cdot (n-1)$$
$$= d_0 + (d_1 - d_2/2) \cdot n + 1/2 \cdot d_2 \cdot n^2$$

(b) Die Rekurrenz

$$\begin{aligned} F(0) &= c_0 \\ F(n+1) &= c_1 + b \cdot F(n) \end{aligned}$$

hat die Lösung

$$F(n) = \frac{c_1}{1-b} + b^n \left(c_0 - \frac{c_1}{1-b} \right) \qquad \text{falls } b \neq 1$$

und

$$F(n) = c_0 + c_1 \cdot n \qquad \text{falls } b = 1$$

Beweis:

(a) Induktion über n:
Induktionsannahme: $F(0) = d_0 = d_0 + (d_1 - d_2/2) \cdot 0 + 1/2 \cdot d_2 \cdot 0^2$

Induktionsschritt:

$$\begin{aligned} F(n+1) &= d_1 + d_2 \cdot n + F(n) \\ &= \{\text{Induktionshypothese}\} \\ & \quad d_1 + d_2 \cdot n + d_0 + (d_1 - d_2/2) \cdot n + 1/2 \cdot d_2 \cdot n^2 \\ &= d_0 + d_1\,(n+1) - 1/2\,d_2\,(n+1) + 1/2\,d_2\,(n+1)^2 \end{aligned}$$

(b)

1. Fall: $b \neq 1$
Induktionsanfang: $F(0) = c_0 = c_1/(1-b) + c_0 - c_1/(1-b)$

Induktionsschritt:

$$\begin{aligned} F(n+1) &= c_1 + b\,F(n) \\ &= \{\text{Induktionshypothese}\} \\ & \quad c_1 + b\,\frac{c_1}{1-b} + b^{n+1} \left(c_0 - \frac{c_1}{1-b} \right) \\ &= \frac{c_1}{1-b} + b^{n+1} \left(c_0 - \frac{c_1}{1-b} \right) \end{aligned}$$

2. Fall: $b = 1$
Induktionsanfang: $F(0) = c_0 = c_0 + c_1 \cdot 0$

Induktionsschritt:

$$\begin{aligned} F(n+1) &= c_1 + F(n) \\ &= c_1 + c_0 + c_1 \cdot n \\ &= c_0 + c_1\,(n+1) \end{aligned}$$

Bei bedingten Rekurrenzen wird zuerst eine Analyse des günstigsten und des schlechtesten Falles vorgenommen. Sollte das Ergebnis in beiden Fällen gleich sein, so erübrigt sich die Analyse des mittleren Falles.

Die Analyse des schlechtesten Falles erfolgt in drei Schritten. Es muß zuerst in allen Kostenausdrücken die Komponente für den schlechtesten Fall selektiert werden. Dann werden alle Fälle beseitigt, die schnell zum Basisfall führen. Falls sonst keine frühe Terminierung möglich ist (d.h. keiner der Zweige in der bedingten Rekurrenz ist terminierend), so ist die Lösung dieser Rekurrenz das gewünschte Maximum. Falls es sonst auch andere frühe Ausgänge gibt, so wählt man diesen als letzten Schritt, und berechnet dann die Lösung dieser Rekurrenz. Der schlechteste Fall ist dann das Maximum der beiden Lösungen. Die Bestimmung des günstigsten Falls ist dual zur Bestimmung des schlechtesten Falls.

Im Beispiel 2.53 ergibt sich:

Beispiel 2.55 (Fortsetzung von Beispiel 2.53)
Beide Zweige enthalten keine frühen Ausgänge, d.h. der schlechteste Fall ist das Maximum und der günstigste Fall das Minimum der Lösungen der beiden Rekurrenzen

$$
\begin{aligned}
F(0) &= length(\mathtt{Y}) \\
F(n+1) &= F(n)
\end{aligned}
$$

und

$$
\begin{aligned}
F(0) &= length(\mathtt{Y}) \\
F(n+1) &= 1 + F(n)
\end{aligned}
$$

Also ergibt sich

$$
\begin{aligned}
min &= length(\mathtt{Y}) \\
max &= n + length(\mathtt{Y}) \\
&= length(\mathtt{X}) + length(\mathtt{Y})
\end{aligned}
$$

$\blacksquare$

Für den mittleren Fall wird die bedingte Rekurrenz in eine Rekurrenz für die erzeugende Funktion des mittleren Zeitaufwandes transformiert. Dazu muß die Wahrscheinlichkeit, daß die im Programm vorkommende Bedingung wahr ist, angegeben werden. Die Lösung dieser Rekurrenz ist eine erzeugende Funktion $G_n(z)$, aus der sich der mittlere Aufwand zu $G_n'(1)$ und die Varianz zu $G_n''(1) + G_n'(1) - (G_n'(1))^2$ ergeben [Weg75].

Beispiel 2.56 (Fortsetzung von Beispiel 2.53)
Es sei a die Wahrscheinlichkeit daß $\mathtt{MEMBER}(s_1,\mathtt{Y})$ wahr ist. Dann ergibt sich:

$$
\begin{aligned}
G_0(z) &= z^{length(\mathtt{Y})} \\
G_{n+1}(z) &= a \cdot G_n(z) + (1-a) \cdot z \cdot G_n(z) \\
&= (z \cdot (1-a) + a) \cdot G_n(z)
\end{aligned}
$$

Die Lösung dieser Rekurrenz ist:

$$
G_n(z) = z^{length(\mathtt{Y})} \cdot (z \cdot (1-a) + a)^n
$$

Die erste und zweite Ableitung von $G_n(z)$ ist:

$$\begin{aligned}
G'_n(z) &= length(\mathtt{Y})\, z^{length(\mathtt{Y})-1} \cdot (z\,(1-a)+a)^n \\
&\quad + z^{length(\mathtt{Y})} \cdot n \cdot (z\,(1-a)+a)^{n-1} \cdot (1-a)
\end{aligned}$$

$$\begin{aligned}
G''_n(z) &= length(\mathtt{Y}) \cdot (length(\mathtt{Y}) - 1) \cdot z^{length(\mathtt{Y})-2} \cdot (z\,(1-a)+a)^n \\
&\quad + 2\,length(\mathtt{Y})\, z^{length(\mathtt{Y})-1} \cdot n \cdot (z\,(1-a)+a)^{n-1} \cdot (1-a) \\
&\quad + z^{length(\mathtt{Y})} \cdot n\,(n-1) \cdot (z\,(1-a)+a)^{n-2}\,(1-a)^2
\end{aligned}$$

Ausgewertet an der Stelle $z = 1$ ergibt sich:

$$\begin{aligned}
G'_n(1) &= length(\mathtt{Y}) + n \cdot (1-a) \\
G''_n(1) &= length(\mathtt{Y})^2 - length(\mathtt{Y}) + 2\,length(\mathtt{Y})\, n \cdot (1-a) + (n^2 - n)\,(1-a)^2
\end{aligned}$$

Also ist die mittlere Länge von `UNION(X,Y)`:

$$length(\mathtt{Y}) + length(\mathtt{X}) \cdot (1-a)$$

und die Varianz:

$$length(\mathtt{X}) \cdot a \cdot (1-a)$$

■

2.2.3 Übertragung auf FP-Programme

In [LeM88] wurde die Methode auf FP-Programme[10] übertragen. Die Hauptunterschiede zu [Weg75] liegen darin, daß die symbolische Auswertung in der FP-Algebra zuzüglich einiger Vereinfachungsregeln erfolgt. Die so erhaltenen induktiven Gleichungen werden direkt behandelt, indem sie mit einer Reihe von vordefinierten Mustern verglichen werden, deren Lösungsmuster man kennt. Die Lösung ist dann der maximale asymptotische Zeitaufwand.

Dieser Ansatz basiert sehr stark auf Heuristiken, auch dort wo etwa vollständige Verfahren bekannt sind. Insbesondere Rekurrenzen könnten vollständig gelöst werden. Andererseits würde bei dieser Methode der FP-Rahmen verlassen. Der Hauptgrund für den hier eingeschlagenen Weg dürfte wohl die weniger aufwendige Komplexitätsanalyse sein. Der Preis ist ein weniger mächtiger Ansatz als die beiden zuvor beschriebenen. Aus diesem Grund verfolgen wir diesen Ansatz nicht weiter.

---

[10]Die funktionale Sprache FP ist in den Abbildungen 2.3 und 2.4 definiert

2.2.4 Bewertung des Verfahrens

In diesem Ansatz können aus allen Funktionen, deren Definitionsprinzip auf struktureller Induktion über den Aufbau von Listen beruht, die entsprechenden Rekurrenzen abgeleitet werden. Die Behandlung dieser Rekurrenzen erlaubt allerdings nur eine Lösung, wenn es sich um eine Induktion mit einem Basisfall und einer Induktionshypothese handelt.

Im Unterschied zu Flajolets Ansatz werden hier nur LISP-Typen betrachtet. Dies erlaubt eine zumindest zum Teil listenspezifische Implementierung (symbolische Auswertung, Abbildung auf natürliche Zahlen).

Das Ergebnis der Analyse wird in Termen der Größe der Eingabe ausgedrückt, wobei im Gegensatz zu Flajolets Ansatz das Maß dieser Größe im Verfahren selbst bestimmt wird (Abbildung auf natürliche Zahlen).

Die Behandlung des mittleren Falles ist ziemlich schwach. So wird zwar die erzeugende Funktion des Zeitaufwandes abgeleitet, aber dazu ist die Berechnung von Wahrscheinlichkeiten, daß im Programm vorkommende Bedingungen wahr sind, notwendig. Der Ansatz bietet jedoch keine allgemeine Möglichkeit solche Wahrscheinlichkeiten zu berechnen. Diese müssen also oft vom Benutzer vorgegeben werden.

Auch in diesem Ansatz ist es unmöglich Divide-and-Conquer-Funktionen zu behandeln. So ist es etwa unmöglich die Rekurrenzfamilie von Quicksort:

$$F(0) = c_0$$
$$F(n+1) = c_1 + c_2\,n + F(i) + F(n-i) \quad ,0 \le i \le n$$

abzuleiten, da die Abbildung auf natürliche Zahlen davon abhängt, daß die Länge bzw. Größe eines Arguments deterministisch ist, d.h. daß der beste Fall, der schlechteste Fall und der mittlere Fall gleich sind, sowie die Varianz 0 ist.

2.3 Der probabilistische Ansatz

In [HC88] wird unter Anderem gezeigt, wie der mittlere Aufwand eines Programms bestimmt werden kann. Basis ist hierzu FP, wobei aber Eingabeverteilungen beschrieben werden. Es wird gezeigt wie diese Eingabeverteilung durch eine FP-Funktion F in eine Ausgabeverteilung transformiert wird. Anstelle der Betrachtung von Wahrscheinlichkeitsmaßen werden *Borel-Maße* betrachtet.

Definition 2.57 (Borel-Maß)
Ein *endlich positives Borel-Maß* ist ein endliches positives Maß auf einem topologischen Raum X, d.h. eine Funktion $\mu : B(X) \mapsto [0, \infty)$, wobei μ die folgenden Eigenschaften besitzt:

(i) $B(X)$ ist die kleinste Menge aller Teilmengen von X, die alle offenen Mengen enthält und unter Komplementbildung und Vereinigung abzählbar vieler Mengen abgeschlossen ist.

(ii) Für alle $A \in B(X)$ gilt: $0 \le \mu(A) < \infty$.

(iii) Sei $A \in B(X)$ und es gelte $A = A_1 \uplus \cdots \uplus A_n$, für Mengen $A_1, \ldots, A_n \in B(X)$. Dann ist

$$\mu(A) = \sum_{i=1}^{n} \mu(A_i)$$

Die *Norm des Borel-Maßes* μ ist durch

$$\|\mu\| = \mu(X)$$

definiert. Ist $\|\mu\| = 1$, so heißt μ ein Wahrscheinlichkeitsmaß. ∎

Da alle FP-Funktionen einstellig sind, wird eine FP-Funktion $F : \Omega \to \Omega$ in eine Funktion $F^* : M(\Omega) \to M(\Omega)$ induktiv über dem Aufbau von F transformiert. Dabei ist Ω der Datenraum von FP und $M(\Omega)$ der Maßraum von Ω.

Definition 2.58 (Datenraum von FP)
Der Datenraum Ω von FP ist induktiv wie folgt definiert:

(i) Jedes Atom (Zahl oder Bezeichner) ist in Ω_0

(ii) Der Vektor[11] der Länge 0, $\langle \, \rangle$, ist in Ω_0

(iii) Ist $d_1, \ldots, d_k \in \Omega_0$, so ist der Vektor der Länge k, $\langle d_1, \ldots, d_k \rangle$ in Ω_0

Zusätzlich zu Ω_0 gibt es noch ein Element $\bot$ (*undefiniert*)[12] , d.h.

$$\Omega = \{\bot\} \cup \Omega_0$$

∎

Jede FP-Funktion ist eine Abbildung $f : \Omega \to \Omega$, wobei stets gilt: $f(\bot) = \bot$, d.h. jede FP-Funktion ist *strikt*. Ein *FP-Programm* ist eine endliche Menge rekursiver Gleichungen

$$\{f_i = \varepsilon_i(f_1, \ldots, f_n) | 1 \leq i \leq n\}$$

wobei die ε_i induktiv aus den Grundfunktionen in Abbildung 2.3 und den Funktionalen in Abbildung 2.4 aufgebaut sind.

Ähnlich wie in Wegbreits Ansatz werden hier Zeitvariablen für die Grundfunktionen eingeführt (siehe Abbildung 2.5). FP-Funktionen f können dann ähnlich wie im 1. Schritt bei Wegbreits Methode in Zeitformeln t_f überführt werden. Dazu verwendet man die Zeitformeln aus Abbildung 2.6. Die charakteristische Funktion 1_A ist dabei definiert durch

$$1_A(\omega) = \begin{cases} 1 & \text{falls } \omega \in A \\ 0 & \text{falls } \omega \notin A \end{cases}$$

Nun werden im Gegensatz zu Wegbreit auch Zeitformeln für die mittlere Zeit entwickelt (siehe Abbildung 2.7). Dabei müssen Maße $\mu \in M(\Omega)$ mitberücksichtigt werden. $\| \mu \|$ bezeichnet die Norm eines Maßes und g^* die der FP-Funktion g entsprechende Abbildung auf $M(\Omega)$. Die Maßtransformation g^* ist eine lineare Abbildung auf dem Vektorraum der endlichen reellen

$$atom : d = \begin{cases} true & \text{falls } d \text{ ein Atom ist} \\ \bot & \text{falls } d = \bot \\ false & \text{sonst} \end{cases}$$

$$eq : d = \begin{cases} true & \text{falls } d = \langle d_1, d_2 \rangle \text{ und } d_1 = d_2 \\ false & \text{falls } d = \langle d_1, d_2 \rangle \text{ und } d_1 \neq d_2 \\ \bot & \text{sonst} \end{cases}$$

$$null : d = \begin{cases} true & \text{falls } d = \langle \, \rangle \\ \bot & \text{falls } d = \bot \\ false & \text{sonst} \end{cases}$$

$$cons : d = \begin{cases} \langle e, e_1, \ldots e_m \rangle & \text{falls } d = \langle e, \langle e_1, \ldots e_m \rangle \rangle \text{ für Elemente } e_i \neq \bot \\ \bot & \text{sonst} \end{cases}$$

$$id : d = d$$

$$<: d = \begin{cases} true & \text{falls } d = \langle d_1, d_2 \rangle, \text{ wobei } d_1, d_2 \text{ Zahlen sind und } d_1 < d_2 \\ false & \text{falls } d = \langle d_1, d_2 \rangle, \text{ wobei } d_1, d_2 \text{ Zahlen sind und } d_1 \geq d_2 \\ \bot & \text{sonst} \end{cases}$$

$\leq, =, \geq, >, \neq$ sind entsprechend definiert

Seien k und n positive ganze Zahlen

$$k : d = \begin{cases} d_k & \text{falls } d = \langle d_1, \ldots d_n \rangle \text{ für Elemente } d_i \neq \bot \text{ und } k \leq n \\ \bot & \text{sonst} \end{cases}$$

$$tail : d = \begin{cases} \langle d_2, \ldots, d_n \rangle & \text{falls } d = \langle d_1, \ldots d_n \rangle \text{ für Elemente } d_i \neq \bot \text{ und } n > 0 \\ \bot & \text{sonst} \end{cases}$$

Abbildung 2.3: FP-Grundfunktionen

1. *Komposition:* Sind f und g Funktionen, so ist $f \circ g$ ihre Komposition:

$$(f \circ g) : d = \begin{cases} f : (g : d) & \text{falls } d \neq \bot \\ \bot & \text{falls } d = \bot \end{cases}$$

2. *Bedingung:* Seien f, g und h Funktionen, dann ist die Funktion $f \rightarrow g; h$ definiert durch:

$$(f \rightarrow g; h) : d = \begin{cases} g : d & \text{falls } d \neq \bot \text{ und } f : d = true \\ h : d & \text{falls } d \neq \bot \text{ und } f : d = false \\ \bot & \text{sonst} \end{cases}$$

3. *Konstruktion:* Sind $f_1, \ldots, f_n$ Funktionen, so ist die Funktion $[f_1, \ldots, f_n]$ gegeben durch:

$$[f_1, \ldots, f_n] : d = \begin{cases} \langle f_1 : d, \ldots, f_n : d \rangle & \text{falls } d \neq \bot \text{ und } f : d_i \neq \bot \text{ für alle } i \\ \bot & \text{sonst} \end{cases}$$

4. *Parallele Anwendung:* Sind $f_1, \ldots, f_n$ Funktionen, so ist die Funktion $\{f_1, \ldots, f_n\}$ gegeben durch:

$$\{f_1, \ldots, f_n\} = [f_1 \circ 1, \ldots f_n \circ n]$$

Abbildung 2.4: FP-Funktionale

τ_{prim}	Zeitaufwand für eine Grundfunktion *prim*
τ_{select}	Zeitaufwand für einen Zugriff auf eine Vektorkomponente
τ_{define}	Zeitaufwand um eine benutzerdefinierte Funktion durch ihren Rumpf zu ersetzen
$\tau_{compose}$	Zeitaufwand für Funktionskomposition
$\tau_{condition}$	Zeitaufwand für die Auswertung einer Bedingung
$\tau_{construct,n}$	Zeitaufwand für die Auswertung einer Konstruktion der Länge n
$\tau_{parallel,n}$	Zeitaufwand für die Auswertung einer parallelen Applikation der Länge n

Abbildung 2.5: Zeitvariablen für FP-Programme

1. Ist $f = \varepsilon$ eine Funktionsdefinition, dann

$$t_f(\omega) = \tau_{define} + t_\varepsilon(\omega)$$

2. Für Grundfunktionen *prim* ist

$$t_{prim}(\omega) = \tau_{prim}$$

3. Sind f und g FP-Ausdrücke, dann

$$t_{f \circ g}(\omega) = \tau_{compose} + t_f(g(\omega)) + t_g(\omega)$$

4. Sind e, f und g FP-Ausdrücke, dann

$$t_{(e \to f;g)}(\omega) = \tau_{condition} + t_e(\omega) + 1_{e(\omega)=true}\, t_f(\omega) + 1_{e(\omega)=false}\, t_g(\omega)(\omega)$$

5. Sind $e_1, \ldots, e_n$ FP-Ausdrücke, dann

$$t_{[e_1,\ldots,e_n]}(\omega) = \tau_{construct,n} + \sum_{i=1}^{n} t_{e_i}(\omega)$$

und falls $\omega = \langle \omega_1, \ldots, \omega_m \rangle$ mit $m \geq n$, dann

$$t_{\{e_1,\ldots,e_n\}}(\omega) = \tau_{parallel,n} + \sum_{i=1}^{n} t_{e_i}(\omega_i)$$

wobei $\tau_{parallel,n} = \tau_{construct,n} + n\,\tau_{select}$

Abbildung 2.6: Zeitformeln für FP-Programme

1. Ist $f = \varepsilon$ eine Funktionsdefinition, dann

$$t_f^*(\mu) = \tau_{define} \parallel \mu \parallel + t_\varepsilon^*(\mu)$$

2. Für Grundfunktionen *prim* ist

$$t_{prim}^*(\mu) = \tau_{prim}^* \parallel \mu \parallel$$

3. Sind f und g FP-Ausdrücke, dann

$$t_{f \circ g}^*(\mu) = \tau_{compose} \parallel \mu \parallel + t_f^*(g^*(\mu)) + t_g^*(\mu)$$

4. Sind e, f und g FP-Ausdrücke, dann

$$t_{(e \to f;g)}^*(\mu) = \tau_{condition} \parallel \mu \parallel + t_e(\mu) + t_f^*(\mu_{e,true}) + t_g^*(\mu_{e,false})$$

wobei $\mu_{e,X}(S) = \mu(S \cap S_{e,X})$ und $S_{e,X} = \{\omega \in \Omega \mid e(\omega) = X\}$.

5. Sind $e_1, \ldots, e_n$ FP-Ausdrücke, dann

$$t_{[e_1,\ldots,e_n]}^*(\mu) = \tau_{construct,n} \parallel \mu \parallel + \sum_{i=1}^{n} t_{e_i}^*(\mu)$$

und da $\{e_1, \ldots, e_n\} = [e_1 \circ 1, \ldots, e_n \circ n]$

$$t_{\{e_1,\ldots,e_n\}}^*(\mu) = \tau_{parallel,n} \parallel \mu \parallel + \sum_{i=1}^{n} t_{e_i}^*(i^*(\mu))$$

wobei $\tau_{parallel,n} = \tau_{construct,n} + n \, \tau_{select}$

Abbildung 2.7: Zeitformeln für den mittleren Zeitaufwand von FP-Programme

Borelmaße. Für die Grundfunktionen kann p^* direkt angegeben werden, für zusammengesetzte Ausdrücke gilt:

Lemma 2.59 (Eigenschaften der Maßtransformationen)

(a) Seien f und g FP-Ausdrücke, dann:

$$(f \circ g)^*(\mu) = f^*(g^*(\mu))$$

(b) Seien $f_1, \ldots, f_n$ FP-Ausdrücke und $\mu_1, \ldots, \mu_n$ Maße auf Ω, dann:

$$\{f_1, \ldots, f_n\}^*(\mu_1 \otimes \cdots \otimes \mu_n) = f_1^*(\mu_1) \otimes \cdots \otimes f_n^*(\mu_n)$$

wobei für meßbare $S_1, \ldots, S_n \subseteq \Omega$:

$$(\mu_1 \otimes \cdots \otimes \mu_n)(S_1 \times \cdots \times S_n) = \mu_1(S_1) \cdot \cdots \cdot \mu_n(S_n)$$

(c) Falls f, g und h FP-Ausdrücke sind, dann ist

$$(f \to g; h)^*(\mu) = g^*(\mu_{f,true}) + h^*(\mu_{f,false}) + (\%\bot)^*(\mu'_f)$$

wobei

$$\%\bot : d = \bot$$

und $\mu_{f,X}$ wie in Abbildung 2.7 definiert ist, und $\mu'_f = \mu - (\mu_{f,true} + \mu_{f,false})$.

■

Eine Eingabeverteilung wird durch *attributierte probabilistische Grammatiken* angegeben.

Definition 2.60 (Attributierte probabilistische Grammatik)
Eine *attributierte probabilistische Grammatik* besteht aus einer (nicht notwendigerweise endlichen) Menge von Produktionen der Form:

$$N_x \to \begin{cases} a_{11,y_{11}} \cdots a_{1r,y_{1r}} & \text{mit W. } q_{1,x} \text{ und Gen } g_{1,x} \\ \quad\vdots \\ a_{s1,y_{s1}} \cdots a_{sr',y_{sr'}} & \text{mit W. } q_{s,x} \text{ und Gen } g_{s,x} \\ \quad\vdots \end{cases}$$

wobei die Produktionen

$$N \to a_{s1} \cdots a_{sr}$$

die syntaktische Struktur beschreiben, W. $q_{s,x}$ die Wahrscheinlichkeit ist, daß die Produktion ausgewählt wird und der Generator Gen $g_{s,x}$ angibt, wie sich das Attribut x auf den Attributvektor $(y_{s1}, \ldots y_{sr})$ aufteilt. ■

---

[11] Vektor ist der FP-Begriff für eine endliche Folge
[12] $\bot$ bedeutet intuitiv *Nichtterminierung*

Beispiel 2.61 (Probabilistische Grammatik)
Die attributierte probabilistische Grammatik λ_n generiere Zufallsvektoren der Länge n, deren Elemente gemäß eines Maßes σ verteilt seien:

$$\lambda_n \to \begin{cases} \langle\,\rangle & \text{mit W. } 1_{n=0} \\ \langle\sigma\rangle & \text{mit W. } 1_{n=1} \\ \langle\sigma,\sigma\rangle & \text{mit W. } 1_{n=2} \\ \vdots \end{cases}$$

■

Beispiel 2.62 (Wörterbuch)
Beschrieben werden soll ein Wörterbuch, dessen Knoten die Form

$$\langle element,\ leftdictionary,\ rightdictionary\rangle$$

haben. Alle Elemente in *leftdictionary* sollen kleiner oder gleich als *element*, alle Elemente in *rightdictionary* größer als *element* sein. D.h. ein n-elementiges Wörterbuch im Bereich $[A, B]$ hat im linken Wörterbuch i Elemente im Bereich $[A, C]$ und im rechten Wörterbuch $n - 1 - i$ Elemente im Bereich $[C, B]$ wenn *element* den Wert C hat. Dies wird beschrieben durch die attributierte probabilistische Grammatik

$$\delta_{n,A,B} \to \begin{cases} \langle\,\rangle & \text{mit W. } 1_{n=0} \\ \langle\sigma_C, \delta_{i,A,C}, \delta_{n-1-i,C,B}\rangle & \text{mit W. } 1_{n>0} \text{ und Gen } g_{n,A,B} \end{cases}$$

wobei $g_{n,A,B}$ den Attributvektor $(C, (i, A, C), (n - 1 - i, C, B))$ nach dem folgenden Prinzip generiert:

(i) C gemäß Gleichverteilung auf $[A, B]$

(ii) i im Bereich $[0, n - 1]$ gemäß

$$p_{n,A,B}(i, C) = \binom{n-1}{C} \left(\frac{C - A}{B - A}\right)^i \left(\frac{B - C}{B - A}\right)^{n-1-i}$$

■

Attributierte probabilistische Grammatiken besitzen eine maßtheoretische Interpretation. Wie in [HC88] demonstieren wir die maßtheoretische Interpretation einer attributierten probabilistischen Grammatik anhand der Grammatik

$$\xi \to \alpha | \langle\xi\rangle | \langle\xi,\xi\rangle | \cdots$$

Schließlich wird die maßtheoretische Interpretation von Beispiel 2.62 diskutiert.

Die attributierte probabilistische Grammatik hat also die Gestalt:

$$\xi_x \to \begin{cases} \alpha & \text{mit W. } q_x \\ \langle\rangle & \text{mit W. } p_{0,x} \\ \langle\xi_{y_1}\rangle & \text{mit W. } p_{1,x} \text{ und Gen } g_{1,x} \\ \langle\xi_{y_1},\xi_{y_2}\rangle & \text{mit W. } p_{2,x} \text{ und Gen } g_{2,x} \\ \cdots & \cdots \end{cases}$$

wobei $q_x + \sum_{i \geq 0} p_{i,x} = 1$ für alle x ist.

Eine attributierte probabilistische Grammatik ist eine Funktion $X \to M(\Omega)$, wobei X die Menge der Attributwrte und $M(\Omega)$ der Maßraum von Ω ist. Also ergibt sich für jedes $x \in X$ ein Maß ξ_x, das

$$\xi_x = q_x \, \xi_x^{atoms} + \sum_{n=0}^{\infty} p_{n,x} \, \xi_{x,n}$$

erfüllt, wobei für $S \subseteq \Omega$ $\xi_x^{atoms}(S) = \xi_x(S \cap Atoms)$ und $\xi_{x,n}(S) = \xi_x(S \cap \Omega^n)$ ist.

Desweiteren entspricht ein Vektor $\langle \xi_{y_1}, \ldots, \xi_{y_n} \rangle$ dem Maß

$$\xi_{y_1} \otimes \cdots \otimes \xi_{y_n}.$$

Nun sei $g_{n,x}$ gemäß dem Maß $\zeta_{n,x}$ auf den Attributen X^n verteilt, d.h. für jedes $C \subseteq X$ generiert $g_{n,x}$ einen Vektor $(y_1, \ldots, y_n)$, der mit Wahrscheinlichkeit $\zeta_{n,x}(C)$ in C liegt. Danach wird dieser Vektor benutzt, um einen Vektor $\langle \xi_{y_1}, \ldots, \xi_{y_n} \rangle \in \Omega^n$ zu erzeugen. Also gilt:

$$\xi_{x,n}(S) = \int_{X^n} (\xi_{y_1} \otimes \cdots \otimes \xi_{y_n})(S) \, \mathrm{d}\zeta_{n,x}(y_1, \ldots, y_n)$$

Insgesamt ergibt sich also:

$$\xi_x(S) = q_x \, \xi_x^{atoms}(S) + \sum_{n=0}^{\infty} p_{x,n} \, \xi_{x,n}(S) = \int_{X^n} (\xi_{y_1} \otimes \cdots \otimes \xi_{y_n})(S) \, \mathrm{d}\zeta_{n,x}(y_1, \ldots, y_n)$$

Beispiel 2.63 (Interpretation der APG in Beispiel 2.62)
Aus der rechten Seite des ersten Zweiges ergibt sich das Maß $\Delta_{()}$, wobei

$$\Delta_X(Y) = \begin{cases} 1 & \text{falls } X = Y \\ 0 & \text{sonst} \end{cases}$$

ist. Aus der rechten Seite des zweiten Zweiges ergibt sich mit den gleichen Argumenten wie oben die Interpretation

$$\int_A^B \sum_{i=0}^{n-1} p_{n,A,B}(i,C) \Delta_C \otimes \delta_{i,A,C} \otimes \delta_{n-1-i,C,B} \frac{dC}{B-A}$$

Insgesamt ist also die Interpretation der attributierten probabilistischen Grammatik, das Maß $\delta_{n,A,B}$, das die eindeutige Lösung von

$$\delta_{n,A,B} = 1_{n=0} \cdot \Delta_{()} + 1_{n \geq 1} \cdot \int_A^B \sum_{i=0}^{n-1} p_{n,A,B}(i,C) \Delta_C \otimes \delta_{i,A,C} \otimes \delta_{n-1-i,C,B} \frac{dC}{B-A}$$

ist. ∎

Wie eine Analyse erfolgen kann zeigt nun das folgende Beispiel:

Beispiel 2.64 (Verketten zweier Vektoren)
```
append = (null o 1 -> 2; (cons o [1 o 1,append o [tail o 1,2 ]]))
```

Die Übersetzung in die Gleichung für den mittleren Zeitaufwand nach Abbildung 2.7 ergibt

$$t^*_{append}(\mu) = \| \mu \| + t^*_{append}([tail \circ 1, 2]^*(\mu_{null o1, false}))$$

Die Eingabeverteilung sei λ_n. Dann ist

$$(\lambda_n \otimes \lambda_m)_{null o1, X} = \begin{cases} \lambda_0 \otimes \lambda_m & \text{falls } n = 0 \text{ und } X = true \\ \lambda_n \otimes \lambda_m & \text{falls } n > 0 \text{ und } X = false \\ 0 & \text{sonst} \end{cases}$$

Falls $n > 0$, ist also:

$$[tail \circ 1, 2]^*((\lambda_n \otimes \lambda_m)_{null o1, false}) = \lambda_{n-1} \otimes \lambda_m$$

Mit diesem Ergebnis gilt:

$$t^*_{append}(\lambda_n \otimes \lambda_m) = \begin{cases} 1 & \text{falls } n = 0 \\ 1 + t^*_{append}(\lambda_{n-1} \otimes \lambda_m) & \text{falls } n > 0 \end{cases}$$

Dies ist eine Rekurrenz, deren Lösung den durchschnittlichen Zeitaufwand

$$t_{append}(\lambda_n \otimes \lambda_m) = n + 1$$

ergibt.

Manchmal wird auch die Ausgabeverteilung einer Funktion benötigt. Man kann durch Lemma 2.59 und Induktion zeigen, daß

$$append^*(\lambda_n \otimes \lambda_m) = \lambda_{n+m}$$

gilt. ∎

Diese Methode stellt also ein Verfahren zur Beschreibung der Eingabeverteilungen zur Verfügung. Wegen der Unendlichkeit der attributierten probabilistischen Grammatiken ist es aber in seiner Allgemeinheit nur bedingt zur Automatisierung der Komplexitätsanalyse geeignet. Auch hier wurde wieder eine untypisierte Sprache gewählt, so daß einige dieser Konzepte ebenfalls FP-spezifisch sind, wenn auch nicht in so starkem Maße wie beim Ansatz von LeMétayer. Die attributierten probabilistischen Grammatiken erlauben allerdings Typen zu "simulieren". Das einzige mögliche Maß auf der Datengröße ist die Länge einer Liste. Bei der Analyse von Divide-and-Conquer Algorithmen muß die Rekursionsstruktur explizit in Form der Eingabeverteilung als attributierte probabilistische Grammatik in den Attributen vorgegeben werden. So ist z.B. bei Quicksort (oder wie in [HC88] bei binärer Suche) eine attributierte probabilistische Grammatik erforderlich, die ähnlich wie $\delta_{n,A,B}$ aufgebaut ist.

2.4 Weitere Vorgehensweise

Ausgangspunkt dieser Arbeit ist der Ansatz mit Rekurrenzen. Der Ansatz von Flajolet wurde nicht gewählt, da für das Ermitteln von Rekurrenzen leichter Heuristiken eingesetzt werden können (es muß keine Homomorphie-Bedingung erfüllt sein, obwohl dies der elegantere Ansatz ist). Ein weiterer Grund für diese Entscheidung ist jedoch, daß Wegbreits Ansatz der einzige ist, der die notwendige Größenfunktion auf der Eingabe selbst ermittelt. Außerdem wird dort die Funktionskomposition behandelt, während dies in Flajolets Ansatz keine zulässige Programmkonstruktion ist.

In einem ersten Schritt soll Wegbreits Ansatz für pureLISP auf eine typisierte funktionale Sprache erweitert werden. Dazu muß insbesondere der Schritt der symbolischen Auswertung und die Abbildung auf Zahlen verallgemeinert werden.

Für die Bestimmung von Wahrscheinlichkeiten bildet der Ansatz von Hickey und Cohen den Ausgangspunkt. Dieser Ansatz soll einerseits auf allgemeine Datentypen verallgemeinert, andererseits aber auch so spezialisiert werden, daß er auch automatisiert werden kann.

Schließlich wird gezeigt, wie man Divide-and-Conquer Verfahren behandeln kann. Diese Methoden basieren auf der Annahme, daß die Eingabe in n Teile zerlegt wird, so daß die Summe der Größe dieser n Teile in etwa die Größe der Eingabe ergibt (genauer eine Funktion der Größe der Eingabe). Dies soll automatisch ermittelt werden, was einer neuen Klasse von Algorithmen entspricht, deren Definitionsprinzip nicht mehr nur auf struktureller Induktion, sondern auch auf noetherscher Induktion beruht. Die Induktionsannahme ist nämlich, daß man für *alle* kleineren Eingaben das Ergebnis der Funktion schon kennt.

Obige Methoden werden also erweitert um ein Typisierungskonzept, ein Konzept zur Berechnung von Wahrscheinlichkeiten, sowie um das Definitionsprinzip der noetherschen Induktion.

Kapitel 3

Das Maschinenmodell

In diesem Kapitel wird die Sprache STYFL ("Simple Typed Functional Language") definiert. Dazu werden Regeln angegeben, die beschreiben, wie man Ausdrücke in dieser Sprache reduziert. Zusammen mit einer Strategie zur Auswertung ergibt sich dann die Semantik dieser Sprache. Im 2. Abschnitt schließlich wird ein Zeitbegriff auf dieser Sprache eingeführt.

3.1 Die Sprache STYFL

Ein STYFL-Programm besteht aus einer Menge von Typen und einer Menge von Funktionen. Jeder Typ wird durch eine i.a. unendliche Menge von Termen repräsentiert. Die Menge aller dieser Terme ist der Datenraum eines Typs. Zusätzlich gibt es noch ein Element $\perp$ für "undefiniert". Jede Funktion ist bzgl. $\perp$ strikt. Die Semantik von STYFL besteht dann aus der Angabe einer Funktion *EVAL*, die beliebige Terme in Terme aus dem Datenraum überführt. Der Abschnitt beginnt mit einer Definition des Begriffs *Typ*. Anschließend wird der Begriff einer *Funktion* definiert und schließlich die Semantik der Programme angegeben.

3.1.1 Typen

Typen bestehen aus einem Namen, einer Signatur, einer Menge von Konstruktoren und einer Menge von Gleichungen. Elemente dieser Typen sind dann Grundterme über den Konstruktoren. Dieser Teilabschnitt beginnt daher zuerst mit der Definition von Termen und Grundtermen über einer Signatur. Dann werden die Gleichungen definiert, um schließlich einen Typbegriff einzuführen. Diese Definition der Typen entspricht den typischen Begriffen aus der algebraischen Spezifikation (wie etwa in [Kla83] und [EM85]).

Definition 3.1 (Signatur)
Eine *Signatur* ist ein Paar (S, Σ), wobei S eine endliche Menge von Symbolen (genannt: *Sorten*) ist, und Σ eine disjunkte Vereinigung der Mengenfamilie $(\Sigma_{w,s})_{w \in S^*, s \in S}$ ist. Die Elemente von $\Sigma_{w,s}$ heißen (w, s)-stellige *Operationssymbole*, w heißt *Stelligkeit*, s heißt *Zielsorte*. ∎

Notation:
Statt $f \in \Sigma_{s_1 \cdots s_n, s}$ schreiben wir:

$$f : s_1 \times \cdots \times s_n \to s \in \Sigma$$

Beispiel 3.2 (Signaturen)
Beispiele von Signaturen sind:

$$\mathbf{nat} = (\{nat\}, \{0 :\to nat, s : nat \to nat\})$$

$$\mathbf{bool} = (\{bool\}, \{true :\to bool, false :\to bool\})$$

$$
\begin{aligned}
\mathbf{stack} \quad = \quad &(\{bool, nat, stack\}, \\
&\{0 :\to nat \\
&\ s : nat \to nat \\
&\ true :\to bool \\
&\ false :\to bool \\
&\ nil :\to stack \\
&\ push : stack \times nat \to stack \\
&\ pop : stack \to stack \\
&\ top : stack \to nat \\
&\ empty : stack \to bool\})
\end{aligned}
$$

$\blacksquare$

Die Interpretation einer Signatur ist eine Algebra. Dort werden Sorten als Mengen und Operationssymbole als Abbildungen interpretiert:

Definition 3.3 (Algebra)
Eine *Algebra* $\mathcal{A}$ zu einer Signatur (S, Σ) ist ein Paar

$$(\{A_s | s \in S\}, \{f_{op} | op \in \Sigma\})$$

wobei die A_s nichtleere Mengen (*Trägermengen*) sind und die f_{op} sind Abbildungen von $A_{s_1} \times \cdots \times A_{s_n}$ nach A_s für $op \in \Sigma_{s_1 \cdots s_n, s}$. Falls $n = 0$ ist $f_{op} \in \Sigma_s$. Die Operation op heißt in diesem Fall *Konstante*. $\blacksquare$

Beispiel 3.4 (Algebren)
$(\mathbf{N}, \{\emptyset, +1\})$ ist eine **nat**-Algebra. $\blacksquare$

Definition 3.5 (Terme)
Sei (S, Σ) eine Signatur, X die disjunkte Vereinigung einer Familie von Variablen $(X_s)_{s \in S}$. Die Menge der Σ-*Terme* $T_\Sigma^s(X)$ einer Sorte s über den Variablen X ist die kleinste Menge mit:

(i) Jedes $x \in X_s$ ist auch in $T_\Sigma^s(X)$.

(ii) Ist $f :\to s \in \Sigma$, so ist auch $f \in T_\Sigma^s(X)$.

(iii) Ist $f : s_1 \times \cdots \times s_n \to s \in \Sigma$ und für $1 \leq i \leq n$: $t_i \in T_\Sigma^{s_i}(X)$, so ist $f(t_1, \ldots t_n) \in T_\Sigma^{s}(X)$.

Ist $X = \emptyset$, so heißt $t \in T_\Sigma^{s}(\emptyset)$ *Grundterm* der Sorte s. t heißt *Term*, falls $t \in T_\Sigma^{s}(X)$ für eine Sorte s. ∎

Beispiel 3.6 (Terme)

$$nil \in T_{\Sigma_{stack}}^{stack}(\emptyset)$$

$$push(x, s(n)) \in T_{\Sigma_{stack}}^{stack}(X)$$

wobei $X = X_{stack} \uplus X_{nat}$ mit $x \in X_{stack}$ und $n \in X_{nat}$ ∎

Notation:
Statt $x \in X_s$ schreibe $x : s$.
Statt $T_\Sigma^{s}(\emptyset)$ schreibe T_Σ^{s}.
Statt $X = \uplus_{s \in S} X_s$ schreibe $\{x_1 : s_1, \ldots x_n : s_n\}$, falls $x_i \in X_{s_i}$.
$$T_\Sigma(X) = \biguplus_{s \in S} T_\Sigma^{s}(X)$$

Definition 3.7 (Termalgebra)
Die Algebra $\mathcal{T}_\Sigma = (\{T_\Sigma^{s} | s \in S\}, F)$ heißt *Termalgebra* der Signatur (S, Σ), wobei $F = \{f_{op} | op \in \Sigma\}$ definiert ist durch:

(i) Falls $op : \to s \in \Sigma$, dann ist $f_{op} := op \in T_\Sigma^{s}$

(ii) Falls $op : s_1 \times \cdots \times s_n \to s \in \Sigma$ und für $1 \leq i \leq n$: $t_i \in T_\Sigma^{s_i}(X)$, so $f_{op} : T_\Sigma^{s_1} \times \cdots \times T_\Sigma^{s_n} \to T_\Sigma^{s}$ mit $f_{op}(t_1, \ldots, t_n) := op(t_1, \ldots t_n)$

∎

Die Termalgebra interpretiert also eine Sorte durch die Menge der Terme dieser Sorte. Die Operatoren werden als Termkonstruktoren verwendet. Die Termalgebra ist *initial*, d.h. es gibt zu jeder Σ-Algebra $\mathcal{A}$ einen Homomorphismus $h : \mathcal{T}_\Sigma \to \mathcal{A}$.

Definition 3.8 (Gleichung)
Eine Gleichung ist ein Paar (l, r) mit $l, r \in T_\Sigma^{s}(X)$ ∎

Notation:
Statt (l, r) schreibe $l = r$.

Beispiel 3.9 (Gleichungen)
$$
\begin{aligned}
pop(push(s, x)) &= s \\
top(push(s, x)) &= x \\
empty(nil) &= true \\
empty(push(s, x)) &= false
\end{aligned}
$$

∎

Nun läßt sich der Begriff des Typs definieren:

Definition 3.10 (Typ)
Ein *Typ* ist ein Quintupel $(T, S, \Sigma, C, E(X))$, wobei

(i) (S, Σ) eine Signatur ist, und

(ii) $C \subseteq \Sigma$. Die Elemente von C heißen *Konstruktoren*.

(iii) $T \in S$. T heißt *Typname*.

(iv) $E(X)$ eine Menge von Gleichungen $l = r$ ist ($l, r \in T_\Sigma^s(X)$ für irgendeine Sorte $s \in S$).

Notation: ■
Sei $S = \{s_1, \ldots s_n\}$,

$$\Sigma = \{\; c_1 : s_{1,1,1} \times \cdots \times s_{1,1,r_1} \to T,$$
$$\vdots$$
$$c_k : s_{1,k,1} \times \cdots \times s_{1,k,r_k} \to T,$$
$$o_1 : s_{2,1,1} \times \cdots \times s_{2,1,t_1} \to s_{2,1,t_1+1}$$
$$\vdots$$
$$o_l : s_{2,l,1} \times \cdots \times s_{2,l,t_l} \to s_{2,l,t_l+1}$$
$$\}$$

$$C = \{\; c_1 : s_{1,1,1} \times \cdots \times s_{1,1,r_1} \to T,$$
$$\vdots$$
$$c_k : s_{1,k,1} \times \cdots \times s_{1,k,r_k} \to T$$
$$\}$$

und $E(\{x_1 : s_{3,1}, \ldots, x_m : s_{3,m}\}) = \{l_1 = r_1, \ldots l_p = r_p\}$.

Dann wird $(T, S, \Sigma, C, E(X))$ geschrieben als
type T
sorts $s_1, \ldots, s_n$
constructors
$$c_1 : s_{1,1,1} \times \cdots \times s_{1,1,r_1} \to T;$$
$$\vdots$$
$$c_k : s_{1,k,1} \times \cdots \times s_{1,k,r_k} \to T$$
operations
$$o_1 : s_{2,1,1} \times \cdots \times s_{2,1,t_1} \to s_{2,1,t_1+1};$$
$$\vdots$$
$$o_l : s_{2,l,1} \times \cdots \times s_{2,l,t_l} \to s_{2,l,t_l+1}$$
variables $x_1 : s_{3,1}; \ldots; x_m : s_{3,m}$
equations
$$l_1 = r_1;$$
$$\vdots$$
$$l_p = r_p$$

Beispiel 3.11 (Typen)
type stack
sorts *stack,A,bool*
constructors
    nil :→ *stack;*
    push : *stack* ×*A* → *stack*
operations
    pop : *stack* → *stack;*
    top : *stack* → *A;*
    empty : *stack* → *bool*
variables *s:stack; x:A*
equations
    pop(push(s,x)) = *s;*
    top(push(s,x)) = *x;*
    empty(nil) = *true;*
    empty(push(s,x)) = *false*

■

Die Gleichungen definieren eine Kongruenzrelation auf Termen, d.h. ein Typ wird dann durch die Quotiententermalgebra, die sich aus seinen Gleichungen ergibt, interpretiert.

Definition 3.12 (Kongruenzrelation, Quotiententermalgebra)
Sei $(T, S, \Sigma, C, E(X))$ ein Typ. Auf $T_\Sigma(X)$ läßt sich eine *Kongruenzrelation* $\equiv$ wie folgt definieren:

(i) Basis: $t_1 \equiv t_2$ genau dann, wenn es eine Gleichung $l = r \in E(X)$ und eine Belegung $\beta : X \to T_\Sigma(X)$ gibt, so daß $\beta(l) = t_1$ und $\beta(r) = t_2$.

(ii) Reflexivität: $t \equiv t$

(iii) Symmetrie: $t_1 \equiv t_2 \Leftrightarrow t_2 \equiv t_1$

(iv) Transitivität: Falls $t_1 \equiv t_2$ und $t_2 \equiv t_3$, so ist auch $t_1 \equiv t_3$

(v) Kongruenzeigenschaft: Ist $t_1 \equiv t_1', \ldots, t_n \equiv t_n'$, so ist für alle $op \in \Sigma$:
$op(t_1, \ldots t_n) \equiv op(t_1', \ldots, t_n')$

Die Menge $[t] := \{t' | t' \equiv t\}$ heißt *Kongruenzklasse* von t. Die *Quotiententermalgebra* Q_T ist definiert durch:

$$(\{Q_s | s \in S\}, \{f_{op} | op \in \Sigma\})$$

mit:

(a) $Q_s := \{[t] | t \in T_\Sigma^s\}$

(b) Für $op : s_1 \times \cdots \times s_n \to s \in \Sigma, [t_i] \in Q_{s_i}, 1 \le i \le n$ ist:

$$f_{op}([t_1], \ldots, [t_n]) := [op(t_1, \ldots t_n)]$$

■

Damit ist allerdings im vorhergehenden Beispiel $[pop(nil)]$ eine eigene Kongruenzklasse. Ziel ist es nun Bedingungen an die Gleichungsmenge zu stellen und sie so zu erweitern, daß die Termalgebra über die Konstruktoren eines Typs und die Quotiententermalgebra isomorph sind. Dies ist dann gewährleistet, wenn die Gleichungsmenge kanonisch ist und das Definitionsprinzip von Huet und Hullot erfüllt (siehe hierzu [HH80] und Teilabschnitt 3.1.3). Ein Typ kann dann also durch die Menge seiner Konstruktorterme interpretiert werden. Die Einzelheiten dieser Eigenschaften werden ebenfalls in Teilabschnitt 3.1.3 diskutiert.

3.1.2   Funktionen

Funktionen sind Gleichungen, deren linke Seite ein linearer Term ist, wobei dem obersten Funktionssymbol eine Stelligkeit zugeordnet ist. Die rechte Seite dieser Gleichung ist ein Term, der eventuell auch einige vordefinierte Terme benutzt.

Definition 3.13 (lineare Terme)
Sei (S, Σ) eine Signatur. Ein Term $f(x_1, \ldots, x_n) \in T_\Sigma(X)$ heißt *linear*, falls $x_1, \ldots, x_n \in X$ und $x_i \neq x_j$ für $i \neq j$. ∎

Definition 3.14 (Substitution)
Sei (S, Σ) eine Signatur. Die *Substitution einer Variablen x durch einen Term t* ist eine Abbildung

$$[t \leftarrow x] : T_\Sigma(X) \mapsto T_\Sigma(X) \quad , x \in X_s, t \in T_\Sigma^s(X) \text{ für eine Sorte } s$$

die definiert ist durch:

(i) $x[t \leftarrow x] := t$

(ii) Für alle $f : s_1 \times \cdots \times s_n \to s \in \Sigma$ und $t_i \in T_\Sigma^{s_i}(X), 1 \leq i \leq n$:

$$f(t_1, \ldots, t_n)[t \leftarrow x] := f(t_1[t \leftarrow x], \ldots, t_n[t \leftarrow x])$$

Eine Substitution ist eine Abbildung $\sigma : T_\Sigma(X) \to T_\Sigma(X)$ mit den folgenden Eigenschaften:

(1) Die *leere* Substitution $\iota(t) = t$ für alle $t \in T_\Sigma(X)$ ist eine Substitution.

(2) Sei σ eine Substitution und $[t \leftarrow x]$ die Substitution einer Variablen x durch den Term t. Dann ist auch $\sigma \circ [t \leftarrow x]$ eine Substitution.

Definition 3.15 (Funktion)
Sei (S, Σ) eine Signatur. Eine *Funktion* ist ein Quadrupel (F, α, V, B) mit:

(i) $F \notin S \cup \Sigma$. Das Symbol F heißt *Funktionsname*.

(ii) $\alpha \in S^* \times S$, α heißt die *Stelligkeit* der Funktion F.

(iii) Es sei $\alpha = (s_1 \cdots s_n, s)$, dann ist $V = (x_1, \ldots, x_n)$ mit $x_i \notin S \cup \Sigma, x_i \neq F$. Die Variablen x_i heißen die *Parameter* der Funktion F.

(iv) $B \in T_{\Sigma'}(\{x_1, \ldots x_n\})$, wobei $\Sigma \cup \{F, if, let\} \subseteq \Sigma'$. B heißt der *Rumpf* der Funktion F.

Die Symbole *let* und *if* sind wie folgt definiert:
$$if \ : \ bool \times A \times A \to A$$
$$let \ : \ A \times A \times B \to B$$
wobei A und B beliebige Sorten sind, das erste Argument von *let* eine neue Variable $x \notin \{x_1, \ldots, x_n\} \cup \Sigma'$ ist, und das dritte Argument ein Term $t \in T_{\Sigma'}^B(\{x_1, \ldots x_n, x\})$ ist.

Die Semantik dieser Operationen ist definiert durch die Gleichungen:
$$\begin{aligned}
if(true, t_1, t_2) &= t_1 \\
if(false, t_1, t_2) &= t_2 \\
let(x, t, s) &= s[t \leftarrow x]
\end{aligned}$$

Notation:
Statt

$$(f, (s_1 \cdots s_n, s), (x_1, \ldots x_n), t)$$

schreibe

$$\mathbf{fun} \ f(x_1 : s_1, \ldots, x_n : s_n) : s = t$$

und falls $n = 0$

$$\mathbf{fun} \ f : s = t$$

Statt $if(b, t, e)$ schreibe

$$\mathbf{if} \ b \ \mathbf{then} \ t \ \mathbf{else} \ e$$

oder

$$b \to t \ ; e$$

Statt $let(x, t, s)$ schreibe

$$\mathbf{let} \ x = t \ \mathbf{in} \ s$$

Beispiel 3.16 (Funktionen)
Unter der Signatur **stack** sind die folgenden Definitionen Funktionen:

```
fun invert1(x:stack,y:stack) : stack =
    if empty(x) then y
    else invert1(pop(x),push(y,top(x)))

fun invert(s:stack):stack = invert1(s,nil)
```

Nun muß noch der Typbegriff entsprechend der Funktionen erweitert werden. Es dürfen im Rumpf einer Funktion nur korrekt typisierte Terme vorkommen.

Definition 3.17 (Wohltypisierte Funktionen)
Sei (S, Σ) eine Signatur. Ein Term t im Rumpf einer Funktion heißt *vom Typ s* genau dann, wenn die folgenden Eigenschaften gelten:

(i) $t \in T_{\Sigma}^{s}(X)$

(ii) Falls $t_1, \ldots t_n$ Terme von den Typen $s_1, \ldots, s_n$ sind und $(f, (s_1 \cdots s_n, s), (x_1, \ldots x_n), t)$ eine Funktion ist, so ist $f(t_1, \ldots t_n)$ vom Typ s.

Eine Funktion $(f, (s_1 \cdots s_n, s), (x_1, \ldots, x_n), t)$ heißt *wohltypisiert*, wenn t vom Typ s ist. ■

Im Folgenden werden nur noch wohltypisierte Funktionen betrachtet.

3.1.3 Syntaktische Eigenschaften von Programmen

Ein *Programm* ist ein Paar, dessen erste Komponente eine Menge von Typen und dessen zweite Komponente eine Menge von Funktionen ist.

Um als Datenraum die Menge der Konstruktorgrundterme aller Typen zu erhalten, muß semantisch sichergestellt werden, daß jede Äquivalenzklasse der Quotiententermalgebra genau einen Konstruktorterm enthält. Ausdrücke (Terme) werden dann durch ein Termersetzungssystem nach der Strategie "von innen nach außen, von links nach rechts" ausgewertet. Dies erfolgt durch Angabe einer Funktion *EVAL*, die sowohl das Termersetzungssystem als auch die Auswertestrategie enthält.

Definition 3.18 (Programm)
Ein *Programm P* ist ein Paar (T, F), wobei T eine Menge von Typen und F eine Menge von Funktionen ist.

Der *Datenraum eines Programms* $(\{T_1, \ldots T_n\}, \{F_1, \ldots F_m\})$ mit $T_i = (s_i, S_i, \Sigma_i, C_i, E_i(X_i))$ ist gegeben durch:

$$\Omega := \{\bot\} \cup T_{C_1}^{s_1} \cup \cdots \cup T_{C_n}^{s_n}$$

Dabei steht $\bot$ für "undefiniert". Das Element $\bot$ besitzt universellen Typ und kann bei jeder Operation und Funktion des Programms als Argument und Ergebnis auftreten. ■

Notation:
Ein Programm (T, F) kann durch Untereinanderschreiben der Typen und anschließendes Untereinanderschreiben der Funktionen geschrieben werden.

Wird ein Argument eines Terms zu $\bot$ ausgewertet, so soll der gesamte Term zu $\bot$ ausgewertet werden. Dies kann erreicht werden, indem man die Striktheit von Funktionen und Typoperationen fordert.

Definition 3.19 (Strikte Funktionen)
Sei $f : s_1 \times \cdots \times s_n \to s$ eine Funktion oder Operation eines Typs eines Programmes. f heißt
strikt genau dann, wenn für alle $t_1, \ldots, t_{i-1}, t_{i+1}, \ldots, t_n$ gilt:

$$f(t_1, \ldots, t_{i-1}, \bot, t_{i+1}, \ldots, t_n) = \bot$$

                                                           ■

Im folgenden seien alle Operationen und Funktionen eines Programms strikt.

Es gilt nun sicherzustellen, daß jede Äquivalenzklasse der Quotiententermalgebra entweder
genau einen Konstruktorterm enthält oder, daß es sich um die Klasse $\{\bot\}$ handelt. Dies
muß wegen solcher Fälle wie etwa *pop(nil)* im Typ *stack* gefordert werden.

Dies kann dann sichergestellt werden, wenn alle Gleichungen der Typen eines Programms
ein kanonisches Termersetzungssystem liefern und ein dem Definitionsprinzip von Huet und
Hullot [HH80] ähnliches Definitionsprinzip erfüllen.

Um den Begriff des Termersetzungssystems einzuführen, sind zuerst einige weitere Begriffe
auf Termen notwendig (Stellen, Substitution an einer Stelle, Unterterm). Stellen dienen zur
Addressierung der in einem Term vorkommenden Symbole. Bei der Substitution an einer
Stelle ersetzt man den dortigen Unterterm durch einen anderen Term.

Definition 3.20 (Stellen, Unterterm, Substitution an einer Stelle)
Sei (S, Σ) eine Signatur, $t \in T_\Sigma(X)$. Die *Menge $O(t)$ der Stellen* eines Terms t ist definiert
durch:

    (i) $O(x) = \{\varepsilon\}$ für alle $x \in X$

    (ii) $O(f(t_1, \ldots t_n)) = \{\varepsilon\} \cup \bigcup_{i=1}^{n} \{i.u \,|\, u \in O(t_i)\}$

Ein *Unterterm von t an der Stelle u*, geschrieben als t/u, ist wie folgt definiert:

    (i) $t/\varepsilon := t$

    (ii) $f(t_1, \ldots, t_n)/i.u := t_i/u$

Die Substitution der Stelle u eines Terms t durch einen Term s ist ein Term $t[u/s]$ mit der
folgenden Eigenschaft:

$$t[u/s]/v = \begin{cases} s/w & \text{falls } v = u.w \\ t/v & \text{sonst} \end{cases}$$

                                                            ■

Definition 3.21 (Termersetzungssystem)
Sei (S, Σ) eine Signatur. Eine *Termersetzungsregel* ist ein Paar $(l, r) \in T_\Sigma(X) \times T_\Sigma(X)$ (Notation: $l \to r$). Sei R eine endliche Menge von Termersetzungsregeln. Eine *direkte Reduktion* ist eine Relation $\Rightarrow \subseteq T_\Sigma(X) \times T_\Sigma(X)$ mit $t_1 \Rightarrow t_2$ genau dann, wenn es einen Unterterm $t' = t_1/u$, eine Termersetzungsregel $l \to r \in R$ und eine Substitution σ gibt, so daß gilt:

(i) $t' = \sigma(l)$

(ii) $t_2 = t_1[u/\sigma(r)]$

Ein *Termersetzungssystem* ist ein Paar $(T_\Sigma(X), \Rightarrow)$, wobei $\Rightarrow$ eine direkte Reduktion ist. Mit $\overset{+}{\Rightarrow}$ wird die transitive Hülle von $\Rightarrow$, mit $\overset{*}{\Rightarrow}$ die reflexive und transitive Hülle von $\Rightarrow$ bezeichnet. ∎

Definition 3.22 (Normalform)
Sei (S, Σ) eine Signatur. $(T_\Sigma(X), \Rightarrow)$ ein Termersetzungssystem. Ein Term $t_1 \in T_\Sigma(X)$ heißt in *Normalform*, wenn es keinen Term $t_2 \in T_\Sigma(X)$ gibt mit $t_1 \Rightarrow t_2$. ∎

Die Gleichungen der Typen definieren ein Termersetzungssystem, das *durch die Typen eines Programms induzierte Termersetzungssystem*.

Definition 3.23 (durch Typen induziertes Termersetzungssystem)
Sei $P = (\{T_1, \ldots, T_n\}, F)$ ein Programm, $T_i = (t_i, S_i, \Sigma_i, C_i, E_i(X_i))$ und

$$\Sigma = \bigcup_{i=1}^{n} \Sigma_i, \quad X = \bigcup_{i=1}^{n} X_i, \quad E(X) = \bigcup_{i=1}^{n} E_i(X_i)$$

Weiter sei die Menge der Termersetzungsregeln gegeben durch

$$R = \{l \to r | l = r \in E(X)\}$$

Die Reduktionsrelation $\Rightarrow$ ergebe sich aus R wie in Definition 3.21. Dann heißt $(T_\Sigma(X), \Rightarrow)$ das *durch die Typen des Programms P induzierte Termersetzungssystem*. ∎

Es ist nun Ziel, daß die Menge der Normalformen des durch die Typen eines Programmes induzierten Termersetzungssystems gerade der Datenraum Ω dieses Programmes ist. Weiterhin soll jede Normalform eindeutig sein und muß auch wirklich erreicht werden können. Dazu muß das Termersetzungssystem konfluent und noethersch sein.

Definition 3.24 (Eigenschaften von Termersetzungssystemen)
Sei (S, Σ) eine Signatur, $(T_\Sigma(X), \Rightarrow)$ ein Termersetzungssystem. Das Termersetzungssystem heißt

(a) *noethersch*, falls es keine unendliche Folge $(t_i)_{i \in \mathbf{N}}$ von Termen gibt mit

$$t_0 \Rightarrow t_1 \Rightarrow \cdots \Rightarrow t_n \Rightarrow \cdots$$

(b) *konfluent*, falls für alle Terme t, t_1, t_2 mit $t \overset{*}{\Rightarrow} t_1$ und $t \overset{*}{\Rightarrow} t_2$ es einen Term $\bar{t}$ mit $t_1 \overset{*}{\Rightarrow} \bar{t}$ und $t_2 \overset{*}{\Rightarrow} \bar{t}$ gibt.

Falls $(T_\Sigma(X), \Rightarrow)$ ein durch die Typen eines Programms induziertes noethersches und konfluentes Termersetzungssystem ist, so heißen die Typen des Programms *kanonisch*.   ■

Das folgende Lemma stellt die Existenz und Eindeutigkeit von Normalformen sicher. Dies führt zur Forderung, daß die Typen eines Programmes kanonisch sein müssen.

Lemma 3.25 (Existenz und Eindeutigkeit von Normalformen)
Sei (S, Σ) eine Signatur, das Termersetzungssystem $(T_\Sigma(X), \Rightarrow)$ sei noethersch und konfluent. Dann gibt es zu jedem $t \in T_\Sigma(X)$ genau einen Term $t' \in T_\Sigma(X)$ in Normalform mit $t \overset{*}{\Rightarrow} t'$.

Beweis:
Sei $(T_\Sigma(X), \Rightarrow)$ noethersch und konfluent. Weiter sei $t \in T_\Sigma(X)$ und $t', t'' \in T_\Sigma(X)$ in Normalform mit $t \overset{*}{\Rightarrow} t'$ und $t \overset{*}{\Rightarrow} t''$. Solche Terme existieren, da es sich um ein noethersches Termersetzungssystem handelt. Da t' und t'' in Normalform sind gilt für alle $\bar{t}, \tilde{t}$:

$$t' \overset{*}{\Rightarrow} \bar{t} \;\;\Rightarrow\;\; \bar{t} = t'$$
$$t'' \overset{*}{\Rightarrow} \tilde{t} \;\;\Rightarrow\;\; \tilde{t} = t''$$

Wegen der Konfluenz muß also $t' = t''$ sein.   ■

Ist also das durch die Typen eines Programms induzierte Termersetzungssystem konfluent und noethersch, so liegt in jeder Äquivalenzklasse der Quotiententermalgebren genau ein Term, der in Normalform ist. Das liegt daran, weil die durch $E(X)$ definierte Kongruenz $\equiv$ die symmetrische Hülle von $\overset{*}{\Rightarrow}$ ist.

Satz 3.26 (Isomorphiesatz)
Sei $P = (\{T_1, \dots, T_n\}, F)$ ein Programm, wobei $T_i = (t_i, S_i, \Sigma_i, C_i, E_i(X_i))$ und

$$S = \bigcup_{i=1}^{n} S_i, \;\; \Sigma = \bigcup_{i=1}^{n} \Sigma_i, \;\; C = \bigcup_{i=1}^{n} C_i, \;\; X = \bigcup_{i=1}^{n} X_i, \;\; E(X) = \bigcup_{i=1}^{n} E_i(X_i)$$

bezeichnen. Sei $(T_\Sigma(X), \Rightarrow)$ das durch die Typen von P induzierte Termersetzungssystem. Ist $(T_\Sigma(X), \Rightarrow)$ noethersch und konfluent, so gibt es eine Teilmenge $T \subseteq T_\Sigma(X)$ mit den folgenden Eigenschaften:

(i) T ist isomorph zur Quotiententermalgebra des Typs $(P, S, \Sigma, C, E(X))$.

(ii) Alle Terme von T sind bzgl. $(T_\Sigma(X), \Rightarrow)$ in Normalform.

Beweis: (vgl. auch [EM85])

(a) Die Kongruenz $\equiv$ ist die symmetrische Hülle von $\overset{*}{\Rightarrow}$:
Gilt im Termersetzungssystem $(T_\Sigma(X), \Rightarrow)$ $t_1 \overset{*}{\Rightarrow} t_2$, so ist nach Definition 3.12 auch $t_1 \equiv t_2$. Wegen Eigenschaft (ii) aus Definition 3.12 gilt auch $t_2 \equiv t_1$.

(b) In jeder Äquivalenzklasse von $T_\Sigma/\equiv$ gibt es einen Term in Normalform:
Sei $[t] \in T_\Sigma/\equiv$, $t' \in [t]$. Da das Termersetzungssystem noethersch ist gibt es einen Term $\bar{t}$ in Normalform mit $t' \overset{*}{\Rightarrow} \bar{t}$. Also gilt wegen (a) $t' \equiv \bar{t}$. Weil $t' \in [t]$ gilt insgesamt $t \equiv t' \equiv \bar{t}$. Also ist $\bar{t} \in [t]$.

(c) In jeder Äquivalenzklasse von $T_\Sigma/\equiv$ gibt es höchstens einen Term in Normalform:
Seien $t_1, t_2 \in [t]$ in Normalform. Dann gilt $t_1 \equiv t_2$. Also ist wegen (a) entweder $t_1 \overset{*}{\Rightarrow} t_2$ oder $t_2 \overset{*}{\Rightarrow} t_1$. Nach Lemma 3.25 folgt dann $t_1 = t_2$.

Der Isomorphismus von T zur Quotiententermalgebra $\mathcal{Q}_P$ kann damit wie folgt angegeben werden:

$$h : T \rightarrow \mathcal{Q}_P$$
$$h(t) := [t]$$

Daß h eine Bijektion ist folgt aus (a) - (c) und daß h ein Homomorphismus ist folgt aus der Definition der Kongruenzklassen in Definition 3.12 ∎

3.1.4 Semantik von Programmen

Nun muß noch sichergestellt werden, daß $T = \Omega$. Dies ist noch nicht notwendigerweise der Fall. So ist z.B. beim Typ *stack* der Term *pop(nil)* in Normalform. Um dies zu vermeiden, muß eine Erweiterung des Definitionsprinzips von Huet und Hullot [HH80] erfüllt sein. Diese Erweiterung wird in Definition 3.27 definiert. Das Definitionsprinzip von Huet und Hullot kann nur sicherstellen, daß $T = T_C$. Dann müßte man z.B. $pop(nil) = nil$ definieren. Dies widerspricht aber der Intention, daß *pop(nil)* eigentlich ein Fehler ist. Daher wird die Konstante $\perp$ eingeführt und gefordert, daß alle Operationen $f \in \Sigma$ strikt seien. Dann kann man z.B. $pop(nil) = \perp$ fordern. Die Erweiterung des Definitionsprinzips von Huet und Hullot betrifft also $\perp$. Insbesondere müssen die Striktheitsbedingungen erfüllt sein.

Definition 3.27 (Definitionsprinzip für Typen)
Ein Typ $(T, S, \Sigma, C, E(X))$ erfüllt das *erweiterte Definitionsprinzip von Huet und Hullot* (kurz: Definitionsprinzip) genau dann, wenn

(i) zu jedem $t \in T_\Sigma$ es entweder genau einen Term $t' \in T_C$ mit $t' \equiv t$ gibt, oder wenn $t \equiv \perp$ gilt, und

(ii) für alle Terme $t, t' \in T_C$ gilt: $t \equiv t' \Leftrightarrow t = t'$ und $t, t' \not\equiv \perp$

∎

Korollar 3.28 (Repräsentanten)
Sei $P = (\{T_1, \ldots, T_n\}, F)$ ein Programm, $T_i = (t_i, S_i, \Sigma_i, C_i, E_i(X_i))$ und

$$S = \bigcup_{i=1}^{n} S_i, \quad \Sigma = \bigcup_{i=1}^{n} \Sigma_i, \quad C = \bigcup_{i=1}^{n} C_i, \quad X = \bigcup_{i=1}^{n} X_i, \quad E(X) = \bigcup_{i=1}^{n} E_i(X_i)$$

Sei $(T_\Sigma(X), \Rightarrow)$ das durch die Typen von P induzierte Termersetzungssystem. Falls $(T_\Sigma(X), \Rightarrow)$ noethersch und konfluent ist und $(P, S, \Sigma, C, E(X))$ das Definitionsprinzip erfüllt, so ist der Datenraum Ω des Programms P isomorph zur Quotiententermalgebra des Typs $(P, S, \Sigma, C, E(X))$.

Beweis: Folgt aus Satz 3.26 und Definition 3.27 ∎

Das Definitionsprinzip ist insbesondere dann erfüllt, wenn die linken Seiten der Gleichungen, die ein $f \in \Sigma \setminus C$ definieren, vollständig für alle Argumente definiert sind, und außer den Striktheitsbedingungen es keine für die Konstruktoren definierende Gleichungen gibt. So ist z.B. im Typ *stack* die Operation *pop* nicht vollständig definiert, da es keine Gleichung mit linker Seite *pop(nil)* gibt. Fügt man $pop(nil) = \bot$ hinzu, so ist das Definitionsprinzip erfüllt. Man kann also bestehende Gleichungen so erweitern, daß sie das Definitionsprinzip erfüllen.

Definition 3.29 (Vollständige Menge für Konstruktoren)
Sei $(T, S, \Sigma, C, E(X))$ ein Typ. Eine Menge $S = \{S_i | S_i = (S_1^i, \ldots, S_k^i), i = 1, \ldots p\}$ von k-Tupeln heißt *vollständig* für C genau dann, wenn jede Variable in S_j höchstens einmal vorkommt und **eine** der folgenden Eigenschaften erfüllt ist:

(i) $k = 0$ und $S = \{()\}$ oder

(ii) $\{(S_2^i, \ldots, S_k^i) | (S_1^i, \ldots, S_k^i) \in S, S_1^i \text{ ist Variable } \}$ ist vollständig für C oder

(iii) Für alle $c : s_1 \times \cdots \times s_n \to T \in C$ gibt es ein S_1^i der Form $c(t_1, \ldots, t_n)$ wobei
$$\{(t_1, \ldots, t_n, S_2^i, \ldots, S_k^i) | (S_1^i, \ldots, S_k^i) \in S, S_1^i = c(t_1, \ldots, t_n)\} \quad \cup$$
$$\{(x_1, \ldots, x_n, S_2^i, \ldots, S_k^i) | (S_1^i, \ldots, S_k^i) \in S, S_1^i \text{ ist Variable}\}$$
vollständig für C ist. Die $x_i : s_i$ seien dabei neue Variable.

$\blacksquare$

Damit hat man die folgende hinreichende Bedingung für die Erfüllung des Definitionsprinzips:

Lemma 3.30 (hinreichende Bedingung für das Definitionsprinzip)
Das Definitionsprinzip für einen kanonischen Typ $(T, S, \Sigma, C, E(X))$ ist erfüllt, wenn gilt:

(i) Für jedes $f \in \Sigma \setminus C$ ist die Menge $\{(S_1, \ldots, S_k) | \exists t \in T_\Sigma(X) : f(S_1, \ldots, S_k) = t \in E(X)\}$ vollständig für C, und

(ii) Für alle $f(t_1, \ldots, t_n) = t \in E(X)$ mit $t_i \neq \bot$ für alle i gilt $f \in \Sigma \setminus C$, und

(iii) Für alle $f \in \Sigma$ ist $f(x_1, \ldots x_{i-1}, \bot, x_{i+1}, \ldots, x_n) = \bot \in E(X)$ sofern $n > 0$.

Beweis:
Die Teile (i) und (ii) sind im entsprechenden Beweis in [HH80] enthalten, (iii) gilt wegen der Striktheitsbedingung. $\blacksquare$

Die Definition der Vollständigkeit (Definition 3.29) und das Lemma 3.30 liefern ein Verfahren zur Vervollständigung von Gleichungstheorien. Dazu sei $E(X)$ kanonisch und erfülle die Bedingung (ii) aus Lemma 3.30. Weiter sei $f : s_1 \times \cdots \times s_n \to s \in \Sigma \setminus C$ eine Operation für die Menge

$$\{(S_1, \ldots, S_k) | \exists t \in T_\Sigma(X) : f(S_1, \ldots, S_k) = t \in E(X)\}$$

unvollständig ist. Die Verletzung der Vollständigkeit wird immer in Eigenschaft (iii) von Definition 3.29 festgestellt, und zwar wenn es ein $c \in C$ gibt, für das kein S_1 die Form $c(t_1, \ldots, t_n)$ hat. Alle anderen Bedingungen sind rekursiv. Man kann also die obige Menge vervollständigen, indem man zu ihr den Term $c(x_1, \ldots, x_n)$ hinzufügt, wobei die x_i neue Variablen sind. Für die so erhaltenen neuen Tupel $(t'_1, \ldots, t'_k)$ werden die Gleichungen $f(t'_1, \ldots, t'_k) = \bot$ hinzugefügt. Schließlich werden noch die fehlenden Striktheitsbedingungen zu den Gleichungen hinzugenommen.

Algorithmus *def_completion*
Eingabe: Ein Typ $(T, S, \Sigma, C, E(X))$
Ausgabe: Eine Menge E' von Gleichungen, so daß $E(X) \cup E'$ vollständig für C

$complete(\{(S^i_1, \ldots S^i_k) | i = 1, \ldots, p\}, C, X) =$
/* Berechnung einer vollständigen Menge für C */
$\quad$ **if** $k = 0$ **then** $\{()\}$
$\quad$ **else**
$\qquad$ /* Vergleiche Definition 3.29 */
$\qquad \{(S^i_1, S'^i_2, \ldots, S'^i_k) | S^i_1 \in X,$
$\qquad\qquad (S'^i_2, \ldots, S'^i_k) \in complete(\{(S^i_2, \ldots S^i_k) | i = 1, \ldots, p\}, C, X)\}$

$\qquad \cup \quad \{(c(t'_1, \ldots, t'_n), S'^i_2, \ldots S'^i_k) | S^i_1 = c(t_1, \ldots t_n),$
$\qquad\qquad (t'_1, \ldots, t'_n, S'^i_2, \ldots S'^i_k) \in$
$\qquad\qquad\qquad complete(\{(t_1, \ldots, t_n, S^i_2, \ldots, S^i_k) | S^i_1 = c(t_1, \ldots, t_n)\}$
$\qquad\qquad\qquad\qquad \cup \{(x_1, \ldots, x_n, S^i_2, \ldots, S^i_k) | S^i_1 \text{ ist Variable}\}, C, X)\}$

$\qquad \cup \quad \{(c(x_1, \ldots, x_n), S'^i_2, \ldots, S'^i_k) | S^i_1 \notin X, S^i_1 \neq c(t_1, \ldots t_n), c \in C,\ x_i \text{ neue Variable}$
$\qquad\qquad (S'^i_2, \ldots S'^i_k) \in complete(\{(S^i_2, \ldots S^i_k) | i = 1, \ldots, p\}, C, X)\}$
$\quad$ **fi**
end *complete*

for all $f \in \Sigma \setminus C$ **do**
$\quad V := complete(\{(S_1, \ldots S_k) | f(S_1, \ldots S_k) = t \in E(X)\}, C, X)$
$\quad New := V - \{(S_1, \ldots S_k) | f(S_1, \ldots S_k) = t \in E(X)\}$
$\quad$ **for all** $(t_1, \ldots, t_k) \in New$ **do**
$\qquad E(X) := \{f(t_1, \ldots, t_k) = \bot\} \cup E(X)$
$\quad$ **od**
od
for all $c : s_1 \times \cdots \times s_n \to s$ **do**
$\quad E(X) := E(X) \cup \{c(x_1, \ldots, x_{i-1}, \bot, x_{i+1}, \ldots x_n) = \bot | i = 1, \ldots, n\}$
od

$\blacksquare$

Nach Konstruktion des Algorithmus gilt daher:

Satz 3.31 (Korrektheit)
Ist $(T, S, \Sigma, C, E(X))$ ein kanonischer Typ und gilt für alle linken Seiten $f(t_1, \ldots, t_n)$ von $E(X)$, daß $f \in \Sigma \setminus C$, so ist nach der Ausführung von Algorithmus *def_completion* Definitionsprinzip 3.27 erfüllt.

Beweis:
Nach Konstruktion und Definition 3.29 ist

$$complete(\{(S_1, \ldots, S_k)|f(S_1, \ldots, S_k) = t \in E(X)\}, C, X)$$

vollständig für C. In der erweiterten Gleichungstheorie $E'(X')$ ist also

$$\{(S_1, \ldots, S_k)|f(S_1, \ldots, S_k) = t \in E'(X')\}$$

vollständig für C. Die Gleichungen $c(x_1, \ldots, x_{i-1}, \bot, x_{i+1}, \ldots x_n) = \bot$ werden im letzten Schritt des Algorithmus *def_completion* hinzugefügt und sind damit in $E'(X')$. Also ist auch Eigenschaft (iii) des Lemmas 3.30 erfüllt. Die Eigenschaft (ii) des Lemmas 3.30 ist Voraussetzung. Also ist nach Lemma 3.30 das Definitionsprinzip erfüllt. ∎

Ein noethersches Gleichungssystem kann mit dem Knuth-Bendix-Algorithmus zu einem konfluenten Gleichungssystem vervollständigt werden [KB70]. Dieses Verfahren wurde in [HH80] auf Gleichungstheorien mit Konstruktoren verwendet. Eine ausführliche Beschreibung einer Implementierung dieses Verfahrens befindet sich in [Hei89]. Insgesamt wird also nur gefordert, daß das durch die Gleichungen eines Programms induzierte Termersetzungssystem noethersch ist, und keine linke Seite der Gleichungen einen Konstruktor als oberstes Funktionssymbol hat.

Damit ist die Interpretation der Typen vollständig definiert. Nun muß noch die operationale Semantik von Termen, die ausgewertet werden sollen, angegeben werden. Dies erfolgt durch die Definition einer Funktion $EVAL$. Um Bindungen an freie Variablen zu realisieren benötigt man eine Umgebung, die angibt, durch welchen Konstruktor Term eine Variable belegt ist. Die Funktion $EVAL$ hat also insgesamt drei Argumente: den zu evaluierenden Term, das zu betrachtende Programm und die Umgebung, unter der der Term evaluiert werden soll.

Definition 3.32 (Umgebung)
Sei (T, F) ein STYFL Programm mit den Typen $\{(n_i, S_i, \Sigma_i, C_i, E_i(X_i)|i = 1, \ldots, n\}$. Weiter sei

$$C = \bigcup_{i=1}^{n} C_i$$

und V eine Menge von Variablen (verschieden von denen in X_i). Die Menge der Konstruktorterme über C sei mit Ω bezeichnet. Eine *Umgebung* ist eine endliche Folge von Paaren $(t_i \in \Omega, v_i \in V)$

$$\rho = \langle [t_i \leftarrow v_i] \rangle_{i=1, \ldots, n}$$

(geschrieben als $\rho = [t_1 \leftarrow v_1] \cdots [t_n \leftarrow v_n]$), durch die eine Abbildung $V \rightarrow \Omega$ wie folgt definiert ist:

$$[](x) = \perp$$
$$([t \leftarrow x]\rho)(x) = \begin{cases} t & \text{falls } x = y \\ \rho(x) & \text{sonst} \end{cases}$$

$\blacksquare$

Definition 3.33 (Operationale Semantik von STYFL)

Sei $\Pi = (T, F)$ ein Programm mit den Typen $T = \{(n_i, S_i, \Sigma_i, C_i, E_i(X_i)| i = 1, \ldots, n\}$ und den Funktionen $F = \{(f_j, \alpha_j, V_j, B_j)| j = 1, \ldots, m\}$. Weiter sei V eine Menge von Variablen und $T(V)$ die Menge der Terme vom Typ s für eine Sorte $s \in \bigcup_{i=1}^n S_i$. Die Semantik des Programmes wird definiert durch eine Funktion

$$EVAL : T(V) \times PROG \times UMGEB \rightarrow \Omega$$

wobei *PROG* die Menge aller STYFL-Programme und *UMGEB* die Menge aller Umgebungen ist. Sei $\Pi = (T, F) \in PROG$ und $\rho \in UMGEB$: Die Funktion *EVAL* ist definiert durch:

(i) Sei $x \in V$: $EVAL[\![\, x \,]\!] \; \Pi \; \rho = \rho(x)$

(ii) Sei $f : s_1 \times \cdots \times s_k \rightarrow n_i \in C_i$ für ein $(n_i, S_i, \Sigma_i, C_i, E_i(X_i)) \in T$. Weiter seien für $1 \leq j \leq k$ die Terme t_j vom Typ s_j. Dann ist

$$EVAL[\![\, f(t_1, \ldots, t_k) \,]\!] \; \Pi \; \rho = f(EVAL[\![\, t_1 \,]\!] \Pi \rho, \ldots, EVAL[\![\, t_k \,]\!] \; \Pi \; \rho)$$

(iii) Sei $f : s_1 \times \cdots \times s_k \rightarrow s \in \Sigma_i \setminus C_i$ für ein $(n_i, S_i, \Sigma_i, C_i, E_i(X_i)) \in T$. Weiter seien für $1 \leq j \leq k$ die Terme t_j vom Typ s_j. Dann ist

$$EVAL[\![\, f(t_1, \ldots, t_k) \,]\!] \; \Pi \; \rho = \sigma(r)$$

wobei $f(l_1, \ldots, l_k) = r \in E_i(X_i)$ und σ eine Substitution mit der Eigenschaft

$$\sigma(f(l_1, \ldots, l_k)) = f(EVAL[\![\, t_1 \,]\!] \; \Pi \; \rho, \ldots, EVAL[\![\, t_k \,]\!] \; \Pi \; \rho)$$

ist.

(iv) Sei $f = f_j$ für ein $(f_j, (s_1 \cdots s_k, s), (v_1, \ldots, v_k), B_j) \in F$, und für $1 \leq j \leq k$ seien die t_j Terme vom Typ s_j. Dann ist
$$EVAL[\![\, f(t_1, \ldots, t_k)\,]\!]\, \Pi\, \rho =$$
$$EVAL[\![\, B_j\,]\!]\, \Pi\, [EVAL[\![\, t_1\,]\!]\, \Pi\, \rho \leftarrow v_1] \cdots [EVAL[\![\, t_k\,]\!]\, \Pi\, \rho \leftarrow v_k]\, \rho$$

(v) Sei t_1 Term vom Typ *bool*, und seien t_2, t_3 Terme vom Typ s. Dann ist
$$EVAL[\![\, if(t_1, t_2, t_3)\,]\!]\, \Pi\, \rho =$$
$$\begin{cases} EVAL[\![\, t_2\,]\!]\, \Pi\, \rho & \text{falls } EVAL[\![\, t_1\,]\!]\, \Pi\, \rho = true \\ EVAL[\![\, t_3\,]\!]\, \Pi\, \rho & \text{falls } EVAL[\![\, t_1\,]\!]\, \Pi\, \rho = false \\ \bot & \text{sonst} \end{cases}$$

(vi) Seien t_1, t_2 Terme vom Typ s. Dann ist
$$EVAL[\![\, t_1 = t_2\,]\!]\, \Pi\, \rho = \begin{cases} true & \text{falls } EVAL[\![\, t_1\,]\!]\, \Pi\, \rho = EVAL[\![\, t_2\,]\!]\, \Pi\, \rho \\ & \text{und } EVAL[\![\, t_1\,]\!]\, \Pi\, \rho, EVAL[\![\, t_2\,]\!]\, \Pi\, \rho \neq \bot \\ \bot & \text{falls } EVAL[\![\, t_1\,]\!]\, \Pi\, \rho = \bot \\ & \text{oder } EVAL[\![\, t_2\,]\!]\, \Pi\, \rho = \bot \\ false & \text{sonst} \end{cases}$$

(vii) Sei t_1 ein Term vom Typ s, t_2 ein Term vom Typ s' und v eine Variable vom Typ s. Dann ist

$$EVAL[\![\, let(v, t_1, t_2)\,]\!]\, \Pi\, \rho = EVAL[\![\, t_2\,]\!]\, \Pi\, [EVAL[\![\, t_1\,]\!]\, \Pi\, \rho \leftarrow v]\rho$$

Eine *Interpretation* des STYFL-Programms (T, F) ist ein Quintupel $I = \langle \Omega, \circ, \sqsubseteq, \bot, EVAL \rangle$, wobei

(1) Ω ist der Domain aller Konstruktorterme mit Halbordnung $\sqsubseteq$:

  $-\ \bot \sqsubseteq t$ für alle $t \in \Omega$

  $-\ t_1, t_2$ sind unvergleichbar falls $t_1, t_2 \neq \bot$

Die Domainstruktur ist in Abbildung 3.1 veranschaulicht.

(2) $\circ$ ist die Supremumsoperation, d.h.

  $x \sqsubseteq y \Leftrightarrow x \circ y = y$

  ∎

Die Semantik von STYFL ist also charakterisiert durch einen "call-by-value" Mechanismus und den Konstruktorterm, sowie ein Fehlerelement als Datenobjekt.

In STYFL sind auch parametrisierte Typen erlaubt. Bezüglich ihrer Semantik bedeutet das jedoch nichts wesentlich Neues.

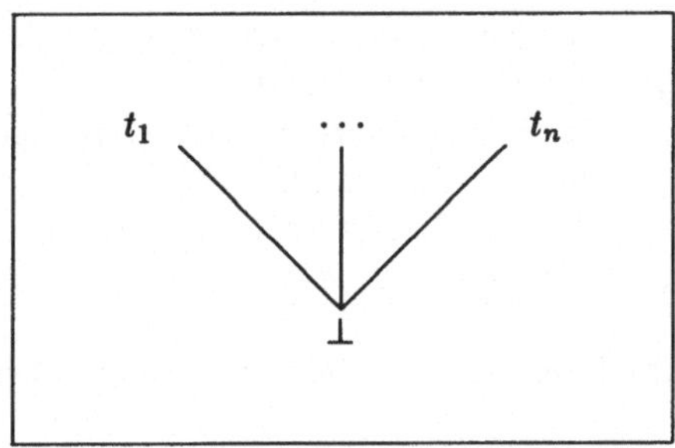

Abbildung 3.1: Domainstruktur von Ω

Beispiel 3.34 (Parametrisierte Typen und Funktionen)

type stack(A)
sorts *stack, A, bool*
constructors
    nil :$\rightarrow$ *stack*(A);
    push : *stack*(A) $\times$ A $\rightarrow$ *stack*(A)
operations
    pop : *stack*(A) $\rightarrow$ *stack*(A);
    top : *stack*(A) $\rightarrow$ A;
    empty : *stack*(A) $\rightarrow$ *bool*
variables $x : A; s : stack(A)$
equations
    $pop(push(s, x)) = s;$
    $top(push(s, x)) = x;$
    $empty(nil) = true;$
    $empty(push(s, x)) = false$

typevariables A

fun $invert(s : stack(A)) : stack(A) = invert1(s, nil)$

fun $invert1(s : stack(A), t : stack(A)) : stack(A) =$
    if *empty(s)* **then** t
    else $invert1(pop(s), push(top(s), t))$

Die Sortensymbole, wie sie bisher definiert wurden repräsentierten einen Typ. Es wird daher solchen Sortensymbolen der Typ *type* zugeordnet. Parametrisierte Sorten sind dann Operationen vom Typ *type* $\times \cdots \times$ *type* $\rightarrow$ *type*. In der Deklaration eines Typs muß als Typname ein linearer Term vom Typ *type* stehen. Die dort enthaltenen Variablen heißen *Typvariablen*.

τ_f	für jedes Operationssymbol $f \in \Sigma$
τ_{call}	für Funktionsaufruf
τ_{if}	für das Auswerten von Bedingungen
τ_{eq}	für den Test auf Gleichheit
τ_{var}	für den Zugriff auf eine Variable
τ_{let}	für eine **let**-Abkürzung

Abbildung 3.2: Vordefinierte Kenngrößen

Alle in der Deklaration von Konstruktoren und Operationen vorkommenden Typen müssen vom Typ *type* sein. Parametrisierte Typen heißen *instantiiert*, wenn ihre Variablen mit Typen belegt sind (z.B. *stack(nat)*). Für alle im Programm vorkommenden instantiierten Typen wird eine Kopie des parametrisierten Typs angelegt, indem die entsprechenden Variablen dort überall durch die Instanz ersetzt werden. So wird z.B. in *stack(nat)* ein Typ angelegt, indem in *stack(A)* jedes Vorkommen von *A* durch *nat* ersetzt wird. Diese Typen können dann in der üblichen Weise interpretiert werden.

Eine im Programm vorkommende Funktion kann ebenfalls parametrisierte Typen verwenden (z.B. *invert* und *invert1*). Dazu müssen die dort vorkommenden Typvariablen vorher deklariert werden. Diese sind vom Typ *type*. Alle in einer Funktion vorkommende Typen müssen ebenfalls vom Typ *type* sein. Eine parametrisierte Funktion ist aber nur dann erlaubt, wenn ihre Auswertung unabhängig von der Parametersorte bezüglich *EVAL* ist. Die Interpretation der parametrisierten Typen ergibt sich dann aus der Instantiierung mit dem Typ:

type item
sorts *item*
constructors • $:\rightarrow$ *item*
operations
variables
equations

Damit sind in der Semantik parametrisierter Typen keine Erweiterungen gegenüber nicht parametrisierten notwendig.

3.2 Definition eines Zeitbegriffs

Basierend auf der *EVAL*-Semantik wird nun eine Zeitkomplexität definiert. Diese ist parametrisiert durch die Typoperationen und Kenngrößen vordefinierter Funktionale (vgl. hierzu [HC88] und Abschnitt 2.3). Die vordefinierten Kenngrößen sind der Abbildung 3.2 zu entnehmen. Diese werden nun verwendet, um induktiv über den Termaufbau einen Zeitbegriff einzuführen.

Definition 3.35 (Zeitbegriff)
Sei $\Pi = (\{T_1,\dots,T_n\}, F)$ ein Programm, $T_i = (t_i, S_i, \Sigma_i, C_i, E_i(X_i))$ und

$$S = \bigcup_{i=1}^{n} S_i, \quad \Sigma = \bigcup_{i=1}^{n} \Sigma_i, \quad C = \bigcup_{i=1}^{n} C_i, \quad X = \bigcup_{i=1}^{n} X_i, \quad E(X) = \bigcup_{i=1}^{n} E_i(X_i)$$

Weiter sei V eine Menge von Variablen und $\mathcal{T}(V) = \{t \mid t$ ist Term vom Typ $s, s \in S\}$. Die *Zeitkomplexität* ist eine Abbildung

$$TIME : \mathcal{T}(V) \times PROG \times UMGEB \to \mathbf{N}$$

die induktiv wie folgt definiert ist ($\rho \in UMGEB$):

(o) $\qquad TIME [\![\perp]\!] \ \Pi \ \rho = \infty$

(i) Sei x eine Variable, dann:

$$TIME [\![x]\!] \ \Pi \ \rho = \tau_{var}$$

(ii) Sei $f : s_1 \times \cdots \times s_n \to s \in \Sigma$ und für $1 \le i \le n$ die t_i Terme vom Typ s_i, dann:

$$TIME [\![f(t_1,\dots t_n)]\!] \ \Pi \ \rho = \tau_f + TIME [\![t_1]\!] \ \Pi \ \rho + \cdots + TIME [\![t_n]\!] \ \Pi \ \rho$$

(iii) Sei $(f, (s_1 \cdots s_n, s), (v_1,\dots,v_n), B) \in F$ und für $1 \le i \le n$ die t_i Terme vom Typ s_i, dann:

$$TIME [\![f(t_1,\dots,t_n)]\!] \ \Pi \ \rho =$$
$$\tau_{call} + TIME [\![t_1]\!] \ \Pi \ \rho + \cdots + TIME [\![t_n]\!] \ \Pi \ \rho +$$
$$TIME [\![B]\!] \ \Pi \ [EVAL [\![t_1]\!] \ \Pi \ \rho \leftarrow v_1] \cdots [EVAL [\![t_n]\!] \ \Pi \ \rho \leftarrow v_n] \ \rho$$

(iv) Sei c Term vom Typ *bool*, t, e Terme vom Typ s für ein $s \in S$, dann:
$$TIME [\![if(c,t,e)]\!] \ = \ \Pi \ \rho$$
$$\begin{cases} \tau_{if} + TIME [\![c]\!] \ \Pi \ \rho + TIME [\![t]\!] \ \Pi \ \rho & \text{falls } EVAL [\![c]\!] \ \Pi \ \rho = \text{\textit{true}} \\ \tau_{if} + TIME [\![c]\!] \ \Pi \ \rho + TIME [\![e]\!] \ \Pi \ \rho & \text{falls } EVAL [\![c]\!] \ \Pi \ \rho = \text{\textit{false}} \\ \infty & \text{sonst} \end{cases}$$

(v) Seien t_1, t_2 zwei Terme vom Typ s für ein $s \in S$. Dann

$$TIME [\![t_1 = t_2]\!] \ \Pi \ \rho = \tau_{eq} + TIME [\![t_1]\!] \ \Pi \ \rho + TIME [\![t_2]\!] \ \Pi \ \rho$$

(vi) Sei t_1 Term vom Typ s, t_2 Term vom Typ s' unter der Annahme, daß v eine Variable vom Typ s. Dabei sei $s, s' \in S$. Dann ist:
$$TIME [\![let(v,t_1,t_2)]\!] \ \Pi \ \rho =$$
$$\tau_{let} + TIME [\![t_1]\!] \ \Pi \ \rho + TIME [\![t_2]\!] \ \Pi[EVAL [\![t_1]\!] \ \Pi \ \rho \leftarrow v] \ \rho$$

$\blacksquare$

In der Implementierung müssen die Kenngrößen τ_i vom Benutzer vorgegeben werden. Sind alle $\tau_i = 1$, so zählt man die Anzahl der *EVAL*s, die bei der Auswertung eines Termes aufgerufen werden.

Kapitel 4

Das Abbilden auf Rekurrenzen

In diesem Kapitel wird gezeigt, wie aus einem gegebenen Programm und einer gegebenen Funktion Rekurrenzen abgeleitet werden können, die die Komplexität dieser Funktion definieren. Im nächsten Kapitel wird dann gezeigt wie diese gelöst werden.

Die Methode ist in Abbildung 4.1 veranschaulicht. Im *Vorverarbeitungsschritt* wird die rekursive Hülle der zu analysierenden Funktion berechnet. Die *rekursive Hülle* einer Funktion besteht aus der Menge aller Funktionen, die bei der Abarbeitung dieser Funktion aufgerufen werden können. Im 2. Schritt, der *Übersetzung in Zeitfunktionen*, werden alle Funktionen der rekursiven Hülle durch die Gleichungen von Definition 3.35 in Funktionen transformiert, die deren Zeitkomplexität berechnen *(Zeitfunktionen)*. Die Zeitkonstanten in Abbildung 3.2 werden im *Maschinenmodell* definiert und beeinflussen das Ergebnis über die Zeitgleichungen. Diese rekursiven Formen (Zeitfunktionen) werden dann in eine Normalform überführt, deren Definition die gleiche wie in [Weg75] ist. Der wichtigste Schritt ist dabei die Elimination irrelevanter Parameter, da dieser Schritt die Dimension der Rekurrenzen reduzieren kann.

Diese normalisierten rekursiven Formen werden durch *symbolische Auswertung* in induktive (eventuell bedingte) Gleichungen, die *rekursiven Gleichungen* transformiert. Die notwendige Induktion wird über die Typdefinitionen des Programms ermittelt. Diese rekursiven Gleichungen werden dann durch Anwendung von Funktionen M, die Typen auf natürliche Zahlen abbilden, in Rekurrenzen transformiert. Dabei ist es wichtig zu wissen, wie groß die Ausgabe einer Funktion bezüglich M ist. Man muß also die Ausgabegröße M einer Funktion analysieren. Diese Analyse erfolgt im Prinzip genau in der gleichen Weise wie die Zeitkomplexitätsanalyse. Es werden nur anstelle der Zeitgleichungen Gleichungen für M benutzt, die ebenfalls im Maschinenmodell definiert sind.

Im Gegensatz zu [Weg75] und [LeM88] werden hier alle Funktionen auf einmal analysiert. Dies führt zu zwei weiteren Möglichkeiten. Erstens ist es möglich verschränkt rekursive Funktionen zu analysieren, da man *Rekurrenzsysteme* erhält. Zweitens kann eine Abhängigkeitsanalyse (vgl. Kapitel 5) zwischen Funktionen durchgeführt werden. Dort wird die Art der Abhängigkeit zwischen mehreren Argumenten ermittelt. Andere Systeme zur automatischen Komplexitätsanalyse ($\Lambda\Upsilon\Omega$[FSZ88], ACE[LeM88] und Metric[Weg75]) sehen diesen Schritt nicht vor.

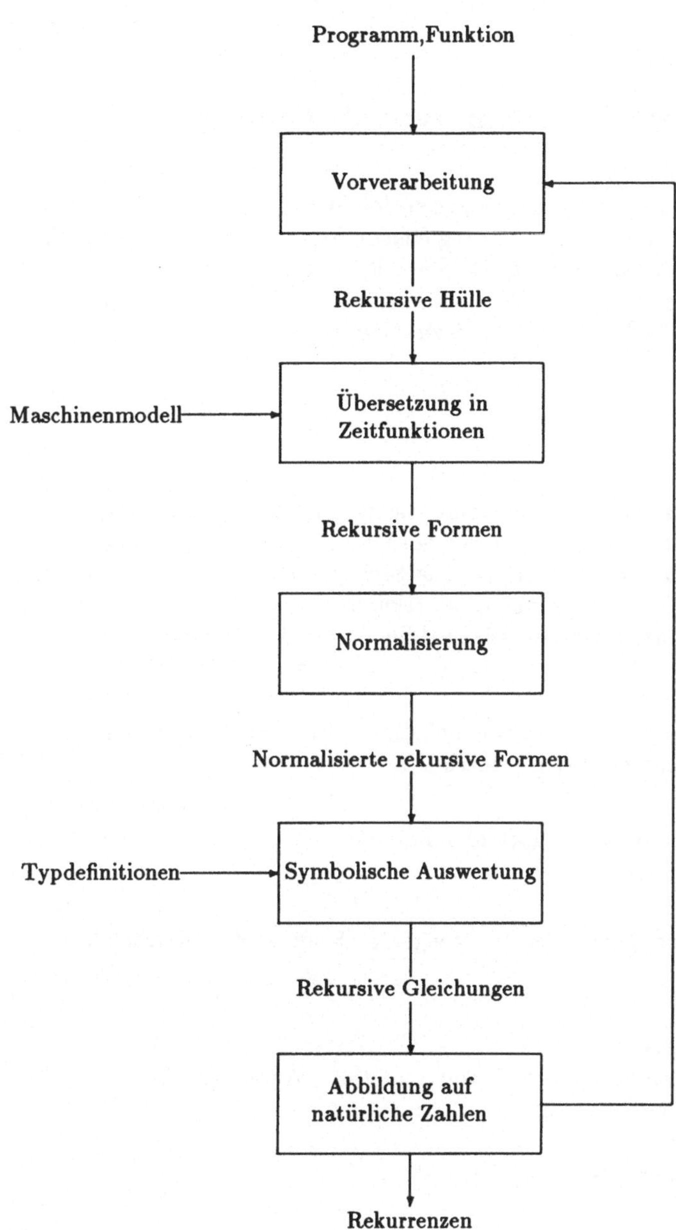

Abbildung 4.1: Reduktion auf Rekurrenzen

Dieses Kapitel enthält zwei Abschnitte. Im 1. Abschnitt wird gezeigt, wie die rekursiven Gleichungen erzeugt werden, im 2. Abschnitt wird gezeigt, wie man aus diesen Gleichungen Rekurrenzen erzeugt.

4.1 Von Funktionen zu den rekursiven Gleichungen

In diesem Abschnitt werden einige Verallgemeinerungen der Methode von Wegbreit einge-führt. Gleichzeitig dient der Abschnitt zur Einführung einiger Beispiele, die die Unterschiede zu anderen Systemen aufzeigen. So kann z.B. *quicksort* von keinem der anderen Systeme ana-lysiert werden. Für ACE und Metric ist es auch nicht möglich, einen Zerteiler *(parser)* und ein Programm zum symbolischen Differenzieren *(diff)* zu analysieren.

4.1.1 Vorverarbeitung

In diesem Schritt werden alle Funktionen, die auf einmal analysiert werden müssen, bestimmt. Es wird dabei jeder Funktionsaufruf im Rumpf einer noch nicht bearbeiteten Funktion zur Menge der benötigten Funktionen hinzugenommen. Das Ergebnis ist die rekursive Hülle der zu analysierenden Funktion. Alle Funktionen in der rekursiven Hülle müssen auf einmal analysiert werden. Basis der Definition der rekursiven Hülle ist der Aufrufgraph:

Definition 4.1 (Aufrufgraph)
Sei $P = (T, F)$ ein STYFL-Programm. Der *Aufrufgraph* $G_P = (V_P, E_P)$ von P ist ein gerich-teter Graph, dessen Knoten V_P und Kanten E_P durch

$$V_P = F$$
$$E_P = \{(f,g)|f,g \in F \wedge g \text{ kommt im Rumpf von } f \text{ vor}\}$$

definiert sind.   ■

Die rekursive Hülle einer Funktion f ist dann die Menge der Knoten, die ausgehend von f besucht werden können.

Definition 4.2 (rekursive Hülle)
Sei $P = (T, F)$ ein STYFL-Programm und $f \in F$ eine Funktion. Weiter sei $G_P = (V_P, E_P)$ der Aufrufgraph von P. Dann heißt die Menge

$$H(f) = \{g|\text{Es gibt in } G_P \text{ einen Pfad von } f \text{ nach } g\}$$

die *rekursive Hülle* der Funktion f.   ■

Wenn man alle Knoten des Graphes, die von f erreichbar sind, besucht, so ergibt sich daraus ein Algorithmus zur Berechnung der rekursiven Hülle. Man kann also $H(f)$ finden, indem man über Tiefensuche alle Knoten von G_p, die von f aus erreichbar sind, besucht. Ein solcher Algorithmus findet sich z.B. in [AHU83], Abschnitt 6.5.

Beispiel 4.3 (Quicksort)
Dieses Beispiel behandelt den Sortieralgorithmus *quicksort*, der in STYFL implementiert ist.
Es werden alle Elemente aus der Restliste, die kleiner oder gleich dem ersten Element der
Liste sind, in einer Liste gesammelt. Ebenso werden alle Elemente der Restliste, die größer als
das erste Element sind in einer weiteren Liste gesammelt. Sortiert man rekursiv diese beiden
Listen, und verkettet man dann die erste Liste zuerst mit dem ersten Element und dann mit
der zweiten Liste, so erhält man eine sortierte Liste.

```
type nat

type bool

type list(A)
sorts list,A,bool,nat
constructors
   nil : -> list(A);
   cons: A x list(A) -> list(A)
operations
   car: list(A) -> A;
   cdr: list(A) -> list(A);
   empty: list(A) -> bool
variables x:A ; l:list(A)
equations
   car(cons(x,l)) = x;
   cdr(cons(x,l)) = l;
   empty(nil) = TRUE;
   empty(cons(x,l)) = FALSE

fun append(l:list(A),m:list(A)) : list(A) =
  if empty(l) then m
  else cons(car(l),append(cdr(l),m))

fun selle(a:nat,l:list(nat)):list(nat) =
  if empty(l) then nil
  else if <=(car(l), a) then cons(car(l),selle(a,cdr(l)))
  else selle(a,cdr(l))

fun selgt(a:nat,l:list(nat)) : list(nat) =
  if empty(l) then nil
  else if <=(car(l),a) then selgt(a,cdr(l))
  else cons(car(l),selgt(a,cdr(l)))

fun quicksort(l:list(nat)):list(nat) =
  if empty(l) then nil
  else append(quicksort(selle(car(l),cdr(l))),
            cons(car(l),quicksort(selgt(car(l),cdr(l)))))
```

Die rekursive Hülle von *quicksort* ist:

$$H(quicksort) = \{quicksort, selle, selgt, append\}$$

$\blacksquare$

Beispiel 4.4 (Parser)
Gegeben sei ein zweielementiges Alphabet $\{a, b\}$. Die Sprache L sei gegeben durch die Grammatik:

$$Z \quad ::= \quad a\,A\,|\,b\,B$$
$$A \quad ::= \quad a\,B\,|\,b\,A\,|\,\varepsilon$$
$$B \quad ::= \quad a\,A\,|\,b\,B\,|\,\varepsilon$$

mit Startsymbol Z. Die Funktion **parse** soll einen Zerteiler für die Sprache L nach der Methode des rekursiven Abstiegs realisieren.

```
type bool

type list(A)

type alphabet
sorts alphabet
constructors
   a: -> alphabet;
   b: -> alphabet;

fun parse(l:list(alphabet)) : bool =
  if empty(l) then FALSE
  else if car(l) = a then A(cdr(l))
  else B(cdr(l))

fun A(l:list(alphabet)) : bool =
  if empty(l) then TRUE
  else if car(l) = a then B(cdr(l))
  else A(cdr(l))

fun B(l:list(alphabet)) : bool =
  if empty(l) then TRUE
  else if car(l) = a then A(cdr(l))
  else B(cdr(l))
```

Die rekursive Hülle von *parser* ist:

$$H(parser) = \{parser, A, B\}$$

Die rekursive Hülle von A bzw. B ist:

$$H(A) = H(B) = \{A, B\}$$

Beispiel 4.5 (Differenzieren)
Dieses STYFL-Programm realisiert symbolisches Differenzieren *(ohne* anschließendes Vereinfachen). In diesem Beispiel hat der Typ mehrere nicht-konstante Konstruktoren und benötigt
daher viele Prädikate und Selektoren

```
type nat

type bool

type Expr
sorts nat,Expr,bool
constrs
  x : -> Expr;
  plus: Expr x Expr -> Expr;
  times: Expr x Expr -> Expr;
  minus: Expr x Expr -> Expr;
  div: Expr x Expr -> Expr;
  num: nat -> Expr;
  neg: Expr -> Expr
operations
  is_var: Expr -> bool;
  is_num: Expr -> bool;
  is_add: Expr -> bool;
  is_mult: Expr -> bool;
  is_minus: Expr -> bool;
  is_div: Expr -> bool;
  is_neg: Expr -> bool;
  val: Expr -> nat;
  op: Expr -> Expr;
  leftop: Expr -> Expr;
  rightop: : Expr -> Expr
variables e1,e2:Expr; n:nat
equations
  is_var(x) = TRUE;
  is_var(plus(e1,e2)) = FALSE;
  is_var(minus(e1,e2)) = FALSE;
  is_var(times(e1,e2)) = FALSE;
  is_var(div(e1,e2)) = FALSE;
  is_var(neg(e1)) = FALSE;
  is_var(num(n)) = FALSE;
  is_num(x) = FALSE;
  is_num(num(n)) = TRUE;
  is_num(plus(e1,e2)) = FALSE;
  is_num(minus(e1,e2)) = FALSE;
  is_num(times(e1,e2)) = FALSE;
  is_num(div(e1,e2)) = FALSE;
  is_num(neg(e1)) = FALSE;
  is_add(x) = FALSE;
```

```
is_add(num(n)) = FALSE;
is_add(plus(e1,e2)) = TRUE;
is_add(minus(e1,e2)) = FALSE;
is_add(times(e1,e2)) = FALSE;
is_add(div(e1,e2)) = FALSE;
is_add(neg(e1)) = FALSE;
is_mult(x) = FALSE;
is_mult(num(n)) = FALSE;
is_mult(plus(e1,e2)) = FALSE;
is_mult(minus(e1,e2)) = FALSE;
is_mult(times(e1,e2)) = TRUE;
is_mult(div(e1,e2)) = FALSE;
is_mult(neg(e1)) = FALSE;
is_div(x) = FALSE;
is_div(num(n)) = FALSE;
is_div(plus(e1,e2)) = FALSE;
is_div(minus(e1,e2)) = FALSE;
is_div(times(e1,e2)) = FALSE;
is_div(div(e1,e2)) = TRUE;
is_div(neg(e1)) = FALSE;
is_minus(x) = FALSE;
is_minus(num(n)) = FALSE;
is_minus(plus(e1,e2)) = FALSE;
is_minus(minus(e1,e2)) = TRUE;
is_minus(times(e1,e2)) = FALSE;
is_minus(div(e1,e2)) = FALSE;
is_minus(neg(e1)) = FALSE;
is_neg(x) = FALSE;
is_neg(num(n)) = FALSE;
is_neg(plus(e1,e2)) = FALSE;
is_neg(minus(e1,e2)) = FALSE;
is_neg(times(e1,e2)) = FALSE;
is_neg(div(e1,e2)) = FALSE;
is_neg(neg(e1)) = TRUE;
val(num(n)) = n;
op(neg(e1)) = e1;
leftop(plus(e1,e2)) = e1;
leftop(times(e1,e2)) = e1;
leftop(minus(e1,e2)) = e1;
leftop(div(e1,e2)) = e1;
rightop(plus(e1,e2)) = e2;
rightop(times(e1,e2)) = e2;
rightop(minus(e1,e2)) = e2;
rightop(div(e1,e2)) = e2
```

```
fun diff(e:Expr):Expr = \* Formales Differenzieren *\
  if is_var(e) then num(1)
  else if is_num(e) then num(0)
  else if is_mult(e) then
    let e1 = leftop(e) in
      let e2 = rightop(e) in
        plus(times(diff(e1),e2),times(e1,diff(e2)))
  else if is_div(e) then
    let e1 = leftop(e) in
      let e2 = rightop(e) in
        div(minus(times(diff(e1),e2),times(e1,diff(e2))),times(e2,e2))
  else if is_add(e) then
    plus(diff(leftop(e)),diff(rightop(e)))
  else if is_sub(e) then
    minus(diff(leftop(e)),diff(rightop(e)))
  else neg(diff(op(e)))   \* Nun gilt e = neg(e1)  *\
```

Die rekursive Hülle von *diff* ist $\{diff\}$. ∎

4.1.2   Übersetzung in Zeitfunktionen und Normalisierung

Für jede Funktion f in der rekursiven Hülle wird eine Transformation in eine Funktion *time_f*
durchgeführt, wobei *time_f* die Zeitkomplexität der Funktion f berechnet. Führt man also
time_f(x) mit *EVAL* (Definition 3.33) aus, so erhält man das gleiche Ergebnis wie bei der Ausführung von $f(x)$ mit *TIME* (Definition 3.35). Die Funktion *time_f* wird daher *Zeitfunktion*
zu f genannt.

Definition 4.6 (Übersetzung in Zeitfunktionen)
Sei $\Pi = (T, F)$ ein STYFL-Programm, $F = \{f_i(v_1^{(i)} : s_1^{(i)}, \ldots, v_k^{(i)} : s_k^{(i)}) : s^{(i)} = B_i | 1 \leq i \leq n\}$.
Gegeben seien die Kenngrößen aus Abbildung 3.2. Das STYFL-Programm Π wird übersetzt
nach

$$(T, F \cup \{\mathbf{TF}\; [\![\, f_i(v_1^{(i)} : s_1^{(i)}, \ldots, v_k^{(i)} : s_k^{(i)}) : s^{(i)} = B_i \,]\!] \,|\, 1 \leq i \leq n\})$$

wobei die Übersetzungsfunktion **TF** folgendermaßen definiert ist:

(i) $\mathbf{TF}\; [\![\, f(x_1 : s_1, \ldots, x_n : s_n) : s = B \,]\!] = time\_f(x_1 : s_1, \ldots, x_n : s_n) : \mathbf{nat} = \mathbf{TE}\; [\![\, B \,]\!]$

(ii) Falls x eine Variable ist: $\mathbf{TE}\; [\![\, x \,]\!] = \tau_{var}$

(iii)

$$\mathbf{TE}\, [\![\, \text{if } c \text{ then } t_1 \text{ else } t_2 \,]\!] =$$
$$\text{if } c \text{ then } \tau_{if} + \mathbf{TC}\, [\![\, c \,]\!] + \mathbf{TE}\, [\![\, t_1 \,]\!] \text{ else } \tau_{if} + \mathbf{TC}\, [\![\, c \,]\!] + \mathbf{TE}\, [\![\, t_2 \,]\!]$$

(iv) $\quad \mathbf{TE}\, [\![\, \text{let } x = t_1 \text{ in } t_2 \,]\!] = \tau_{let} + \mathbf{TE}\, [\![\, t_1 \,]\!] + \mathbf{TE}\, [\![\, t_2 \,]\!] [t_1 \leftarrow x]$

(v) Sei $f : s_1 \times \cdots \times s_k \to s$ Typoperation, und seien für $1 \leq i \leq n$ die Terme t_i vom Typ s_i. Dann ist

$$\mathbf{TE} \, [\![\, f(t_1, \ldots, t_n) \,]\!] \; = \tau_f + \mathbf{TE} \, [\![\, t_1 \,]\!] + \cdots + \mathbf{TE} \, [\![\, t_n \,]\!]$$

(vi) Sei $f(v_1 : s_1, \ldots, v_n : s_n) : s = B \in F$, und seien für $1 \leq i \leq n$ die Terme t_i vom Typ s_i. Dann ist

$$\mathbf{TE} \, [\![\, f(t_1, \ldots, t_n) \,]\!] \; = \tau_{call} + \mathbf{TE} \, [\![\, t_1 \,]\!] + \cdots + \mathbf{TE} \, [\![\, t_n \,]\!] + time\_f(t_1, \ldots, t_n)$$

(vii) Seien t_1, t_2 Terme vom selben Typ. Dann ist

$$\mathbf{TC} \, [\![\, t_1 = t_2 \,]\!] \; = \tau_{eq} + \mathbf{TE} \, [\![\, t_1 \,]\!] + \mathbf{TE} \, [\![\, t_2 \,]\!]$$

(viii) Sei t ein Term vom Typ **bool**. Dann ist

$$\mathbf{TC} \, [\![\, t \,]\!] \; = \mathbf{TE} \, [\![\, t \,]\!]$$

$\blacksquare$

Diese Transformation ist korrekt in dem folgenden Sinne:

Satz 4.7 (Korrektheit der Übersetzung)
Sei $\Pi = (T, F)$ ein STYFL-Programm. Das Programm $\Pi' = (T, F \cup F')$ mit

$$F' = \{\mathbf{TF} \, [\![\, Def \,]\!] \, | \, Def \in F\}$$

sei das in die Zeitfunktionen übersetzte Programm. Dann gilt für alle Terme t und Umgebungen ρ:

$$EVAL [\![\, \mathbf{TE} \, [\![\, t \,]\!] \,]\!] \; \Pi' \, \rho = TIME \, [\![\, t \,]\!] \; \Pi \, \rho$$

Beweis: siehe Anhang B $\qquad\qquad\qquad\qquad\qquad\qquad\qquad$ $\blacksquare$

Die Normalisierung erfolgt wie in [Weg75]. Der einzige Unterschied ist, daß alle Funktionen der Hülle simultan betrachtet werden. Im Unterschied zu [Weg75] muß wegen der gemeinsamen Analyse die Definition von irrelevanten Argumentpositionen abgeschwächt werden. Eine Argumentposition heißt hier *relevant*, falls der Parameter auf dieser Argumentposition in einem nichtrekursiven Kostenausdruck vorkommt, in einer strukturellen Bedingung vorkommt, oder in einem Funktionsaufruf auf einer relevanten Argumentposition vorkommt. Insbesondere muß er sich während der Rekursion nicht notwendigerweise ändern. Dadurch werden freie Variablen in den normalisierten Funktionen vermieden. In den folgenden Beispielen erhält man dann unter der Annahme, daß alle Zeitkonstanten 1 sind:

Beispiel 4.8 (Quicksort (Fortsetzung von Beispiel 4.3))

```
time_append(l) =
    if empty(l) then  4
    else 10+time_append(cdr(l))


time_selle(l) =
    if empty(l) then 4
    else if <=(car(l),a) then 15+time_selle(cdr(l))
    else 12+time_selle(cdr(l))

time_selgt(l) =
    if empty(l) then 4
    else if <=(car(l),a) then 12+time_selgt(cdr(l))
    else 15+time_selgt(cdr(l))

time_quicksort(l)) =
    if empty(l) then 4
    else 19 + time_append(quicksort(selle(car(l),cdr(l))))
            + time_quicksort(selle(car(l),cdr(l))))
            + time_quicksort(selgt(car(l),cdr(l))))
            + time_selle(car(l),cdr(l))
            + time_selgt(car(l),cdr(l))
```

∎

Beispiel 4.9 (Parser (Fortsetzung von Beispiel 4.4))

```
time_parse(l)=
    if empty(l) then 4
    else if car(l) = a then 11+time_A(cdr(l)
    else 11+time_B(cdr(l)

time_A(l)=
    if empty(l) then 4
    else if car(l) = a then 11+time_B(cdr(l)
    else 11+time_A(cdr(l)

time_B(l))=
    if empty(l) then 4
    else if car(l) = a then 11+time_A(cdr(l))
    else 11+time_B(cdr(l)))
```

∎

Beispiel 4.10 (Differenzieren (Fortsetzung von Beispiel4.5))

```
time_diff(e)) =
    if is_var(e) then 5
    else if is_num(e) then 8
    else if is_mult(e) then 26 + time_diff(leftop(e))
                                   + time_diff(rightop(e)))
    else if is_div(e) then 33 + time_diff(leftop(e))
                                  + time_diff(rightop(e))
    else if is_add(e) then 22 + time_diff(leftop(e))
                                  + time_diff(rightop(e))
    else if is_sub(e) then  25 + time_diff(leftop(e))
                                  + time_diff(rightop(e))
    else  22 + time_diff(op(e))
```

■

4.1.3 Symbolische Auswertung

In der symbolischen Auswertung wird versucht, die rekursiven Formen induktiv durch Gleichungen zu definieren. Dabei werden Terme gesucht, so daß im Programm vorkommende Bedingungen wahr bzw. falsch werden. Jede Bedingung kann als Gleichung zweier Terme aufgefaßt werden:

$$t_1(x_1, \ldots, x_n, y_1, \ldots, y_m) = t_2(x_1, \ldots, x_n, z_1, \ldots, z_p)$$

Ist der Test ein Prädikat $p(u_1, \ldots, u_s)$, so handelt es sich um eine Gleichung $p(u_1, \ldots, u_s) = TRUE$.

Gesucht sind nun alle Belegungen von $x_1, \ldots, x_n, y_1, \ldots, y_m, z_1, \ldots, z_p$, bei denen die Gleichung wahr ist, und alle Belegungen von $x_1, \ldots, x_n, y_1, \ldots, y_m, z_1, \ldots, z_p$, bei denen die Gleichung falsch ist.

Im allgemeinen ist es nicht möglich solche Belegungen zu finden, wenn t_1 und t_2 benutzerdefinierte Funktionen enthalten. In diesem Fall wird daher die Entscheidung verschoben (auf die Analyse der dann bedingten Rekurrenz, siehe Kapitel 5.3). Das Resultat ist dann eine bedingte Rekursionsgleichung. Im Folgenden möge also t_1 und t_2 ausschließlich aus Symbolen der Typsignaturen und aus Variablensymbolen bestehen.

Dem Lösen der Gleichung entspricht dann das Testen der Erfüllbarkeit unter einer Gleichungstheorie, und der Ermittlung aller erfüllenden Belegungen.

In [Hei89] wurde auf Basis von [Ech88] ein Verfahren entwickelt, das die vollständige Lösungsmenge ermittelt, sofern es terminiert. Dieses Verfahren basiert auf *Narrowing*, bei dem Unifikation anstelle von Pattern-Matching mit linken Seiten von Regeln zur Ableitung angewendet wird:

Definition 4.11 (Narrowing)
Sei $R = \{l_i \rightarrow r_i | 1 \leq i \leq n, l_i, r_i \in T_\Sigma(X), l_i : s, r_i : s\}$ ein Termersetzungssystem mit $vars(r_i) \subseteq vars(l_i)$. Seien $t, t' \in T_\Sigma(X)$ Terme. Das Paar (t, t') heißt *Narrow-Ableitungsschritt* genau dann, wenn es eine Stelle $u \in O(t)$ gibt, so daß gilt:

(i) t/u ist unifizierbar mit l_i;

(ii) Wenn σ der allgemeinste Unifikator von t/u und l_i ist dann gilt: $\sigma(l_i) = \sigma(t/u)$ und $t' = \sigma(t[u/r])$

Anstelle von (t, t') schreiben wir $t \xrightarrow{N}_{[u,i,\sigma]} t'$. Eine *Narrow-Ableitung* ist die reflexive, transitive Hülle von $\xrightarrow{N}$. ∎

Aus Satz 4.1 und Satz 4.5 in [Hei89] ergibt sich:

Satz 4.12 (Symbolische Auswertung 1)
Sei $(\{T_1, \ldots, T_n\}, F)$ ein STYFL-Programm, $T_i = (\tau_i, S_i, \Sigma_i, C_i, E_i(X_i))$, und sei

$$S = \bigcup_{i=1}^{n} S_i, \quad \Sigma = \bigcup_{i=1}^{n} \Sigma_i, \quad C = \bigcup_{i=1}^{n} C_i, \quad X = \bigcup_{i=1}^{n} X_i, \quad E(X) = \bigcup_{i=1}^{n} E_i(X_i)$$

Falls das Narrowing-Verfahren terminiert, liefert es angewandt auf eine Gleichung $t_0 = t_0'$, $t_0, t_0' \in T_\Sigma(X)$, eine grundvollständige Lösung, d.h. eine Substitution

$$\sigma = \{s_1 \leftarrow x_1, \ldots, s_n \leftarrow x_n\}$$

mit den Eigenschaften:

(i) $vars(t_0) \cup vars(t_0') = \{x_1, \ldots, x_n\}$

(ii) $\forall i : s_i \in T_C(X)$

(iii) $\sigma t_0 = \sigma t_0'$

(iv) $\{(s_1, \ldots, s_n)| \forall x \in vars(s_i) : x \in T_C\} = \{(t_1, \ldots, t_n)| (t_1, \ldots, t_n) \text{ ist Lösung von } t_0 = t_0'\}$

Beweis: Satz 4.1 und Satz 4.5 in [Hei89], unter der Voraussetzung, daß $(S, \Sigma, C, E(X))$ eine vollständige Gleichungstheorie mit Konstruktoren ist, und das Definitionsprinzip 3.27 erfüllt ist. Nach Satz 3.31, und unter Anwendung von Knuth-Bendix Vervollständigung ist diese Voraussetzung sichergestellt. ∎

Beispiel 4.13 (Narrowing)
(a) $empty(l) = TRUE$
Die Unifikation dieser Gleichung mit $empty(nil) = TRUE$ liefert die Substitution $[nil \leftarrow l]$. Dann erhält man:

$$empty(l) = TRUE \xrightarrow{N} TRUE = TRUE$$

Da es keine andere Gleichung in $List(A)$ gibt, mit der $empty(l) = TRUE$ unifizierbar wäre, ist $[nil \leftarrow l]$ die einzige Lösung.

(b) $empty(cdr(l)) = TRUE$

Der einzige Teilterm, der mit einer linken Seite einer Gleichung in *List(A)* unifizierbar ist, ist $cdr(l)$, und zwar mit $cdr(cons(a,l))$. Dies liefert die Substitution $[cons(a,l') \leftarrow l]$, und ergibt durch Anwendung von $cons(a,l') = l'$:

$$empty(cdr(l)) = TRUE \xrightarrow{N} empty(l') = TRUE$$

Die Gleichung $empty(l') = TRUE$ liefert wie in (a) gezeigt die einzige Lösung $[nil \leftarrow l']$. Insgesamt gilt also

$$empty(cdr(l)) = TRUE \xrightarrow{N} TRUE = TRUE$$

und $[cons(a, nil) \leftarrow l]$ ist die einzige Lösung von $empty(cdr(l)) = TRUE$.

(c) $is\_var(e) = TRUE \xrightarrow{N} TRUE = TRUE$ mit der einzigen Lösung: $[x \leftarrow e]$.

$is\_num(e) = TRUE \xrightarrow{N} TRUE = TRUE$ mit der einzigen Lösung: $[num(n) \leftarrow e]$

$is\_mult(e) = TRUE \xrightarrow{N} TRUE = TRUE$ mit der einzigen Lösung: $[times(e_1, e_2) \leftarrow e]$

$is\_div(e) = TRUE \xrightarrow{N} TRUE = TRUE$ mit der einzigen Lösung: $[div(e_1, e_2) \leftarrow e]$

$is\_add(e) = TRUE \xrightarrow{N} TRUE = TRUE$ mit der einzigen Lösung: $[plus(e_1, e_2) \leftarrow e]$

$is\_minus(e) = TRUE \xrightarrow{N} TRUE = TRUE$ mit der einzigen Lösung: $[minus(e_1, e_2) \leftarrow e]$

(d)

(1) $x \leq a = TRUE$

(1.1) $TRUE = TRUE$, Anwendung von $0 \leq a = TRUE$ auf (1)

(1.2) $n \leq m = TRUE$, Anwendung von $s(n) \leq s(m) = n \leq m$ auf (1)

Die Gleichung (1.2) entsteht aus (1) nur durch Umbenennung der Variablen x und a. Das Narrow-Verfahren terminiert also nicht. ■

Tritt der Fall auf, daß eine Gleichung in einer Narrow-Ableitung vorkommt, die aus einer früheren Gleichung in dieser Ableitung durch Umbenennung von Variablen entstanden ist, dann tritt ein *Zyklus* auf, und das Verfahren terminiert nicht. Das Narrow-Verfahren wird daher um eine Zyklenerkennung erweitert. Tritt ein Zyklus auf, so wird die Entscheidung, ob die Gleichung wahr oder falsch ist auf später verschoben (siehe Kapitel 5.3).

Sind alle Lösungen linear, so lassen sich aus diesen alle expliziten Lösungen für die entsprechende Ungleichung gewinnen (Satz 5.1, [Hei89]).

Beispiel 4.14 (Lösungen der Ungleichung)
(a) $empty(l) \neq TRUE$.
Die Gleichung $empty(l) = TRUE$ hat die einzige Lösung $nil \leftarrow l$. Ausgehend von nil werden alle Konstruktorterme konstruiert, die von nil verschieden sind. Es gilt $cons(a, l') \neq nil$ für alle a und l'. Da $\{nil, cons(a, l')\}$ eine vollständige Menge für $List(A)$ ist folgt sofort die einzige Lösung der Ungleichung: $cons(a, l') \leftarrow l$.

(b) $empty(cdr(l)) \neq TRUE$.
Die Gleichung $empty(cdr(l)) = TRUE$ hat die einzige Lösung $cons(a, nil) \leftarrow l$. Es gibt zwei Möglichkeiten von Termen, die verschieden von $cons(a, nil)$ sind:

(i) nil ist verschieden von $cons(a, nil)$. Dies liefert also die Lösung $nil \leftarrow l$ für die Ungleichung.

(ii) $cons(a, l') \neq cons(a, nil)$, wenn $l' \neq nil$. Es muß also ein Term, der verschieden von nil ist, gefunden werden. Dieser Term ist, wie in (a) gezeigt $cons(b, l'')$. Das heißt, die zweite Lösung der Ungleichung lautet: $cons(a, cons(b, l'')) \leftarrow l$. ∎

Die so gefundenen Lösungen werden dann im Falle der Lösung der Gleichung im **then**-Teil der Bedingung und im Falle der Lösung der Ungleichung im **else**-Teil der Bedingung substituiert. Dadurch scheiden meist Substitutionen wie in Teil(b)(i) aus, da diese schon vorher durchgeführt wurden. In den drei Beispielen erhält man aus der symbolischen Auswertung die folgenden Gleichungen:

Beispiel 4.15 (Quicksort, Fortsetzung von Beispiel 4.8)
Es sei $E_1(1) = \texttt{time\_append(1)}$, $E_2(1) = \texttt{time\_selle(1)}$, $E_3(1) = \texttt{time\_selgt(1)}$) und $E_4(1) = \texttt{time\_quicksort(1)}$. Dann erhält man aus den rekursiven Formen in Beispiel 4.8 nach symbolischer Auswertung die rekursiven Gleichungen:

$$\begin{aligned}
E_1(nil) &= 4 \\
E_1(cons(a, l)) &= 10 + E_1(l) \\
E_2(nil) &= 4 \\
E_2(cons(b, l)) &= \begin{cases} 15 + E_2(l) & \text{falls } \texttt{<=(b,a)} \\ 12 + E_2(l) & \text{sonst} \end{cases} \\
E_3(nil) &= 4 \\
E_3(cons(b, l)) &= \begin{cases} 12 + E_3(l) & \text{falls } \texttt{<=(b,a)} \\ 15 + E_3(l) & \text{sonst} \end{cases} \\
E_4(nil) &= 4 \\
E_4(cons(a, l)) &= 19 + E_1(\texttt{quicksort(selle(}l\texttt{)))}) + E_2(l) + E_3(l) + \\
&\quad E_4(\texttt{selle(}l\texttt{)}) + E_4(\texttt{selgt(}l\texttt{)})
\end{aligned}$$

Die bedingten Gleichungen für $E_2(cons(b, l))$ und $E_3(cons(b, l))$ treten auf, weil die Bedingung $\texttt{<=(b,a)}$ durch symbolische Auswertung nicht gelöst werden kann. ∎

Beispiel 4.16 (Parser, Fortsetzung von Beispiel 4.9)
Es sei $E_1(1) = $ `time_parse(1)`, $E_2(1) = $ `time_A(1)` und $E_3(1) = $ `time_B(1)`). Dann erhält man aus den rekursiven Formen in Beispiel 4.9 nach symbolischer Auswertung die rekursiven Gleichungen:

$$
\begin{aligned}
E_1(nil) &= 4 \\
E_1(cons(a, l)) &= 11 + E_2(l) \\
E_1(cons(b, l)) &= 11 + E_3(l) \\
E_2(nil) &= 4 \\
E_2(cons(a, l)) &= 11 + E_3(l) \\
E_2(cons(b, l)) &= 11 + E_2(l) \\
E_3(nil) &= 4 \\
E_3(cons(a, l)) &= 11 + E_2(l) \\
E_3(cons(b, l)) &= 11 + E_3(l)
\end{aligned}
$$

$\blacksquare$

Beispiel 4.17 (Differenzieren, Fortsetzung von Beispiel 4.10)
Es sei $E(e) = $ `time_diff(e)`. Dann erhält man aus den rekursiven Formen in Beispiel 4.10 nach symbolischer Auswertung die rekursiven Gleichungen:

$$
\begin{aligned}
E(x) &= 5 \\
E(num(n)) &= 8 \\
E(times(e_1, e_2)) &= 26 + E(e_1) + E(e_2) \\
E(div(e_1, e_2)) &= 33 + E(e_1) + E(e_2) \\
E(plus(e_1, e_2)) &= 22 + E(e_1) + E(e_2) \\
E(minus(e_1, e_2)) &= 25 + E(e_1) + E(e_2) \\
E(neg(e)) &= 22 + E(e)
\end{aligned}
$$

4.2 Von Zeitgleichungen zu Rekurrenzen

Die Rekursionsgleichungen werden durch Anwendung einer Abbildung von ihren Argumenten auf natürliche Zahlen auf Rekurrenzen abgebildet. Die Definitionen von *length* und *size* müssen daher von Listen auf allgemeinere Typen verallgemeinert werden. Diese beiden Funktionen werden gemäß der rechten Seiten der Gleichung gewählt. Die Abbildung M von Typen auf natürliche Zahlen induziert dann eine weitere Analyse der Argumente der Rekursion. Die Analyse von $M(EVAL(f(x)))$, wobei f eine benutzerdefinierte Funktion ist, wird wie die von $time(f(x))$ durchgeführt, mit dem Unterschied, daß anstelle der Anwendung der Zeitgleichungen aus Definition 3.35 entsprechende Gleichungen für die Abbildung M angewendet werden.

Dieser Abschnitt ist also in 2 Teilabschnitte unterteilt. Im ersten Teilabschnitt wird der Begriff der Abstraktionsfunktion verallgemeinert und im zweiten Abschnitt werden die Gleichungen der Abstraktionsfunktionen für die weitere Analyse bestimmt.

4.2.1 Abstraktionsfunktionen

Definition 4.18 (Abstraktionsfunktionen)
Sei T ein Typ. Eine totale Abbildung $M : T \to \mathbb{N}$ heißt *Abstraktionsfunktion*. ∎

Ziel dieses Abschnitts ist es nun, für einen Typ T und Gleichungen, die ein $E(t)$, $t \in T$ definieren (wie sie etwa am Ende der symbolischen Auswertung vorkommen), eine Abstraktionsfunktion M so zu bestimmen, daß mit $n = M(t)$ gilt:

$$a_n = E(t) \quad \text{ist eine Rekurrenz}$$

D.h. daß $E(t)$ durch geeignete M in expliziter Form dargestellt werden kann, in dem man a_n löst.

Es folgen nun die Verallgemeinerungen von *length* und *size* aus Kapitel 2.2:

Definition 4.19 (Verschiedene Abstraktionsfunktionen)
Sei (T, F) ein STYFL-Programm und $(T', S', \Sigma', C', E'(X')) \in T$ mit:

$$
C' = \{ \quad
\begin{aligned}
&c_0 : & S_1^0 \times \cdots \times S_{r_0}^0 & \to T', \\
&\vdots & \vdots \quad\quad & \vdots \\
&c_n : & S_1^n \times \cdots \times S_{r_n}^n & \to T', \\
&c_{n+1} : & S_1^{n+1} \times \cdots \times S_{r_{n+1}}^{n+1} & \to T', \\
&\vdots & \vdots \quad\quad & \vdots \\
&c_{n+m} : & S_1^{n+m} \times \cdots \times S_{r_{n+m}}^{n+m} & \to T'\}
\end{aligned}
$$

wobei:

(i) $S_j^i \neq T'$ für alle $0 \leq i \leq n$, $1 \leq j \leq r_i$

(ii) $S_{j_k^i}^i = T'$, $k = 1, \ldots, p_i$ und $n < i \leq n + m$

Dann ist die Abbildung $length_{c_i} : T' \to \mathbb{N}$ für $i > n$ definiert durch:

$$
length_{c_i}(c_j(t_1^j, \ldots, t_{r_j}^j)) =
\begin{cases}
1 + \displaystyle\sum_{k=1}^{r_j} length_{c_i}(t_k^j) & \text{falls } i = j \\[2mm]
0 & \text{falls } 0 \leq j \leq n \\[2mm]
\displaystyle\sum_{k=1}^{r_j} length_{c_i}(t_k^j) & \text{sonst}
\end{cases}
$$

Die Abbildung $length : T' \to \mathbb{N}$ ist definiert durch:

$$
length(t) = \sum_{i=n+1}^{n+m} length_{c_i}(t)
$$

Die Abbildung $size : T' \rightarrow \mathbf{N}$ ist definiert durch:

$$size(c_i(t_1^i, \ldots, t_{r_i}^i)) = \begin{cases} 0 & \text{falls } r_i = 0 \\ 1 + \sum_{q=1}^{r_i} size(t_q^i) & \text{sonst} \end{cases}$$

$\blacksquare$

Bemerkungen:
(a) $length_{c_i}(t)$ zählt alle Konstruktoren c_i im Term t.
(b) $length(t)$ zählt alle nicht-nullstelligen Konstruktoren des Typs T' im Term t.
(c) $size(t)$ zählt alle nicht-nullstelligen Konstruktoren in t

Beispiel 4.20 (Abstraktionsfunktionen)
(a) Bei Listen stimmen die Definitionen von *length* und *size* aus Abschnitt 2.2 und Definition 4.19 überein.

(b) Binärbäume mit den Konstruktoren
$$nil \ : \ \rightarrow BinTree(A)$$
$$node \ : \ BinTree(A) \times A \times BinTree(A) \rightarrow BinTree(A)$$
Die Funktion *length* ist dann gegeben durch:
$$length(nil) \ = \ 0$$
$$length(node(t_1, a, t_2)) \ = \ 1 + length(t_1) + length(t_2)$$
(c) 2-3-Bäume mit den Konstruktoren:
$$nil \ : \ \rightarrow \textit{2-3-Tree}(A)$$
$$node2 \ : \ \textit{2-3-Tree}(A) \times \textit{2-3-Tree}(A) \times A \rightarrow \textit{2-3-Tree}(A)$$
$$node3 \ : \ \textit{2-3-Tree}(A) \times \textit{2-3-Tree}(A) \times \textit{2-3-Tree}(A) \times A \rightarrow \textit{2-3-Tree}(A)$$
Die Anzahl der Knoten mit zwei Söhnen ist gegeben durch:
$$length_{node2}(nil) \ = \ 0$$
$$length_{node2}(node2(t_1, t_2, a)) \ = \ 1 + length_{node2}(t_1) + length_{node2}(t_2)$$
$$length_{node2}(node3(t_1, t_2, t_3, a)) \ = \ length_{node2}(t_1) + length_{node2}(t_2) + length_{node2}(t_3)$$

$\blacksquare$

Es bleibt nun noch zu zeigen, wie aus den rechten Seiten der Gleichungen die geeignete Abstraktionsfunktion M bestimmt werden kann. Falls es eine Variable x gibt, die nicht vom Typ T' ist, und auf der rechten Seite einer Gleichung in einem Argument ω auf einer in $M(\omega)$ relevanten Position auftritt, dann wählt man *size*. In allen anderen Fällen genügt die Wahl von *length*, damit das Ziel eine Rekurrenz zu erzeugen erreicht wird. Dabei heißt x auf einer *relevanten Position* in einem Ausdruck t, falls:

(i) $t = x$, oder

(ii) $t = f(t_1, \ldots, t_n)$ und x in einem Term t_i vorkommt, der Argument einer relevanten Argumentposition der Funktion f ist, d.h. daß i eine relevante Argumentposition von f ist (Definition 2.47).

Satz 4.21 (Abbildung auf Rekurrenzen)
Sei T ein Typ und

$$E_1(t_1(x_1^1,\ldots,x_{r_1}^1)) = A_1 + E_{i_1^1}(\omega_1^1) + \cdots + E_{i_{t_1}^1}(\omega_{r_1}^1)$$

$$\vdots \qquad\qquad \vdots \qquad\qquad \vdots$$

$$E_n(t_n(x_1^n,\ldots,x_{r_n}^n)) = A_n + E_{i_1^n}(\omega_1^n) + \cdots + E_{i_{t_n}^n}(\omega_{r_n}^n)$$

eine Menge von Gleichungen mit den Eigenschaften

(i) $x_j^i \in T_j^i$

(ii) Die A_i sind Ausdrücke die kein E_j enthalten

(iii) Es gibt ein i' mit $r_{i'} = 0$, d.h. $E_{i'}(t_{i'}) = A_{i'}$.

(iv) $\{t_i(x_1^i,\ldots,x_{r_i}^i)|1 \le i \le n, x_j^i \in T_j^i \text{ für } 1 \le j \le r_i\} = T$

(v) Für alle $M \in \{length, size\}$ und für alle $1 \le k \le n$, $1 \le j \le s_k$ und i_j^k gelte:

$$M(EVAL(\omega_j^k)) < M(t_{i_j^k}(x_1^{i_j^k},\ldots x_{r_{i_j^k}}^{i_j^k}))$$

Dann gilt

(a) Falls für alle der in den ω_i^j auf relevanten Positionen vorkommenden Variablen gilt: $x \in T$, dann führt

$$a^{(i)}_{length(t)} = E_i(t)$$

zu einem System von Rekurrenzen.

(b) Für alle $i = 1,\ldots,n$ führt

$$a^{(i)}_{size(t)} = E_i(t)$$

zu einem System von Rekurrenzen.

Beweis:

(b) Wegen (iii) ist gewährleistet, daß Randbedingungen definiert sind. Sei i' ein Index wie in (iii). Für alle $j = 1,\ldots,n$, $j \ne i'$ gilt:

$$a^{(j)}_{size(t_j(x_1,\ldots,x_{r_j}))} = A_j + a^{(i_1^j)}_{size(EVAL(\omega_1^j))} + \cdots + a^{(i_{s_j}^j)}_{size(EVAL(\omega_{s_j}^j))}$$

Wegen (v) gilt $size(t_{i_k}^j(x_1,\ldots,x_{r_j})) > size(EVAL(\omega_k^j))$. Damit erhält man also ein System von Rekurrenzen.

(a) Wie in (b) unter Ausnutzung der Eigenschaft
$$length(EVAL(\omega(x_1,\ldots,x_{i-1},x_i,x_{i+1},\ldots x_n))) =$$
$$length(EVAL(\omega(x_1,\ldots,x_{i-1},x_{i+1},\ldots x_n)))$$
falls x_i irrelevant in $length(EVAL(\omega(x_1,\ldots,x_n)))$ ist.

Bemerkung:
Bedingte Gleichungen

$$E(t) = \begin{cases} r_1 & \text{if } cond_1 \\ \vdots & \vdots \\ r_k & \text{if } cond_k \end{cases}$$

werden überführt in Gleichungen

$$\begin{aligned} E(t) &= r_1 & \text{if } cond_1 \\ &\vdots & \vdots \\ E(t) &= r_k & \text{if } cond_k \end{aligned}$$

Auf das so erhaltene System kann Satz 4.21 angewendet werden, indem die Bedingungen $cond_i$ weiter geführt werden. Man erhält dann *bedingte Rekurrenzen*.

Bemerkung:
Hat man Gleichungen

$$\begin{aligned} E(c_1(x_1,\ldots,x_k)) &= l_1 \\ E(c_2(x_1,\ldots,x_n)) &= l_2 \end{aligned}$$

dann werden diese Gleichungen mit $E(t) = a_{M(t)}$ übersetzt in

$$\begin{aligned} a_{M(c_1(x_1,\ldots,x_k))} &= l_1' \text{ if } t = c_1(x_1,\ldots,x_k) \\ a_{M(c_2(x_1,\ldots,x_n))} &= l_2' \text{ if } t = c_2(x_1,\ldots,x_n) \end{aligned}$$

da mit

$$\begin{aligned} M(c_1(x_1,\ldots,x_k)) &= f(M(x_1),\ldots M(x_k)) \\ M(c_2(x_1,\ldots,x_n)) &= g(M(x_1),\ldots M(x_n)) \end{aligned}$$

und der Substitution $M(x_i) = n_i$ die Unterscheidung zwischen den Konstruktoren aufgehoben wird.

Beispiel 4.22 (Quicksort, Fortsetzung von Beispiel 4.15)
Satz 4.21 liefert $a_{length(l)} = E_1(l)$, $b_{length(l)} = E_2(l)$, $c_{length(l)} = E_3(l)$ und $d_{length(l)} = E_4(l)$. Mit $n = length(l)$ erhält man das System von Rekurrenzen

$$\begin{aligned} a_0 &= 4 \\ a_{n+1} &= 10 + a_n \\ b_0 &= 4 \\ b_{n+1} &= \begin{cases} 15 + b_n & \text{falls } b \text{ <= } a \\ 12 + b_n & \text{sonst} \end{cases} \\ c_0 &= 4 \\ c_{n+1} &= \begin{cases} 12 + c_n & \text{falls } b \text{ <= } a \\ 15 + c_n & \text{sonst} \end{cases} \\ d_0 &= 4 \\ d_{n+1} &= 19 + a_{f(n)} + b_n + c_n + d_{g(n)} + d_{h(n)} \end{aligned}$$

mit $f(n) = length(EVAL(\texttt{quicksort}(\texttt{selle}(l))))$, $g(n) = length(EVAL(\texttt{selle}(l)))$ und $h(n) = length(EVAL(\texttt{selgt}(l)))$. Es sind also weitere Analysen notwendig: Es müssen die Größen $f(n)$, $g(n)$ und $h(n)$ analysiert werden. ∎

Beispiel 4.23 (Parser, Fortsetzung von Beispiel 4.16)

Satz 4.21 führt zu $a^{(i)}_{length(l)} = E(l)$. Mit $n = length(l)$ erhält man dann:

$$
\begin{aligned}
a^{(1)}_0 &= 4 \\
a^{(1)}_{n+1} &= 11 + a^{(2)}_n \quad \text{if } l = cons(a, l') \\
a^{(1)}_{n+1} &= 11 + a^{(3)}_n \quad \text{if } l = cons(b, l') \\
a^{(2)}_0 &= 4 \\
a^{(2)}_{n+1} &= 11 + a^{(3)}_n \quad \text{if } l = cons(a, l') \\
a^{(2)}_{n+1} &= 11 + a^{(2)}_n \quad \text{if } l = cons(b, l') \\
a^{(3)}_0 &= 4 \\
a^{(3)}_{n+1} &= 11 + a^{(2)}_n \quad \text{if } l = cons(a, l') \\
a^{(3)}_{n+1} &= 11 + a^{(3)}_n \quad \text{if } l = cons(b, l')
\end{aligned}
$$

∎

Beispiel 4.24 (Differenzieren, Fortsetzung von Beispiel 4.17)

Satz 4.21 führt zu $a_{length(e)} = E(e)$. Mit $n = length(e)$, $n_1 = length(e_1)$ und $n_2 = length(e_2)$ erhält man dann:

$$
\begin{aligned}
a_0 &= 5 & &\text{if } e = x \\
a_0 &= 8 & &\text{if } e = num(n) \\
a_{1+n_1+n_2} &= 26 + a_{n_1} + a_{n_2} & &\text{if } e = times(e_1, e_2) \\
a_{1+n_1+n_2} &= 33 + a_{n_1} + a_{n_2} & &\text{if } e = div(e_1, e_2) \\
a_{1+n_1+n_2} &= 22 + a_{n_1} + a_{n_2} & &\text{if } e = plus(e_1, e_2) \\
a_{1+n_1+n_2} &= 25 + a_{n_1} + a_{n_2} & &\text{if } e = minus(e_1, e_2) \\
a_{1+n} &= 22 + a_n & &\text{if } e = neg(e)
\end{aligned}
$$

∎

4.2.2 Übersetzung in Maßfunktionen

Um eine Analyse der Zeitgleichungen durchzuführen, ist auch eventuell eine Analyse einer Funktion bzgl. der Größe M des Ergebnisses einer Funktion erforderlich. Daher wird anstelle der Übersetzung der Funktion in eine Zeitfunktion eine Übersetzung in eine Funktion vorgenommen, die die Länge bzw. Größe der Ausgabe berechnet. Solche Funktionen nennt man *Maßfunktionen*. Die Definition der Größe der Ausgabe befindet sich in Abbildung 4.2. Ähnlich wie in Definition 3.35 handelt es sich dabei um Abbildungen $LENGTH : T(V) \times PROG \times UMGEB \to \mathbf{N}$ bzw. $SIZE : T(V) \times PROG \times UMGEB \to \mathbf{N}$, wobei $T(V)$ die Menge aller Terme mit den Variablen V ist, $PROG$ die Menge aller STYFL-Programme und $UMGEB$ die Menge aller Umgebungen ist.

Die entsprechenden Übersetzungsregeln befinden sich in den Abbildungen 4.3 und 4.4.

Es gilt nun auch hier ein ähnlicher Korrektheitssatz wie für die Zeitfunktionen:

Sei $\Pi = (T, F)$ ein STYFL-Programm, ρ eine Umgebung.

$M \llbracket\, x\, \rrbracket\ \Pi\ \rho = M \llbracket\, \rho(x)\, \rrbracket \Pi\ \rho$ falls x eine Variable ist

$M \llbracket\, c(t_1, \ldots, t_n)\, \rrbracket \Pi\ \rho$ gemäß Definition 4.19 für Operations- und Konstruktorsymbole c

$$M \llbracket\, \text{if C then T else E}\, \rrbracket \Pi\ \rho = \begin{cases} M \llbracket\, T\, \rrbracket \Pi\ \rho & \text{falls } EVAL \llbracket\, C\, \rrbracket \Pi\ \rho = TRUE \\ M \llbracket\, E\, \rrbracket \Pi\ \rho & \text{falls } EVAL \llbracket\, C\, \rrbracket \Pi\ \rho = FALSE \\ \infty & \text{sonst} \end{cases}$$

$M \llbracket\, \text{let x = t in s}\, \rrbracket = M \llbracket\, s\, \rrbracket\ \Pi\ [t \leftarrow x]\rho$

Sei $f(x_1 : s_1, \ldots, x_n : s_n) : s = B$ eine in Π definierte Funktion, t_i Terme vom Typ s_i. Dann:

$$M \llbracket\, f(t_1, \ldots, t_n)\, \rrbracket\ \Pi\ \rho =$$
$$M \llbracket\, B\, \rrbracket\ \Pi\ [EVAL \llbracket\, t_1\, \rrbracket \Pi\ \ \rho \leftarrow x_1] \cdots [EVAL \llbracket\, t_n\, \rrbracket \Pi\rho \leftarrow x_n]\rho$$

Abbildung 4.2: Gleichungen für $M(EVAL \llbracket\, t\, \rrbracket)$, $M \in \{LENGTH, SIZE\}$

Ein STYFL-Programm $\Pi = (T, F)$ wird übersetzt nach $\Pi' = (T, F \cup F')$, wobei
$$F' = \{\mathbf{LF} \llbracket\, def\, \rrbracket \,|\, def \in F\}$$
und:

(i) $\mathbf{LF} \llbracket\, f(x_1 : s_1, \ldots, x_n : s_n) : s = B\, \rrbracket\ =\ length\_f(x_1\ :\ s_1, \ldots, x_n\ :\ s_n)\ :\ \mathbf{nat}\ =\ \mathbf{LE} \llbracket\, B\, \rrbracket$

(ii) Für Variablen x: $\mathbf{LE} \llbracket\, x\, \rrbracket\ =\ length(x)$

(iii) Für Typoperationen f. Falls nach Definition 4.18 gilt
$$length(f(x_1, \ldots, x_n)) = \mathcal{F}(length(x_{i_1}), \ldots, length(x_{i_k}))$$
dann $\mathbf{LE} \llbracket\, f(t_1, \ldots, t_n)\, \rrbracket = \mathcal{F}(\mathbf{LE} \llbracket\, t_{i_1}\, \rrbracket, \ldots, \mathbf{LE} \llbracket\, t_{i_k}\, \rrbracket)$

(iv) $\mathbf{LE} \llbracket\, \text{if } c \text{ then } t_1 \text{ else } t_2\, \rrbracket = \text{if } c \text{ then } \mathbf{LE} \llbracket\, t_1\, \rrbracket \text{ else } \mathbf{LE} \llbracket\, t_2\, \rrbracket$

(v) $\mathbf{LE} \llbracket\, \text{let } x = t_1 \text{ in } t_2\, \rrbracket\ =\ \mathbf{LE} \llbracket\, t_2[t_1 \leftarrow x]\, \rrbracket$

(vi) Sei f eine Funktion in F. Dann:
$$\mathbf{LE} \llbracket\, f(t_1, \ldots, t_n)\, \rrbracket\ =\ length\_f(t_1, \ldots, t_n)$$

Abbildung 4.3: Übersetzung in die Maßfunktionen für *length*

> Ein STYFL-Programm $\Pi = (T, F)$ wird übersetzt nach $\Pi' = (T, F \cup F')$, wobei
>
> $\qquad F' = \{\mathbf{SF} [\![\, def \,]\!] \,|\, def \in F\}$
>
> und:
>
> **(i)** $\mathbf{SF} [\![\, f(x_1 : s_1, \ldots, x_n : s_n) : s = B \,]\!] = size\_f(x_1 : s_1, \ldots, x_n : s_n) : \mathbf{nat} = \mathbf{SE} [\![\, B \,]\!]$
>
> **(ii)** Für Variablen x: $\mathbf{SE} [\![\, x \,]\!] = size(x)$
>
> **(iii)** Für Typoperationen f. Falls nach Definition 4.18 gilt
>
> $$size(f(x_1, \ldots, x_n)) = \mathcal{F}(size(x_{i_1}), \ldots, size(x_{i_k}))$$
>
> $\qquad$ dann $\mathbf{SE} [\![\, f(t_1, \ldots, t_n) \,]\!] = \mathcal{F}(\mathbf{SE} [\![\, t_{i_1} \,]\!], \ldots, \mathbf{SE} [\![\, t_{i_k} \,]\!])$
>
> **(iv)** $\mathbf{SE} [\![\, \mathbf{if}\,c\,\mathbf{then}\,t_1\,\mathbf{else}\,t_2 \,]\!] = \mathbf{if}\,c\,\mathbf{then}\,\mathbf{SE} [\![\, t_1 \,]\!]\,\mathbf{else}\,\mathbf{SE} [\![\, t_2 \,]\!]$
>
> **(v)** $\mathbf{SE} [\![\, \mathbf{let}\,x = t_1\,\mathbf{in}\,t_2 \,]\!] = \mathbf{SE} [\![\, t_2[t_1 \leftarrow x] \,]\!]$
>
> **(vi)** Sei f eine Funktion in F. Dann:
>
> $$\mathbf{SE} [\![\, f(t_1, \ldots, t_n) \,]\!] = size\_f(t_1, \ldots, t_n)$$

Abbildung 4.4: Übersetzung in die Maßfunktionen für size

Satz 4.25 (Korrektheit der Übersetzungen)
Sei $\Pi = (T, F)$ ein STYFL-Programm. Das Programm $\Pi' = (T, F \cup F')$ mit

$$F' = \{\mathbf{LF} [\![\, Def \,]\!] \,|\, Def \in F\}$$

bzw. $\Pi'' = (T, F \cup F'')$ mit

$$F'' = \{\mathbf{LF} [\![\, Def \,]\!] \,|\, Def \in F\}$$

sei das in die Maßfunktionen übersetzte Programm. Dann gilt für alle Terme t und Umgebungen ρ:

(a) $\qquad EVAL [\![\, \mathbf{LE} [\![\, t \,]\!] \,]\!] \; \Pi' \, \rho = LENGTH [\![\, t \,]\!] \; \Pi \, \rho$

(b) $\qquad EVAL [\![\, \mathbf{SE} [\![\, t \,]\!] \,]\!] \; \Pi'' \, \rho = SIZE [\![\, t \,]\!] \; \Pi \, \rho$

Beweis: analog zum Induktionsbeweis in Anhang B $\qquad\qquad\blacksquare$

Beispiel 4.26 (Ergänzung zum Beispiel 4.22)
In Beispiel 4.22 wurde gezeigt, daß die Wahl der Abstraktionsfunktion *length* genügt, um Rekurrenzen zu erzeugen. Hier wird nun die Lücke gefüllt, nämlich die entsprechende Analyse der Länge des Ergebnisses. Man muß dazu folgende Ausdrücke analysieren:

Von E_1: $length(cons(a, l)) = 1 + length(l)$ gemäß Abbildung 4.2
Von E_2: $length(cons(b, l)) = 1 + length(l)$ gemäß Abbildung 4.2
Von E_3: $length(cons(b, l)) = 1 + length(l)$ gemäß Abbildung 4.2
Von E_4: $length\_quicksort(selle(l))$,
$\qquad length\_selle(l)$,
$\qquad length\_selgt(l)$

Die rekursive Hülle von $\{selle, selgt, quicksort\}$ ist $\{append, selle, selgt, quicksort\}$. Mittels der Übersetzung aus Abbildung 4.3 und Normalisierung erhält man dann:

```
length_append(l,m) =
    if empty(l) then length(m)
    else 1+length_append(cdr(l),m)

length_selle(l) =
    if empty(l) then 0
    else if b <= a then 1+length_selle(cdr(l))
    else length_selle(cdr(l))

length_selgt(l) =
    if empty(l) then 0
    else if b <= a then length_selgt(cdr(l))
    else 1+length_selgt(cdr(l))

length_quicksort(l)) =
    if empty(l) then 0
    else 1+length_append(quicksort(selle(l)),quicksort(selgt(l)))
```

Dies führt dann zu den Rekurrenzen:

$$\alpha_{0,m} = m$$
$$\alpha_{n+1,m} = 1 + \alpha_{n,m}$$

$$\beta_0 = 0$$
$$\beta_{n+1} = \begin{cases} 1 + \beta_n & \text{falls } b \le a \\ \beta_n & \text{sonst} \end{cases}$$

$$\gamma_0 = 0$$
$$\gamma_{n+1} = \begin{cases} \gamma_n & \text{falls } b \le a \\ 1 + \gamma_n & \text{sonst} \end{cases}$$

$$\delta_0 = 0$$
$$\delta_{n+1} = 1 + \alpha_{\text{length\_quicksort(selle(l))},\text{length\_quicksort(selgt(l))}}$$

Im Gegensatz zu den Zeitgleichungen kann es nun vorkommen, daß die neuen Analysen, wie hier z.B. $length(\texttt{selle(l)})$, schon im gleichen Schritt berücksichtigt wurden (hier z.B. durch β_n). Falls keine neuen Größen analysiert werden müssen, ist man fertig. Man kann nun die entsprechenden Rekurrenzen für die Größen $length(EVAL \; [\![\; \texttt{selle(a,l)} \;]\!])$ usw. einsetzen und erhält dann ein Rekurrenzsystem:

$$a_0 = 4$$
$$a_{n+1} = 10 + a_n$$
$$b_0 = 4$$
$$b_{n+1} = \begin{cases} 15 + b_n & \text{falls b <= a} \\ 12 + b_n & \text{sonst} \end{cases}$$
$$c_0 = 4$$
$$c_{n+1} = \begin{cases} 12 + c_n & \text{falls b <= a} \\ 15 + c_n & \text{sonst} \end{cases}$$

$$d_0 = 4$$

$$d_{n+1} = 19 + a_{\delta_{\beta_n}} + b_n + c_n + d_{\beta_n} + d_{\gamma_n}$$

$$\alpha_{0,m} = m$$

$$\alpha_{n+1,m} = 1 + \alpha_{n,m}$$

$$\beta_0 = 0$$

$$\beta_{n+1} = \begin{cases} 1 + \beta_n & \text{falls } b \le a \\ \beta_n & \text{sonst} \end{cases}$$

$$\gamma_0 = 0$$

$$\gamma_{n+1} = \begin{cases} \gamma_n & \text{falls } b \le a \\ 1 + \gamma_n & \text{sonst} \end{cases}$$

$$\delta_0 = 0$$

$$\delta_{n+1} = 1 + \alpha_{\delta_{\beta_n}, \delta_{\gamma_n}}$$

Kapitel 5

Das Lösen von Rekurrenzen

In diesem Kapitel wird die 2. Phase der Komplexitätsanalyse diskutiert. Nachdem in der ersten Phase Rekurrenzsysteme erzeugt wurden, werden diese in der zweiten Phase gelöst. In einem Vorverarbeitungsschritt werden die einzelnen Rekurrenzen so geordnet, daß sie in der sortierten Reihenfolge bearbeitet werden können. Die Rekurrenzsysteme, die man nach der 1. Phase erhält, enthalten evtl. verschachtelte Rekurrenzen. Lösungen von Rekurrenzen werden dann in die noch nicht gelösten Rekurrenzen eingesetzt. Man kann dann folgende Fälle unterscheiden:

(i) Die Rekurrenz oder das Rekurrenzsystem kann nach Standardmethoden gelöst werden (vgl. Anhang A).

(ii) Die zu lösende Rekurrenz ist eine bedingte Rekurrenz

(iii) Die zu lösende Rekurrenz benutzt bedingte Rekurrenzen

Im 1. Fall werden gängige Lösungsverfahren verwendet (direkte Aufsummierung, die Methode der erzeugenden Funktionen, Fundamentalsysteme über die Nullstellen der charakteristischen Polynome, Eigenwerte des Hauptpolynoms der Matrix eines Rekurrenzsystems), die im Anhang A beschrieben sind. Mit Ausnahme der Verfahren für inhomogene Rekurrenzsysteme, handelt es sich um bekannte Verfahren aus [Hen64, GKP89]. Für den Fall der inhomogenen Rekurrenzsysteme war eine Übertragung aus der Theorie der Lösung von inhomogenen Differentialgleichungssystem nach [Wal76] notwendig.

Im 2. Fall hat man unendlich viele Lösungen. Es müssen untere und obere Schranken für *alle* Lösungen gefunden werden. Außerdem ist es sinnvoll, den mittleren Fall zu bestimmen. Dazu müssen Wahrscheinlichkeiten dafür berechnet werden, daß die in der bedingten Rekurrenz vorkommenden Bedingungen wahr werden. Die Methoden zur Berechnung dieser Wahrscheinlichkeiten werden in Kapitel 6 eingeführt.

Im 3. Fall muß eine zusätzliche Betrachtung durchgeführt werden. Bei gleichen Parametern zweier oder mehrerer bedingter Rekurrenzen *innerhalb* einer rekursiven Definition, die die selben Bedingungen haben, muß geprüft werden, ob diese voneinander abhängen (z.B. hängen in *quicksort* die Länge von *selle(a,l)* und die Länge von *selgt(a,l)* voneinander ab). Entsprechend des Ergebnisses werden Parameter i_j bestimmt, die dann als Lösung für die bedingten

Rekurrenzen eingesetzt werden. Der 2. Fall liefert dabei untere und obere Schranken für die Parameter, die Abhängigkeitsanalysen Nebenbedingungen für die Parameter (i.a. ergeben Linearkombinationen der Parameter Funktionen von n). Man erhält also für jede mögliche Wahl der Parameter andere Rekurrenzen. Die so erhaltenen Gleichungen werden daher als *Rekurrenzfamilie* bezeichnet. Rekurrenzfamilien haben i.a. ebenfalls unendlich viele Lösungen, daher müssen die gleichen Betrachtungen wie bei bedingten Rekurrenzen durchgeführt werden.

In diesem Kapitel werden hauptsächlich die Methoden für die Abschätzung der Lösungen und die Bestimmung der mittleren Lösung von bedingten Rekurrenzen und Rekurrenzfamilien diskutiert, da es sich hierbei um Verallgemeinerungen gewöhnlicher Rekurrenzen handelt.

Im ersten Abschnitt werden grundlegende Begriffe diskutiert. Im zweiten Abschnitt wird der Vorverabeitungsschritt diskutiert, im dritten Abschnitt werden bedingte Rekurrenzen behandelt, im vierten Abschnitt wird die Abhängigkeitsanalyse eingeführt und im fünften Abschnitt werden Rekurrenzfamilien diskutiert.

5.1 Grundlegende Begriffe

Dieser Abschnitt ist in zwei Teilabschnitte unterteilt. Im ersten werden die Begriffe bezüglich Rekurrenzen, Rekurrenzsysteme, bedingte Rekurrenzen und Rekurrenzfamilien definiert, insbesondere müssen Lösungsbegriffe für bedingte Rekurrenzen und Rekurrenzfamilien eingeführt werden. Im zweiten Abschnitt werden arithmetische Ausdrücke definiert. Es handelt sich dabei im wesentlichen um die üblichen Operationen einschließlich des natürlichen Logarithmus.

5.1.1 Rekurrenzen, Systeme von Rekurrenzen und Rekurrenzfamilien

Definition 5.1 (Rekurrenz, System von Rekurrenzen)
Eine Menge von Gleichungen
$$\{a_i^{(j)} \;=\; \gamma_i^{(j)} \mid 0 \le i \le r-1, 1 \le j \le m\}$$
$$\cup\{a_{n+r}^{(j)} \;=\; f_j(a_{n+r-1}^{(1)},\ldots,a_{n+r-1}^{(m)},\ldots,a_n^{(1)},\ldots,a_n^{(m)},n) \mid 1 \le j \le m\}$$
heißt ein *System von Rekurrenzen der Ordnung r*. Ist $m = 1$, so spricht man von einer *Rekurrenz der Ordnung r*. Falls alle f_j linear in $a_{n+r-1}^{(1)},\ldots,a_{n+r-1}^{(m)},\ldots,a_n^{(1)},\ldots,a_n^{(m)}$ sind, so heißt das System von Rekurrenzen *linear*. Falls alle f_j von der Gestalt

$$f_j = \sum_{i=0}^{r-1}\sum_{k=1}^{m} c_i^{(j,k)}\, a_{n+i}^{(k)} + b_n^{(k)} \qquad\qquad c_i^{(j,k)} \in \mathbf{R}$$

sind, dann heißt das System von Rekurrenzen *linear mit konstanten Koeffizienten*, ist $b_n^{(k)} = 0$ für alle k, so spricht man von einem *homogenen* System, ansonsten von einem *inhomogenen* System von Rekurrenzen.

Ein Vektor

$$\begin{pmatrix} g_1(n) \\ \vdots \\ g_m(n) \end{pmatrix}$$

heißt *Lösung* des Systems von Rekurrenzen, wenn für alle $1 \leq j \leq m$ gilt:

$$g_j(i) \;=\; \gamma_i^{(j)} \text{ für alle } 0 \leq i \leq r-1$$
$$g_j(n+r) \;=\; f_j(g_1(n+r-1),\ldots,g_m(n+r-1),\ldots,g_1(n),\ldots,g_m(n),n)$$

■

Oft ergeben sich bei der Komplexitätsanalyse lineare Rekurrenzen oder Rekurrenzsysteme mit konstanten Koeffizienten.

Definition 5.2 (Bedingte Rekurrenzen)

Die Menge der $r + 1$ Gleichungen der Form

$$a_i \;=\; c_i \text{ für } 0 \leq i \leq r-1$$

$$a_{n+r} \;=\; \begin{cases} f^{(1)}(a_{n+r-1},\ldots,a_n,n) & \text{falls } cond_1 \\ \quad\vdots & \quad\vdots \\ f^{(k-1)}(a_{n+r-1},\ldots,a_n,n) & \text{falls } cond_{k-1} \\ f^{(k)}(a_{n+r-1},\ldots,a_n,n) & \text{sonst} \end{cases}$$

heißt *bedingte Rekurrenz der Ordnung* r. Die Bedingungen $cond_j$ sind binäre Zufallsvariablen, die die Werte *true* bzw. *false* annehmen können. Es kann *höchstens* eine der Zufallsvariablen gleichzeitig den Wert *true* annehmen. Jeder Rekursionschritt bedeutet eine neue Zuweisung an die Zufallsvariablen.

Die Begriffe lineare bedingte Rekurrenz, lineare bedingte Rekurrenz mit konstanten Koeffizienten, homogene bedingte Rekurrenz und inhomogene bedingte Rekurrenz sind entsprechend Definition 5.1 definiert.

Eine Funktion $g : \mathbf{N} \to \mathbf{R}$ heißt *Lösung* der bedingten Rekurrenz, wenn für alle $n \in \mathbf{N}$ $g(n)$ eine *n-Lösung* ist. $g(n)$ heißt *n-Lösung* genau dann, wenn gilt:

(i) $g(n) = c_n$, falls $n < r$

(ii) Es gibt ein i, $1 \leq i \leq m$ mit:

$$g(n) = f^{(i)}(g(n-1),\ldots,g(n-r))$$

und $g(n-1)$ ist $n-1$-Lösung,$\ldots$, $g(n-r)$ ist $n-r$-Lösung

■

Eine Funktion $g(n)$ ist also dann Lösung einer bedingten Rekurrenz, wenn $g(n)$ durch beliebige Auswahl eines der $f^{(i)}$ in jedem Schritt (unabhängig von der Auswahl in den vorigen Schritten) entsteht.

Eine andere Verallgemeinerung von Rekurrenzen sind die Rekurrenzfamilien:

Definition 5.3 (Rekurrenzfamilien)
Eine Menge von parametrisierten Gleichungen

$$\{a_0 \;=\; c_0\} \cup$$
$$\{a_{n+1} \;=\; f(a_{g_1(i_1,\ldots,i_k,n)}, \ldots, a_{g_{k+1}(i_1,\ldots,i_k,n)}) \mid k \geq 1, r_n^{(l)} \leq i_l \leq s_n^{(l)}\}$$

mit der Eigenschaft

$$0 \leq g_j(i_1,\ldots,i_k,n) \leq n \text{ für alle } r_n^{(l)} \leq i_l \leq s_n^{(l)}$$

heißt eine *Rekurrenzfamilie*.

Eine Funktion $h : \mathbf{N} \to \mathbf{R}$ heißt *Lösung* der Rekurrenzfamilie, wenn für alle $n \in \mathbf{N}$ der Wert $h(n)$ eine n-Lösung der Rekurrenzfamilie ist. Der Wert $h(n)$ heißt n-*Lösung* der Rekurrenzfamilie, wenn gilt:

(i) $h(0) = c_0$ ist 0-Lösung

(ii) $h(n+1)$ ist $n+1$-Lösung, wenn gilt:

$$h(n) = f(h(g_1(i_1,\ldots,i_k,n)),\ldots,h(g_{k+1}(i_1,\ldots,i_k,n)))$$

für ein $(i_1,\ldots,i_k) \in [r_n^{(1)}, s_n^{(1)}] \times \cdots \times [r_n^{(k)}, s_n^{(k)}]$, und für alle $1 \leq j \leq k+1$:

$$h(g_j(i_1,\ldots,i_k,n)) \text{ ist } g_j(i_1,\ldots,i_k,n)\text{-Lösung}$$

■

Eine Rekurrenzfamilie erhält man beispielsweise in der Analyse von *divide-and-conquer*-Programmen wie etwa *Quicksort*. Das folgende Beispiel verdeutlicht den Lösungsbegriff für Rekurrenzfamilien:

Beispiel 5.4 (Quicksort, Rekurrenzfamilie)
Die Rekurrenzfamilie, die man bei der Analyse von *Quicksort* erhält, ist

$$d_0 \;=\; 4$$
$$d_{n+1} \;=\; 31 + 10\,i + 27\,n + d_i + d_{n-i}, \quad ,0 \leq i \leq n$$

Dann ist z.B $d_5 = 371$ eine 5-Lösung dieser Rekurrenzfamilie:

Es ist

$$d_5 = 31 + 10 \cdot 2 + 27 \cdot 4 + d_2 + d_2 = 159 + d_2 + d_2$$

Weiter ist sowohl $d_2 = 111$, als auch $d_2 = 101$ eine 2-Lösung. Also erhält man dann $d_5 = 371$. Generell gilt: $d_0 = 4$ ist 0-Lösung und $d_1 = 39$ ist 1-Lösung, denn

$$d_1 = 31 + 2\,d_0$$

Die beiden 2-Lösungen erhält man dann durch:

$$d_2 = 31 + 10 \cdot 1 + 27 \cdot 1 + d_1 + d_0 = 68 + d_1 + d_0$$

bzw. durch:

$$d_2 = 31 + 10 \cdot 0 + 27 \cdot 1 + d_0 + d_1 = 58 + d_0 + d_1$$

Eine Lösung der Rekurrenzfamilie erhält man z.B. dadurch, daß man stets in jedem Schritt $i = n - 1$ wählt. Dann liefert also die Lösung der Rekurrenz 2-ter Ordnung

$$
\begin{aligned}
d_0 &= 4 \\
d_1 &= 39 \\
d_{n+1} &= 37\, n + 60 + d_{n-1}
\end{aligned}
$$

eine Lösung der Rekurrenzfamilie. Also ist

$$d_n = \frac{37}{4}\, n^2 + 30\, n + \frac{15}{8} + \frac{17}{8}\, (-1)^n$$

eine Lösung der Rekurrenzfamilie.

Eine weitere Lösung der Rekurrenzfamilie kann man auch erhalten, indem man stets $i = n$ wählt. Man erhält dann die Rekurrenz 1-ter Ordnung

$$
\begin{aligned}
d_0 &= 4 \\
d_{n+1} &= 37\, n + 35 + d_n
\end{aligned}
$$

die zur Lösung $d_n = 18.5\, n^2 + 53.5\, n + 4$ führt. Bei dieser Lösung handelt es sich um die "größte" Lösung der Rekurrenzfamilie, da die Wahl von $i = n$ zur langsamsten Reduktion auf die Basis führt. ∎

5.1.2   Arithmetische Ausdrücke

Im diesem Teilabschnitt wird der Begriff der arithmetischen Terme definiert, so daß Lösungen von Rekurrenzsystemen, Rekurrenzen, bedingten Rekurrenzen und Rekurrenzfamilien gerade solche arithmetischen Ausdrücke sind. Um den Begriff "kleinste" bzw. "größte" Lösung zu definieren wird eine Ordnung auf diesen arithmetischen Ausdrücken definiert.

Arithmetische Ausdrücke sind aufgebaut aus Variablen, reellen Zahlen, den Grundoperationen $+, -, /, \cdot$, sowie der Exponentiation und dem Logarithmus.

Definition 5.5 (Arithmetische Ausdrücke)
Sei X eine Menge von Symbolen, den *Variablen*, wobei die Symbole $+, -, /, \cdot, e$ und $\log$ nicht in X vorkommen. Die Menge der arithmetischen Ausdrücke $\mathcal{A}(X)$ über den Variablen X ist dann die kleinste Menge mit den Eigenschaften:

(i) $X \subseteq \mathcal{A}(X)$

(ii) $\mathbf{R} \subseteq \mathcal{A}(X)$

(iii) Ist $a \in \mathcal{A}(X)$, so sind auch $\log a, e^a \in \mathcal{A}(X)$

(iv) Ist $x \in X$, so ist $(-1)^x \in \mathcal{A}(X)$

(v) Ist $a, b \in \mathcal{A}(X)$, so ist auch $a + b, a - b, a \cdot b, a/b \in \mathcal{A}(X)$ ∎

Für arithmetische Ausdrücke gelten die üblichen mathematischen Umformungen und Notationen wie etwa $(-1) \cdot a = -a$, $a + (-b) = a - b$, $c^x = e^{\log c \cdot x}$ usw.

Die Ordnung auf den arithmetischen Ausdrücken ist asymptotisch und daher keine Totalordnung, d.h. zwei Terme können auch unvergleichbar sein. Die Ordnung wird nur für Ausdrücke über einer Variablen definiert, da es prinzipiell unmöglich ist Ausdrücke wie etwa $n^2 \cdot m$ und $n \cdot m^2$ miteinander zu vergleichen.

Definition 5.6 (Ordnung auf arithmetischen Ausdrücken)
Sei $X = \{n\}$, $a, b \in \mathcal{A}(X)$. Die Ausdrücke a und b sind geordnet durch:

$$a \prec b :\Leftrightarrow \exists n_0 \in \mathbf{N} \; \forall n \geq n_0 : a(n) \leq b(n)$$

wobei die Notation $a(n)$ bzw. $b(n)$ bedeutet, daß die Variable in a bzw. b durch den Wert $n \in \mathbf{N}$ ersetzt wird. ∎

Die hier definierte Ordnung ist keine Totalordnung, da z.B. $(-1)^n$ und 0 unvergleichbar sind, d.h. es gilt weder $(-1)^n \prec 0$ noch $0 \prec (-1)^n$. Die Relation $\prec$ erfüllt jedoch die Eigenschaften einer Präordnungsrelation, d.h. die Transitivität und die Reflexivität.

Satz 5.7 ($\prec$ ist Präordnung)
Die in Def. 5.6 definierte Relation $\prec$ ist eine Präordnung auf den arithmetischen Ausdrücken $\mathcal{A}(X)$.

Beweis:
(i) Reflexivität: trivial
(ii) Transitivität: Sei $a \prec b$ und $b \prec c$. Dann existiert ein $n_0 \in \mathbf{N}$, so daß für alle $n \geq n_0$ gilt: $a(n) \leq b(n)$.

Weiter existiert ein $m_0 \in \mathbf{N}$, so daß für alle $m \geq m_0$ gilt: $b(m) \leq c(m)$

Sei nun $k_0 := \max(n_0, m_0)$. Dann gilt für alle $k \geq k_0$:

$$a(k) \leq b(k) \text{ und } b(k) \leq c(k)$$

denn es ist sowohl $k \geq n_0$, als auch $k \geq m_0$. Da $\leq$ auf den reellen Zahlen transitiv ist gilt auch: $a(k) \leq c(k)$ und somit $a \prec c$. ∎

Die beiden folgenden Lemmata sind nützlich, um zu zeigen, daß zwei arithmetische Ausdrücke a und b durch $a \prec b$ geordnet sind.

Lemma 5.8
Sei $a, b \in \mathcal{A}(\{n\})$ und $b \succ 0$. Gilt

$$\lim_{n \to \infty} \frac{a(n)}{b(n)} < 1$$

so ist $a \prec b$.

Beweis:
Sei

$$\lim_{n\to\infty} \frac{a(n)}{b(n)} = c < 1$$

Dann existiert für jedes $\varepsilon > 0$ ein $n_0 \in \mathbf{N}$ mit:

$$\forall n \geq n_0 : \left|\frac{a(n)}{b(n)} - c\right| < \varepsilon$$

Dies gilt also insbesondere für $\varepsilon = 1 - c$. Somit erhält man:

$$\frac{a(n)}{b(n)} - c \leq \left|\frac{a(n)}{b(n)} - c\right| \leq 1 - c \Leftrightarrow a(n) \leq b(n)$$

Also gilt $a \prec b$. ∎

Lemma 5.9
Sei $a, b \in \mathcal{A}(\{n\})$, wobei $0 \prec a, b$. Gilt:

$$\lim_{n\to\infty} \frac{1}{a(n) - b(n)} < 1$$

so ist $a \succ b$.

Beweis:
Nach Lemma 5.8 ist $1 \prec a - b$, d.h. ab einem gewissen n_0 gilt für alle $n \geq n_0$: $1 \leq a(n) - b(n)$ und somit $a(n) \geq b(n) + 1 \geq b(n)$. Also ist $a \succ b$. ∎

Die Lemmata 5.8 und 5.9 implizieren sofort die folgenden Eigenschaften, die als Grundlage einer Implementierung der Relation $\prec$ herangezogen werden können:

(i) $n^k \prec n^l \Leftrightarrow k \leq l$ für $k, l \in \mathbf{R}$.

(ii) $(-1)^n$ ist unvergleichbar mit allen $c \in \mathbf{R}$, für die gilt $|c| < 1$.

(iii) $n^k \prec e^n$ für alle $k \in \mathbf{R}$.

(iv) $\log n \prec n^k$ für alle $k > 0$ und $n^k \prec \log n$ für alle $k \leq 0$.

(v) $n^k \prec l$ für alle $k < 0$ und $l > 0$ und $l \prec n^k$ für alle $k > 0$ und $l > 0$

(vi) Falls $a \prec b$ und $c \prec d$ gilt, ist auch $a + c \prec b + d$. Sofern $a, b \succ 0$ gilt, ist auch $a \cdot c \prec b \cdot d$.

(vii) Falls $a \prec b$ gilt, so gilt auch $\log a \prec \log b$, $e^a \prec e^b$ und $a^k \prec b^k$ falls $k \geq 0$, sowie $a^k \succ b^k$, falls $k < 0$.

Einige abschließende Bemerkungen beziehen sich auf die Komplexitätsanalyse. Wenn man sich daran erinnert, daß man Rekurrenzen (bedingte Rekurrenzen, Rekurrenzfamilien) betrachtet, die sich aus der Komplexitätsanalyse ergeben, so gilt stets für deren Lösungen a_n: $a_n \geq 0$ für alle $n \in \mathbf{N}$, denn eine negative Zeitdauer würde keinen Sinn ergeben.

Desweiteren gilt für Funktionen mit nicht konstantem Zeitaufwand, d.h. mit einem Zeitaufwand der größer als $O(1)$ ist, daß sie partiell monoton wachsend sind, d.h. für jede Lösung

a_n der entsprechenden Rekurrenz (Rekurrenzfamilie, bedingte Rekurrenz) gilt für alle $n \in \mathbf{N}$, daß es ein $m > n$ gibt, so daß $a_n < a_m$ gilt.

Betrachtet man schließlich zwei Rekurrenzen

$$
\begin{aligned}
a_{n+r} &= f_1(a_{n+r-1}, \ldots, a_n) \\
b_{n+r} &= f_2(b_{n+r-1}, \ldots, b_n) \\
a_i &\geq b_i \text{ für } 0 \leq i < r
\end{aligned}
$$

und gilt $f_1 - f_2 \succ 0$, dann gilt für die entsprechenden Lösungen a_n und b_n: $a_n \succ b_n$. Diese Tatsache ergibt sich aus den obigen Lemmata.

5.2 Vorverarbeitung

In einem Vorverarbeitungsschritt werden die Rekurrenzen in dem Rekurrenzsystem, das man nach der ersten Phase erhält, so geordnet, daß man sie nacheinander analysieren kann. Dabei werden verschränkt rekursive Rekurrenzen auf einmal analysiert. Die Vorgehensweise ist folgendermaßen:

Es wird eine Relation a_n *benutzt* b_n definiert, die zutrifft wenn in der Definition von a_n die Folge b_n benutzt wird. Dann muß i.a. b_n vor a_n analysiert werden. Basierend auf der *benutzt* - Relation wird ein gerichteter Graph, der *Benutzt-Graph* aufgebaut, dessen Kanten gerade der inversen *benutzt* -Relation entsprechen. Maximale strenge Zusammenhangskomponenten ergeben dann diejenigen Rekurrenzen, die zusammen analysiert werden *müssen*. Der Benutzt-Graph wird dann abgebildet auf den *Abarbeitungsgraph*, dessen Knoten gerade die strengen Zusammenhangskomponenten des Benutzt-Graphes sind, und dessen Kanten von den Kanten des Benutzt-Graphen vererbt werden. Dieser Graph kann z.B. mit Hilfe von Algorithmus 5.4 aus [AHU74] konstruiert werden. Der Abarbeitungsgraph ist azyklisch und definiert daher eine Halbordnung, die topologisch sortiert [AHU83] werden kann, um die Reihenfolge der Abarbeitung festzulegen.

Definition 5.10 (*benutzt* **-Relation, Benutzt–Graph)**
Sei

$$\{a^{(i)}_{n+r_i} = \mathcal{R}_i \mid 1 \leq i \leq m\} \tag{5.1}$$

ein Rekurrenzsystem[1]. Die *benutzt-Relation* ist definiert durch:

$$a^{(i)}_n \text{ benutzt } a^{(j)}_n :\Leftrightarrow i \neq j \wedge a^{(j)}_{\mathcal{F}(n)} \text{ kommt in der rechten Seite } \mathcal{R}_i \text{ vor}$$

Der *Benutzt-Graph* des Rekurrenzsystems (5.1) ist ein gerichteter Graph $G = (V, E)$, der durch folgende Knotenmenge V und Kantenmenge E definiert ist:

$$
\begin{aligned}
V &= \{a^{(i)}_n \mid 1 \leq i \leq m\} \\
E &= \{(x, y) \mid y \text{ benutzt } x\}
\end{aligned}
$$

Eine *strenge Zusammenhangskomponente* eines gerichteten Graphen $G = (V, E)$ ist ein Graph $G' = (V', E')$, wobei für alle $v, w \in V$ es einen Pfad von v nach w in G' gibt. Eine strenge Zusammenhangskomponente G' heißt *maximal*, wenn es keine strenge Zusammenhangskomponente $(\overline{V}, \overline{E})$ von G gibt mit $V' \subsetneqq \overline{V}$ und $E' \subsetneqq \overline{E}$. Nach [AHU74] gibt es eine eindeutige Zerlegung von $V = V_1 \uplus \cdots \uplus V_k$, so daß (V_i, E_i) für alle $1 \leq i \leq k$ eine maximale strenge Zusammenhangskomponente ist. $\blacksquare$

---

[1] $\mathcal{R}_i$ ist eine rechte Seite einer Rekurrenz. $\mathcal{F}(n)$ ist ein Term der n enthält

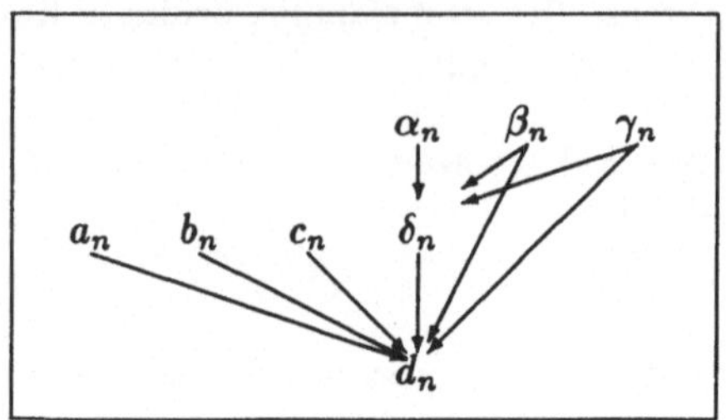

Abbildung 5.1: Benutzt-Graph aus Beispiel 4.26

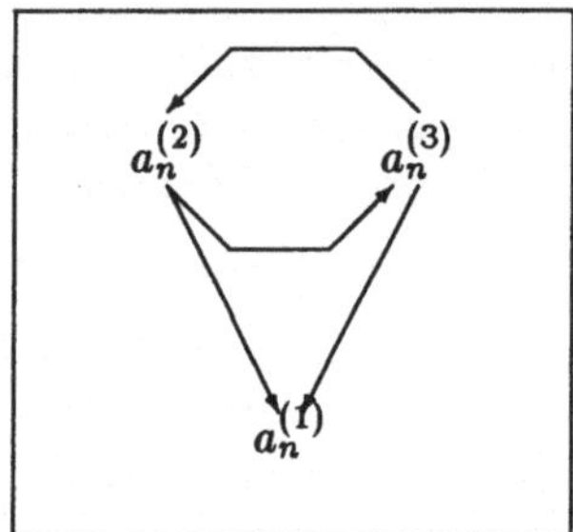

Abbildung 5.2: Benutzt-Graph aus Beispiel 4.23

Die Benutzt–Graphen der Rekurrenzsysteme von *Quicksort* (vgl. Beispiel 4.26 und von *Parser*
(vgl. Beispiel 4.23 sind in den Abbildungen 5.1 bzw. 5.2 angegeben. Beim Differenzieren (vgl.
Beispiel 4.24) erhält man nur einen Knoten.

Wie man sieht gibt es in Abbildung 5.2 eine zyklische Abhängigkeit zwischen $a_n^{(2)}$ und $a_n^{(3)}$.
Diese beiden Rekurrenzen müssen daher parallel analysiert werden. Faßt man diese beiden Rekurrenzen zusammen, so erhält man eine maximale strenge Zusammenhangskomponente des
Benutzt–Graphen. Allgemein ergeben sich aus den Knoten in den maximalen strengen Zusammenhangskomponenten die Rekurrenzen, die zusammen (also als echtes Rekurrenzsystem)
gelöst werden müssen. Den Graph, dessen Knoten die strengen Zusammenhangskomponenten
sind und dessen Kanten vom Benutzt–Graph vererbt werden, nennen wir *Abarbeitungsgraph*,
da dieser die Reihenfolge der Abarbeitung der Rekurrenzen festlegt.

Definition 5.11 (Abarbeitungsgraph)
Sei

$$\{a_{n+r}^{(i)} = \mathcal{R}_i \mid 1 \leq i \leq m\} \tag{5.2}$$

ein Rekurrenzsystem und $G = (V, E)$ der Benutzt–Graph des Rekurrenzsystems (5.2). Der
Abarbeitungsgraph des Rekurrenzsystems (5.2) ist ein Graph $\mathcal{G} = (\mathcal{V}, \mathcal{E})$ mit

$$\mathcal{V} = \{\overline{V} \mid (\overline{V}, \overline{E}) \text{ ist max. strenge Zusammenhangskomp. von } G\}$$
$$\mathcal{E} = \{(V_1, V_2) \mid \exists v_1 \in V_1 \exists v_2 \in V_2 : (v_1, v_2) \in E\}$$

Der Abarbeitungsgraph $\mathcal{G}$ ist azyklisch [AHU74] und definiert daher eine Abarbeitungsreihenfolge. Das Rekurrenzsystem kann also folgendermaßen gelöst werden.

Algorithmus *solve_recurs*
Eingabe: Rekurrenzsystem $R = \{a_{n+r}^{(i)} = \mathcal{R}_i \mid 1 \leq i \leq m\}$
Ausgabe: Lösungen $\{a_n^{(i)} = f_i(n) \mid 1 \leq i \leq m\}$ des Rekurrenzsystems (5.2)

1. Erzeuge Abarbeitungsgraph $\mathcal{G} = (\mathcal{V}, \mathcal{E})$ nach [AHU74].
2. Solange $\mathcal{V} \neq \emptyset$:

   (a) wähle ein minimales $V \in \mathcal{V}$;

   (b) $\mathcal{V} := \mathcal{V} \setminus \{V\}$;

   (c) $\mathcal{E} := \mathcal{E} \setminus \{(V, V') \mid (V, V') \in \mathcal{E}\}$;

   (d) $R' := \{a_{n+r} = \mathcal{R} \mid a_n \in V, \; a_{n+r} = \mathcal{R} \in R\}$;

   (e) $R := R \setminus R'$;

   (f) Löse R'.

   (g) Substituiere die Lösungen von R' in R

In den folgenden Abschnitten werden die Schritte (2.f) und (2.g) präzisiert.

5.3 Bedingte Rekurrenzen

Da bedingte Rekurrenzen i.a. keine eindeutige Lösung, sondern eine ganze Menge von Lösungen besitzen, ermittelt man hier den schlechtesten Fall, d.h. einen arithmetischen Term, der nicht kleiner als eine der Lösungen ist, den besten Fall (dual zum schlechtesten Fall einen arithmetischen Term, der nicht größer als eine der Lösungen ist), sowie den mittleren Fall, dem eine Unabhängigkeitsannahme, sowie eine Verteilungsannahme zugrundegelegt sind. In diesem Abschnitt werden ausschließlich lineare inhomogene bedingte Rekurrenzen mit konstanten Koeffizienten behandelt, d.h. wir betrachten bedingte Rekurrenzen der Form

$$a_i = \gamma_i \; 0 \leq i < r$$

$$a_{n+r} = \begin{cases} h_1(n) + c_{r-1}^{(1)} a_{n+r-1} + \cdots + c_0^{(1)} a_n & \text{falls } cond_1 \\ \quad\quad\quad\quad\vdots & \quad\vdots \\ h_m(n) + c_{r-1}^{(m)} a_{n+r-1} + \cdots + c_0^{(m)} a_n & \text{falls } cond_m \end{cases} \qquad (5.3)$$

5.3.1 Der beste und der schlechteste Fall

Wir betrachten zuerst die Lösung der speziellen bedingten Rekurrenz

$$
\begin{aligned}
a_i &= \gamma_i \qquad\qquad 0 \le i < r \\
a_{n+r} &= \begin{cases}
h_1(n) + c_{r-1}\, a_{n+r-1} + \cdots + c_0\, a_n & \text{falls } cond_1 \\
\qquad\qquad\vdots & \vdots \\
h_m(n) + c_{r-1}\, a_{n+r-1} + \cdots + c_0\, a_n & \text{falls } cond_m
\end{cases} \\
& h_i(n) \text{ monoton wachsend für alle } 1 \le i \le m
\end{aligned}
\tag{5.4}
$$

und zeigen dann, wie man den allgemeinen Fall (5.3) löst. Um den speziellen Fall (5.4) zu
lösen, ordnet man zuerst die $h_i(n)$ gemäß der Ordnung $\prec$ (Definition 5.6). Seien $h_{\min}(n)$ und
$h_{\max}(n)$ das minimale bzw. maximale $h_i(n)$. Eine minimale bzw. maximale Lösung von (5.4)
erhält man dann, wenn man ab einem $n_0 \in \mathbf{N}$ bzw. $n_1 \in \mathbf{N}$ stets den Zweig mit $h_{\min}(n)$ bzw.
$h_{\max}(n)$ wählt. Die Zahlen n_0 und n_1 bestimmen sich aus Definition 5.6:

$$
\begin{aligned}
n_0 &:= \min\{n \mid \forall k \ge n \forall 1 \le i \le m : h_{\min}(k) \le h_i(k)\} \\
n_1 &:= \min\{n \mid \forall k \ge n \forall 1 \le i \le m : h_{\max}(k) \ge h_i(k)\}
\end{aligned}
$$

Im folgenden wird nur der beste Fall betrachtet. Den schlechtesten Fall behandelt man dual
zum besten Fall. Der Lösungsalgorithmus lautet also:

Algorithmus *best_case_cond*
Eingabe: Bedingte Rekurrenz (5.4)
Ausgabe: Folge b_n, wobei b_n untere Schranke für alle Lösungen von (5.4) ist.

1. $h(n) := \min\{h_1(n), \ldots, h_m(n)\}$;

2. $n_0 := \max\{n \mid \exists 1 \le i \le m : h(n) > h_i(n)\}$;

3. Für $0 \le n < r$:

$$b_n := \gamma_n$$

4. Für $r \le n + r \le n_0$:

$$b_{n+r} := \min\{h_i(n) + c_{r-1}\, b_{n+r-1} + \cdots + c_0\, b_n \mid 1 \le i \le m\}$$

5. Löse

$$b_{n+r} = h(n) + c_{r-1}\, b_{n+r-1} + \cdots + c_0\, b_n$$

mit den Basisfällen $b_{n_0}, \ldots, b_{n_0-r+1}$.

$\blacksquare$

Satz 5.12 (Korrektheit von Algorithmus *best_case_cond*)
Die in Algorithmus *best_case_cond* bestimmte Folge b_n ist eine untere Schranke für alle Lösungen von (5.4).

Beweis: durch Induktion über n.

INDUKTIONSANFANG: Für $n \le n_0$ ist $b_n \le a_n$ wegen (3) und (4) für alle n-Lösungen a_n von (5.4).

INDUKTIONSANNAHME: Es gelte für $0 \leq i < r$: $b_{n+i} \leq a_{n+i}$ für jede $n + i$-Lösung a_{n+i} von (5.4).

INDUKTIONSSCHRITT: Zu zeigen $b_{n+r} \leq a_{n+r}$ für jede $n + r$-Lösung a_{n+r} von (5.4). Es gilt:

$$
\begin{aligned}
b_{n+r} &= h(n) + c_{r-1}\, b_{n+r-1} + \cdots + c_0\, b_n \quad &&\text{(Schritt (5))} \\
&\leq h(n) + c_{r-1}\, a_{n+r-1} + \cdots + c_0\, a_n \quad &&\text{(Induktionsannahme)} \\
&\leq h_j(n) + c_{r-1}\, a_{n+r-1} + \cdots + c_0\, a_n \quad &&\text{(Schritt (1), } n \geq n_0)
\end{aligned}
$$

für alle $1 \leq i \leq m$ und $n + i$-Lösung a_{n+i}. Da $a_{n+r} = h_j(n) + c_{r-1}\, a_{n+r-1} + \cdots c_0\, a_n$ eine $n + r$-Lösung ist gilt $b_{n+r} \leq a_{n+r}$ für alle $n + r$-Lösungen a_{n+r} von (5.4). ∎

Die weitere Aufgabe besteht nun darin, die bedingte Rekurrenz (5.3) durch eine bedingte Rekurrenz der Form (5.4) so abzuschätzen, daß jede untere Schranke für die Lösungen von (5.4) auch eine untere Schranke für die Lösungen von (5.3) ist. Umgekehrt muß für den schlechtesten Fall die bedingte Rekurrenz (5.3) durch eine bedingte Rekurrenz der Form (5.4) so abgeschätzt werden, daß jede obere Schranke für die Lösungen von (5.4) auch eine obere Schranke für die Lösungen von (5.3) ist. Zuerst werden Abschätzungen für unbedingte Rekurrenzen diskutiert:

Lemma 5.13 (Abschätzung von Lösungen von Rekurrenzen)
Sei

$$
\begin{aligned}
a_i &= \gamma_i, \quad 0 \leq i < r \\
a_{n+r} &= h(n) + \sum_{j=0}^{r-1} c_j\, a_{n+j}
\end{aligned}
$$

eine Rekurrenz mit den Eigenschaften:

(i) $\gamma_i \geq 0$ für alle $0 \leq i < r$.

(ii) $c_j \geq 0$ für alle $0 \leq j < r$.

(iii) $h(n) \geq 0$ für alle $n \in \mathbf{N}$.

Sei

$$
\begin{aligned}
b_i &= \delta_i, \quad 0 \leq i < r \\
b_{n+r} &= k(n) + \sum_{j=0}^{r-1} d_j\, b_{n+j}
\end{aligned}
$$

eine weitere Rekurrenz mit den Eigenschaften:

(iv) $0 \leq \delta_i \leq \gamma_i$ für alle $0 \leq i < r$.

(v) $0 \leq d_j \leq c_j$ für alle $0 \leq j < r$.

(vi) $0 \leq k(n) \leq h(n)$ für alle $n \in \mathbf{N}$.

Dann gilt für alle $n \in \mathbf{N}$: $b_n \leq a_n$.

Beweis: Induktion über n
INDUKTIONSANFANG: Für $n < r$ gilt: $b_n = \delta_n \leq \gamma_n = a_n$.

INDUKTIONSANNAHME: Es gelte für $0 \leq i < r$: $b_{n+i} \leq a_{n+i}$.

INDUKTIONSSCHRITT: Zu zeigen: $b_{n+r} \leq a_{n+r}$.

Aufgrund der Voraussetzungen (i)-(vi) gilt für alle $n \in \mathbf{N}$: $a_n \geq 0$ und $b_n \geq 0$. Dann ist

$$
\begin{aligned}
b_{n+r} &= k(n) + d_{r-1}\, b_{n+r-1} + \cdots + d_0\, b_n \\
&\leq h(n) + d_{r-1}\, b_{n+r-1} + \cdots + d_0\, b_n \quad \text{(vi)} \\
&\leq h(n) + d_{r-1}\, a_{n+r-1} + \cdots + d_0\, a_n \quad \text{(Induktionsannahme)} \\
&\leq h(n) + c_{r-1}\, a_{n+r-1} + \cdots + c_0\, a_n \quad ((\text{v}), a_{n+j} \geq 0)
\end{aligned}
$$

Letzteres ist gerade a_{n+r}, was den Beweis abschließt. ∎

Da die $h_i(n)$ in der bedingten Rekurrenz (5.3) sich als Summe von Komplexitäten von Funktionen ergeben, gilt stets $h_i(n) \geq 0$ und $h_i(n)$ partiell monoton wachsend. Man kann also die $h_i(n)$ nach unten bzw. oben durch monoton wachsende Funktionen $\bar{h}_i(n)$ bzw. $\hat{h}_i(n)$ abschätzen. Die Monotoniebedingung in (5.4) kann also durch Abschätzungen erreicht werden. Lemma 5.13 wird also auf bedingte Rekurrenzen verallgemeinert. Nach Lemma 5.13 schätzt man für die Analyse des besten Falls alle Koeffizienten $c_i^{(j)}$ von a_{n+i} so durch c_i ab, daß $c_i^{(j)} \geq c_i$ für alle $1 \leq j \leq m$. Im schlechtesten Fall wählt man c_i so, daß $c_i \geq c_i^{(j)}$ für alle $1 \leq j \leq m$. Der folgende Satz stellt sicher, daß untere Schranken bzw. obere Schranken der nach unten bzw. nach oben abgeschätzten bedingten Rekurrenz auch untere bzw. obere Schranken der ursprünglichen Rekurrenz sind. Für den Beweis des Satzes ist es notwendig, den Lösungsbegriff zu präzisieren. Es muß nämlich berücksichtigt werden, auf welchem Weg man eine n-Lösung erhält.

Definition 5.14 (n-Lösung über einen Pfad p)

Sei

$$
a_i = c_i \text{ für } 0 \leq i \leq r-1
$$

$$
a_{n+r} = \begin{cases}
f^{(1)}(a_{n+r-1}, \ldots, a_n, n) & \text{falls } cond_1 \\
\vdots & \vdots \\
f^{(k-1)}(a_{n+r-1}, \ldots, a_n, n) & \text{falls } cond_{k-1} \\
f^{(k)}(a_{n+r-1}, \ldots, a_n, n) & \text{sonst}
\end{cases}
$$

eine bedingte Rekurrenz. Für $0 \leq n < r$ ist a_n eine n-*Lösung über den Pfad* (). Für $0 \leq i < r$ sei a_{n+i} eine $n+i$-Lösung über den Pfad p_i. Dann ist a_{n+r} eine $n+r$-*Lösung über den Pfad* $(j, p_{r-1}, \ldots, p_0)$, falls $a_{n+r} = f_j(a_{n+r-1}, \ldots, a_n)$. ∎

Lemma 5.15 (Abschätzung von bedingten Rekurrenzen)

Seien

$$
a_i = \gamma_i \qquad 0 \leq i < r
$$

$$
a_{n+r} = \begin{cases}
h_1(n) + c_{r-1}^{(1)}\, a_{n+r-1} + \cdots + c_0^{(1)}\, a_n & \text{falls } cond_1 \\
\vdots & \vdots \\
h_m(n) + c_{r-1}^{(m)}\, a_{n+r-1} + \cdots + c_0^{(m)}\, a_n & \text{falls } cond_m
\end{cases} \tag{5.5}
$$

und

$$
b_i = \delta_i \qquad 0 \leq i < r
$$

$$
b_{n+r} = \begin{cases}
g_1(n) + d_{r-1}^{(1)}\, b_{n+r-1} + \cdots + d_0^{(1)}\, b_n & \text{falls } cond_1 \\
\vdots & \vdots \\
g_m(n) + d_{r-1}^{(m)}\, b_{n+r-1} + \cdots + d_0^{(m)}\, b_n & \text{falls } cond_m
\end{cases} \tag{5.6}
$$

zwei bedingte Rekurrenzen, die mit den folgenden Eigenschaften zueinander in Beziehung stehen:

(i) $0 \leq \delta_i \leq \gamma_i$ für alle $0 \leq i < r$.

(ii) $0 \leq d_j^{(k)} \leq c_j^{(k)}$ für alle $0 \leq j < r$ und $1 \leq k \leq m$.

(iii) $0 \leq g_k(n) \leq h_k(n)$ für alle $n \in \mathbf{N}$ und $1 \leq k \leq m$.

Dann gilt für jede n-Lösung a_n von (5.5) mit Pfad p und jede n-Lösung b_n von (5.6) mit *demselben* Pfad p: $b_n \leq a_n$ für alle $n \in \mathbf{N}$.

Beweis: Induktion über n

INDUKTIONSANFANG: wie in Lemma 5.13.

INDUKTIONSANNAHME: Für alle Pfade $p_0, \ldots, p_{r-1}$ und $n + i$-Lösungen mit Pfad p_i gelte $b_{n+i} \leq a_{n+i}$, $0 \leq i < r$.

INDUKTIONSSCHRITT: Sei b_{n+r} eine $n + r$-Lösung mit Pfad $(k, p_{r-1}, \ldots, p_0)$. Dann ist wie im Beweis von Lemma 5.13:

$$
\begin{aligned}
b_{n+r} &= g_k(n) + \sum_{j=0}^{r-1} d_j^{(k)}\, b_{n+i} \quad && \text{wobei } b_{n+i}\ n\text{-Lösung mit Pfad } p_i \\[2mm]
&\leq h_k(n) + \sum_{j=0}^{r-1} d_j^{(k)}\, b_{n+i} \quad && \text{Voraussetzung (iii)} \\[2mm]
&\leq h_k(n) + \sum_{j=0}^{r-1} d_j^{(k)}\, a_{n+i} \quad && \text{Induktionsannahme, wobei } a_{n+i}\ n\text{-Lösung mit Pfad } p_i \\[2mm]
&\leq h_k(n) + \sum_{j=0}^{r-1} c_j^{(k)}\, a_{n+i} \quad && \text{Voraussetzung (ii) } a_n \geq 0 \\[2mm]
&= a_{n+r}
\end{aligned}
$$

Somit ist a_{n+r} eine $n + r$-Lösung mit Pfad $(k, p_{r-1}, \ldots, p_0)$, was den Induktionsschritt abschließt. $\blacksquare$

Der folgende Satz schließt diesen Teilabschnitt ab, da er angibt wie man von der allgemeinen bedingten Rekurrenz (5.3) ausgehend durch spezielle bedingte Rekurrenzen der Form (5.4) abschätzt:

Satz 5.16 (Untere und obere Schranken von (5.3))

Gegeben sei die bedingte Rekurrenz (5.3) mit den Eigenschaften

(i) $\gamma_i \geq 0$ für alle $0 \leq i < r$.

(ii) $c_j^{(k)} \geq 0$ für alle $0 \leq j < r$ und $1 \leq k \leq m$.

(iii) $h_k(n) \geq 0$ für alle $1 \leq k \leq m$ und $n \in \mathbf{N}$

Sei

$$
\min_j := \min\{c_j^{(k)} \mid 1 \leq k \leq m\} \quad \text{und} \quad \max_j := \max\{c_j^{(k)} \mid 1 \leq k \leq m\}
$$

und seien g_j und f_j monoton wachsende Funktionen mit $g_j(n) \leq h_j(n) \leq f_j(n)$ für alle $n \in \mathbf{N}$. Dann ist jede untere Schranke für die Lösungen von

$$
\begin{aligned}
a'_i &= \gamma_i \quad 0 \leq i < r \\
a'_{n+r} &= \left\{
\begin{array}{ll}
g_1(n) + \min_{r-1} a'_{n+r-1} + \cdots + \min_0 a'_n & \text{falls } cond_1 \\
\quad\vdots & \quad\vdots \\
g_m(n) + \min_{r-1} a'_{n+r-1} + \cdots + \min_0 a'_n & \text{falls } cond_m
\end{array}
\right.
\end{aligned}
\qquad (5.7)
$$

auch eine untere Schranke für die Lösungen von (5.3), und jede obere Schranke für die Lösungen von

$$
\begin{aligned}
a''_i &= \gamma_i \quad 0 \leq i < r \\
a''_{n+r} &= \left\{
\begin{array}{ll}
f_1(n) + \max_{r-1} a''_{n+r-1} + \cdots + \max_0 a''_n & \text{falls } cond_1 \\
\quad\vdots & \quad\vdots \\
f_m(n) + \max_{r-1} a''_{n+r-1} + \cdots + \max_0 a''_n & \text{falls } cond_m
\end{array}
\right.
\end{aligned}
\qquad (5.8)
$$

ist auch eine obere Schranke für die Lösungen von (5.3).

Beweis: Sei $n \in \mathbf{N}$ beliebig und b_n eine untere Schranke für die Lösungen von (5.7). Dann gilt für alle $n \in \mathbf{N}$ und n-Lösungen a'_n mit Pfad p von (5.7): $b_n \leq a'_n$. Nach Lemma 5.15 ist $a''_n \leq a_n$ für jede n-Lösung mit Pfad p von (5.3). Da $n \in \mathbf{N}$ und der Pfad p beliebig war, ist also für jede n-Lösung a_n von (5.3) $b_n \leq a_n$.

Die Behauptung für die obere Schranke beweist man analog. ∎

Beispiel 5.17 (Bester/Schlechtester Fall)
Man betrachte die folgende bedingte Rekurrenz, die sich während der Analyse von *Quicksort* ergibt:

$$
\begin{aligned}
\beta_0 &= 0 \\
\beta_{n+1} &= \left\{
\begin{array}{ll}
1 + \beta_n & \text{falls } \mathtt{b} \mathrel{<=} \mathtt{a} \\
\beta_n & \text{sonst}
\end{array}
\right.
\end{aligned}
$$

Die Voraussetzungen von Algorithmus *best_case_cond* sind erfüllt. Man erhält dann:

$$
\begin{array}{ll}
\beta_0^{(1)} = 0 & \beta_0^{(2)} = 0 \\
\beta_{n+1}^{(1)} = 1 + \beta_n^{(1)} \quad \text{und} \quad & \beta_{n+1}^{(2)} = \beta_n^{(2)}
\end{array}
$$

für den schlechtesten bzw. besten Fall. Die Lösungen sind $\beta_n^{(1)} = n$ und $\beta_n^{(2)} = 0$. Da $0 \prec n$ gilt, ist also der beste Fall $\beta_n = 0$ und der schlechteste Fall $\beta_n = n$. ∎

5.3.2 Der mittlere Fall

Für den mittleren Fall müssen in der bedingten Rekurrenz (5.3) die Wahrscheinlichkeiten $P(cond_i)$ bestimmt werden, daß die Bedingungen $cond_i$ wahr werden. Wie diese im einzelnen berechnet werden wird im Kapitel 6 diskutiert. Auch hier wird eine Unabhängigkeitsannahme zugrundegelegt, d.h. daß die Enscheidung für eine Bedingung $cond_i$ in einem Schritt unabhängig von den Entscheidungen in den anderen Schritten ist.

Satz 5.18 (Mittlere Lösung der bedingten Rekurrenz (5.3))
Gegeben sei die bedingte Rekurrenz (5.3). Weiter sei $p_i = P(cond_i)$ die Wahrscheinlichkeit,
daß die Bedingung $cond_i$ wahr ist, d.h. daß Zweig i in (5.3) gewählt wird. Dann erfüllt die
mittlere Lösung $\bar{a}_n$ von (5.3) die Rekurrenz

$$\bar{a}_i = \gamma_i, \ 0 \le i < r$$

$$\bar{a}_{n+r} = \sum_{i=1}^{n} p_i \cdot (h_i(n) + c_{r-1}^{(i)} \ \bar{a}_{n+r-1} + \cdots + c_0 \ \bar{a}_n$$

sofern die Entscheidung für Zweig i unabhängig von den Entscheidungen in den anderen
Schritten ist.

Beweis: Im Beweis sei

$$Pfad(n) = \{\pi \mid \text{Es gibt } a_n \text{ mit } a_n \text{ ist } n\text{-Lösung über Pfad } \pi \text{ von (5.3)}\}$$

und $a_n(\pi)$ n-Lösung über Pfad π von (5.3). Sei $P(\pi)$ die Wahrscheinlichkeit dafür, daß der
Pfad π bei der Berechnung von a_n gewählt wird. Dann ist die mittlere Lösung von (5.3) durch

$$\bar{a}_n = \sum_{\pi \in Pfad(n)} P(\pi) \ a_n(\pi)$$

gegeben.

Nach Definition 5.14 ist $\pi = ()$ der einzige mögliche Pfad für n-Lösungen, wenn $0 \le n < r$.
Somit ergibt sich sofort:

$$\bar{a}_n = \gamma_n \text{ für } 0 \le n < r$$

Um die induktive Gleichung zu zeigen, verwenden wir mehrfach die Identität

$$\sum_{a_1 \in A_1} \cdots \sum_{a_k \in A_k} \prod_{l=1}^{k} f_l(a_l) = \prod_{l=1}^{k} \sum_{a_l \in A_l} f_l(a_l). \tag{5.9}$$

Sei $\pi = (i, \pi_{r-1}, \ldots, \pi_0)$ ein Pfad für die $n + r$-Lösung $a_{n+r}(\pi)$. Dann gilt wegen der Unabhängigkeit der Entscheidungen für einen bestimmten Zweig von den Entscheidungen in den
anderen Schritten:

$$P(\pi) = p_i \cdot P(\pi_{r-1}) \cdots P(\pi_0)$$

Wegen der Rekurrenz (5.3) und Definition 5.14 ist

$$a_{n+r}(\pi) = h_i(n) + c_{r-1}^{(i)} \ a_{n+r-1}(\pi_{r-1}) + \cdots + c_0^{(i)} \cdot a_n(\pi_0)$$

Also ist:

$$\bar{a}_{n+r} = \sum_{\pi \in Pfad(n+r)} P(\pi) \ a_{n+r}(\pi)$$

$$= \{\text{Anwendung der Unabhängigkeit und Definition 5.14 (siehe oben)}\}$$

$$\sum_{i=1}^{m} p_i \sum_{\pi_{r-1} \in Pfad(n+r-1)} \cdots \sum_{\pi_0 \in Pfad(n)} \prod_{l=0}^{r-1} P(\pi_l) \left(h_i(n) + \sum_{k=0}^{r-1} c_k^{(i)} \ a_{n+k}(\pi_k) \right)$$

$$= \{(5.9)\}$$

$$\sum_{i=1}^{m} p_i \left(h_i(n) \prod_{l=0}^{r-1} \sum_{\pi_l \in Pfad(n+l)} P(\pi_l) + \sum_{k=0}^{r-1} c_k^{(i)} \prod_{\substack{l=0 \\ l \neq k}}^{r-1} \sum_{\pi_l \in Pfad(n+l)} P(\pi_l) \cdot \sum_{\pi_k \in Pfad(n+k)} P(\pi_k)\, a_{n+k}(\pi_k) \right)$$

$$= \left\{ \sum_{\pi_l \in Pfad(n+l)} P(\pi_l) = 1 \qquad \sum_{\pi_k \in Pfad(n+k)} P(\pi_k)\, a_{n+k}(\pi_k) = \bar{a}_{n+k} \right\}$$

$$\sum_{i=1}^{m} p_i \left(h_i(n) + \sum_{k=0}^{r-1} c_k^{(i)}\, \bar{a}_{n+k} \right) \qquad\qquad \blacksquare$$

Beispiel 5.19 (Mittlerer Fall)
Betrachtet man die bedingte Rekurrenz aus Beispiel 5.17 so ergibt sich unter der Annahme, daß $P(\mathbf{b} \leq \mathbf{a}) = 0.5$ die Rekurrenz:

$$\begin{aligned} \beta_0 &= 0 \\ \beta_{n+1} &= 0.5 + \beta_n \end{aligned}$$

Der mittlere Fall ist also $\beta_n = 0.5\, n$.

Anhand dieses Beispiels läßt sich schön demonstrieren, warum dies tatsächlich der mittlere Fall ist:

Für jede n-Lösung $\beta(n)$ dieser bedingten Rekurrenz gilt: $0 \leq \beta(n) \leq n$. Die Annahme $P(\mathbf{b} \leq \mathbf{a}) = 0.5$ führt zu einer Gleichverteilung über allen n-Lösungen. Dann ist die für alle $n \in \mathbf{N}$ die Lösung $\beta(n) = n/2 (= 0.5\, n)$ die mittlere n-Lösung. Also ist $\beta_n = 0.5\, n$ die mittlere Lösung der bedingten Rekurrenz aus Beispiel 5.17.

5.4 Abhängigkeitsanalyse

In diesem Abschnitt wird Schritt (2.6) aus Algorithmus *solve_recurs* für die nichttrivialen Fälle behandelt. Unbedingte Rekurrenzen a_n (Rekurrenzsysteme) haben genau eine Lösung $f(n)$, d.h. jedes Vorkommen von $a_{g(n)}$ kann durch $f(g(n))$ ersetzt werden. Im Falle der bedingten Rekurrenzen geht dies nicht so einfach, da man hier i.a. unendlich viele Lösungen hat und nach Abschnitt 5.3 nur untere und obere Schranken für die Lösungen, sowie die mittlere Lösung bestimmt. In anderen Komplexitätsanalysesystemen wurde dieser Fall nicht berücksichtigt.

Für eine bedingte Rekurrenz substituiert man daher $a_n = i$, wobei i ein freier Parameter ist, der sich zwischen der unteren und oberen Schranke, die man zuvor bestimmt hat, bewegt. Man erhält *Rekurrenzfamilien*.

Beispiel 5.20 (Quicksort,Fortsetzung von Beispiel 4.26)
Für $\alpha_{n,m}$, β_n, γ_n, δ_n, a_n, b_n und c_n findet man die folgenden Lösungen bzw. Abschätzungen
für die Lösungen:

$$\alpha_{n,m} = n + m$$
$$0 \leq \beta_n \leq n$$
$$0 \leq \gamma_n \leq n$$
$$\delta_n = n$$
$$a_n = 4 + 10/n$$
$$4 + 12\,n \leq b_n \leq 4 + 15\,n$$
$$4 + 12\,n \leq c_n \leq 4 + 15\,n$$

Führt man die Substitutionen $b_n = i_1$, $c_n = i_2$, $\beta_n = i_3$ und $\gamma_n = i_4$ zusammen mit den
Lösungssubstitutionen für $\alpha_{n,m}$, δ_n und a_n auf der Gleichung für d_n durch, so erhält man die
Rekurrenzfamilie

$$d_{n+1} = 23 + 10\,i_3 + i_1 + i_2 + d_{i_3} + d_{i_4}, \quad 0 \leq i_3, i_4 \leq n, \quad 4 + 12\,n \leq i_1, i_2 \leq 4 + 15\,n$$

■

Wenn man die bedingten Rekurrenzen β_n und γ_n bzw. b_n und c_n betrachtet, stellt man fest,
daß für i_1 und i_2 bzw. i_3 und i_4 noch Nebenbedingung gelten, nämlich: $i_1 + i_2 = 8 + 27\,n$
und $i_3 + i_4 = n$. Diese Nebenbedingungen erhält man durch Substitution der Parameter
in den Bedingungen und anschließender formaler Addition. Die bedingten Rekurrenzen β_n
und γ_n bzw. b_n und c_n hängen also voneinander ab. Ziel dieses Abschnitts ist es, solche
Nebenbedingungen zu finden. Wir betrachten allerdings nur lineare Abhängigkeiten, da diese
für die Weiterbehandlung günstig sind. In der Praxis kommen normalerweise nur lineare
Abhängigkeiten vor, insbesondere bei Divide-and-Conquer-Algorithmen.

Sei r eine Rekurrenz, die a_n definiert. Eine Abhängigkeitsanalyse wird immer dann durchgeführt, wenn wenigstens zwei bedingte Rekurrenzen, die Argument von a sind, bzw. wenigstens
zwei bedingte Rekurrenzen in der Inhomogenität von a_n vorkommen. D.h. in Beispiel 5.20
muß eine Abhängigkeitsanalyse zwischen β_n und γ_n und zwischen b_n und c_n durchgeführt werden. Da β_n die Länge von `selle(a,1)` analysiert, während b_n und c_n die Zeit von `selle(a,1)`
bzw. `selgt(a,1)` definieren, darf β_n nicht in diese Abhängigkeitsanalyse mit einbezogen werden. Es werden also nur Abhängigkeiten zwischen bedingten Rekurrenzen berücksichtigt, die
die gleiche Art der Komplexität analysieren.

Lemma 5.21 (Notwendige Bedingung für die Abhängigkeit)
Seien

$$a_{n+1}^{(i)} = \begin{cases} p_1^{(i)}(n+1) + c_{1,n}^{(i)} \cdot a_n^{(i)} & \text{falls } cond_1 \\ \quad\vdots \\ p_m^{(i)}(n+1) + c_{m,n}^{(i)} \cdot a_n^{(i)} & \text{falls } cond_m \end{cases} \quad, 1 \leq i \leq k \qquad (5.10)$$

k verschiedene bedingte Rekurrenzen. Weiter sei für gewisse $r_n^{(i)}$, $1 \leq i \leq k$, wobei alle $r_n^{(i)} \neq 0$:

$$\sum_{i=1}^{k} r_{n+1}^{(i)} \cdot a_{n+1}^{(i)} = \begin{cases} f_1 & \text{falls } cond_1 \\ \vdots \\ f_m & \text{falls } cond_m \end{cases}$$

Falls $\sum_{i=1}^{k} r_{n+1}^{(i)} \cdot a_{n+1}^{(i)}$ unabhängig von den Bedingungen $cond_l$ ist, d.h. falls für alle n der Wert von $\sum_{i=1}^{k} r_n^{(i)} \cdot a_n^{(i)}$ immer gleich ist (also unabhängig von der Wahl des Zweiges in jedem Schritt), dann gilt für alle $1 \leq i, j \leq m : f_i = f_j$.

Beweis:
Falls es ein i und j gibt mit $f_i \neq f_j$, dann liefern diese Zweige unterschiedliche Ergebnisse für den Wert von $\sum_{i=1}^{k} r_1^{(i)} \cdot a_1^{(i)}$. Also ist die Summe $\sum_{i=1}^{k} r_{n+1}^{(i)} \cdot a_{n+1}^{(i)}$ abhängig von $cond_i$ und $cond_j$. ∎

Diese notwendige Bedingung ist natürlich nur zur Überprüfung bei gegebenem $r_n^{(i)}$ geeignet. Ziel muß es aber sein, die $r_n^{(i)}$ so zu bestimmen, daß diese notwendige Bedingung erfüllt ist. Zu diesem Zweck wird eine zu der in Lemma 5.21 äquivalente Bedingung angegeben, die eine Berechnung der $r_n^{(i)}$ erlaubt.

Lemma 5.22
Seien die $a_{n+1}^{(i)}$ bedingte Rekurrenzen, definiert wie in (5.10) und die $r_n^{(i)}$ und f_i wie in Lemma 5.21 definiert. Dann folgt aus der Aussage:

Für alle $n \in \mathbb{N}$ gilt:

(i) Für alle $1 \leq i, j \leq m$ gilt: $c_{i,n}^{(l)} = c_{j,n}^{(l)}$, und

(ii) Für alle $1 < l \leq m$ gilt:

$$\sum_{i=1}^{k} p_l^{(i)}(n+1)\, r_{n+1}^{(i)} = \sum_{i=1}^{k} p_1^{(i)}(n+1)\, r_{n+1}^{(i)}$$

die Aussage:

Für alle $1 \leq i, j \leq m$ gilt: $f_i = f_j$

Beweis: Es gilt für $1 \leq l \leq m$:

$$f_l = \sum_{i=1}^{k} p_l^{(i)}(n+1)\, r_{n+1}^{(i)} + \sum_{i=1}^{k} c_{l,n}^{(i)}\, r_{n+1}^{(i)}\, a_n^{(i)}$$

Damit ist für beliebige $1 \leq i, j \leq m$:

$$
\begin{aligned}
f_i = f_j \iff & \sum_{l=1}^{k} p_i^{(l)}(n+1)\, r_{n+1}^{(l)} + \sum_{l=1}^{k} c_{i,n}^{(l)}\, r_{n+1}^{(l)}\, a_n^{(l)} \\
= & \sum_{l=1}^{k} p_j^{(l)}(n+1)\, r_{n+1}^{(l)} + \sum_{l=1}^{k} c_{j,n}^{(l)}\, r_{n+1}^{(l)}\, a_n^{(l)} \\
\Longleftarrow\ & c_{i,n}^{(l)} = c_{j,n}^{(l)} \text{ für alle } 1 \leq i, j \leq m, \text{ und} \\
& \sum_{l=1}^{k} p_j^{(l)}(n+1)\, r_{n+1}^{(l)} = \sum_{l=1}^{k} p_i^{(l)}(n+1)\, r_{n+1}^{(l)} \text{ für alle } 1 \leq i, j \leq m
\end{aligned}
$$

Die letzte dieser beiden Bedingungen ist äquivalent zum linearen Gleichungssystem

$$\sum_{l=1}^{k} p_i^{(l)}(n+1)\, r_{n+1}^{(l)} = \sum_{l=1}^{k} p_1^{(l)}(n+1)\, r_{n+1}^{(l)} \text{ für alle } 1 < i \le m \qquad \blacksquare$$

Um eine nichttriviale Linearkombination der bedingten Rekurrenzen (5.10), $\sum_{i=1}^{k} r_{n+1}^{(i)}\, a_{n+1}^{(i)}$ zu bestimmen, so daß diese Summe unabhängig von den Bedingungen $cond_l$, $1 \le l \le m$ ist, müssen die $r_{n+1}^{(i)}$ eine von der Nullösung verschiedene Lösung des homogenen linearen Gleichungssystems

$$\sum_{i=1}^{k} \left(p_l^{(i)}(n+1) - p_1^{(i)}(n+1) \right)\, r_{n+1}^{(i)} = 0,\ 1 < l \le m \qquad (5.11)$$

sein. Hat dieses homogene lineare Gleichungssystem nur den Nullvektor als Lösung, dann gibt es keine Linearkombination der Rekurrenzen (5.10), die unabhängig von den Bedingungen ist.

Daß diese Bedingung tatsächlich nur notwendig ist zeigt das folgende Beispiel, das zwar die notwendige Bedingung (5.11) erfüllt, aber trotzdem nicht zu einer von den Bedingungen unabhängigen Linearkombination der Rekurrenzen führt:

Beispiel 5.23 (Gegenbeispiel)
Sei

$$a_{n+1} = \begin{cases} n + 1 + a_n & \text{falls } cond \\ a_n & \text{sonst} \end{cases}$$

$$b_{n+1} = \begin{cases} b_n & \text{falls } cond \\ n^2 + 2\,n + 1 + b_n & \text{sonst} \end{cases}$$

Dann ergibt sich aus dem linearen Gleichungssystem (5.11):

$$(n+1)\, a_{n+1} + b_{n+1} = n^2 + 2\,n + 1 + (n+1)\, a_n + b_n$$

ist unabhängig von der Bedingung $cond$. Andererseits ist aber $n\, a_n + b_n$ i.a. nicht unabängig von der Bedingung $cond$, wie die Berechung für $n = 2$ zeigt:

$$\begin{aligned} 2\,a_2 + b_1 &= 4 + 2\,a_1 + b_1 \\ &= 4 + a_1 + b_1 + a_1 \\ &= 5 + a_0 + b_0 + a_1 \qquad (\text{Berechnung für } n = 1) \\ &= \begin{cases} 6 + 2\,a_0 + b_0 & \text{falls } cond \\ 5 + 2\,a_0 + b_0 & \text{sonst} \end{cases} \end{aligned}$$

$\blacksquare$

Eine hinreichende Bedingung für die Unabhängigkeit erhält man sicher dann, wenn die nichttrivialen Lösungen $r_{n+1}^{(l)}$ des linearen Gleichungssystems (5.11) zu einer Rekurrenz

$$\sum_{l=1}^{k} r_{n+1}^{(l)}\, a_{n+1}^{(l)} = p(n) + c(n) \cdot \sum_{l=1}^{k} r_n^{(l)}\, a_n^{(l)}$$

führen:

Lemma 5.24 (Hinreichende Bedingung für die Abhängigkeit)
Seien die bedingten Rekurrenzen $a_{n+1}^{(i)}$ definiert wie in (5.10). Die $r_{n+1}^{(i)}$ seien nichttriviale Lösungen des homogenen linearen Gleichungssystems (5.11). Falls für alle $1 \leq i,j \leq k$ gilt:

$$c_n^{(i)} \frac{r_{n+1}^{(i)}}{r_n^{(i)}} = c_n^{(j)} \frac{r_{n+1}^{(j)}}{r_n^{(j)}}$$

Dann ist für alle $n \in \mathbf{N}$

$$\sum_{l=1}^{k} r_n^{(l)}\, a_n^{(l)}$$

unabhängig von den Bedingungen $cond_1, \ldots, cond_m$.

Beweis:
Da die $r_{n+1}^{(i)}$ Lösungen von (5.11) sind gilt für beliebiges j:

$$\begin{aligned}
\sum_{i=1}^{k} r_{n+1}^{(i)}\, a_{n+1}^{(i)} &= \sum_{i=1}^{k} p_j^{(i)}(n+1)\, r_{n+1}^{(i)} + \sum_{i=1}^{k} c_n^{(i)}\, r_{n+1}^{(i)}\, a_n^{(i)} \\
&= \sum_{i=1}^{k} p_j^{(i)}(n+1)\, r_{n+1}^{(i)} + \sum_{i=1}^{k} c_n^i\, \frac{r_{n+1}^{(i)}}{r_n^{(i)}}\, r_n^{(i)}\, a_n^{(i)}
\end{aligned}$$

Es sei nun $p(n) = \sum_{i=1}^{k} p_j^{(i)}(n+1)\, r_{n+1}^{(i)}$. Da

$$c_n^{(i)}\, \frac{r_{n+1}^{(i)}}{r_n^{(i)}} = \gamma_n$$

für alle i nach Voraussetzung, wobei γ_n unabhängig von i ist, gilt:

$$\sum_{i=1}^{k} r_{n+1}^{(i)}\, a_{n+1}^{(i)} = p(n) + \gamma_n \sum_{i=1}^{k} r_n^{(i)}\, a_n^{(i)}$$

Durch direktes Aufsummieren erhält man dann:

$$\sum_{i=1}^{k} r_n^{(i)}\, a_n^{(i)} = \sum_{i=0}^{n-1} \left(\prod_{j=i+1}^{n-1} \gamma_j \right) p(i)$$

Dieses Ergebnis ist also unabhängig von den Bedingungen $cond_1, \ldots, cond_m$. ∎

Falls die Lösungen des linearen Gleichungssystems und die Koeffizienten $c_n^{(i)}$ Zahlen sind (konstante Funktionen in n), so ist die hinreichende Bedingung automatisch erfüllt.

Beispiel 5.25 (Quicksort, Fortsetzung von Beispiel 4.22)
Die Rekurrenzen b_n und c_n sind bedingt:

$$
\begin{aligned}
b_0 &= 4 \\
b_{n+1} &= \begin{cases} 15 + b_n & \text{falls b <= a} \\ 12 + b_n & \text{sonst} \end{cases} \\
c_0 &= 4 \\
c_{n+1} &= \begin{cases} 12 + c_n & \text{falls b <= a} \\ 15 + c_n & \text{sonst} \end{cases}
\end{aligned}
$$

Die notwendige Bedingung liefert das lineare Gleichungssystem

$$-3\, r_{n+1} + 3\, s_{n+1} = 0$$

Dieses lineare Gleichungssystem hat die nichttriviale Lösung

$$r_{n+1} = 1 \; , \; s_{n+1} = 1$$

Weil die Lösungen konstant sind, und die Koeffizienten von a_n und b_n jeweils 1 sind, erhält man

$$b_{n+1} + c_{n+1} = 27 + b_n + c_n$$

was zusammen mit $b_0 + c_0 = 8$ zu

$$b_n + c_n = 8 + 27\, n$$

führt.

Ähnlich berechnet man für

$$
\begin{aligned}
\beta_0 &= 0 \\
\beta_{n+1} &= \begin{cases} 1 + \beta_n & \text{falls a <= b} \\ \beta_n & \text{sonst} \end{cases} \\
\gamma_0 &= 0 \\
\gamma_{n+1} &= \begin{cases} \gamma_n & \text{falls a <= b} \\ 1 + \gamma_n & \text{sonst} \end{cases}
\end{aligned}
$$

das Resultat

$$\beta_n + \gamma_n = n$$

Setzt man $\beta_n = i_1$ und $\gamma_n = i_2$ so erhält man die Rekurrenzfamilie

$$
\begin{aligned}
d_0 &= 4 \\
d_{n+1} &= 31 + 10\, i + 27\, n + d_{i_1} + d_{i_2}, \; 0 \le i_1, i_2 \le n, \; i_1 + i_2 = n
\end{aligned}
$$

5.5   Rekurrenzfamilien

Ähnlich wie bei den bedingten Rekurrenzen besitzen auch Rekurrenzfamilien i.a. keine eindeutige Lösung, sondern haben eine ganze Menge von Lösungen. Daher wird auch hier der beste, der schlechteste und der mittlere Fall analysiert. Es werden nur lineare Rekurrenzfamilien mit konstanten Koeffizienten betrachtet.

Definition 5.26 (lineare Rekurrenzfamilien)
Sei

$$\{a_0 \;=\; c_0\} \cup$$
$$\{a_{n+1} \;=\; f(a_{g_1(i_1,\ldots,i_k,n)}, \ldots, a_{g_{k+1}(i_1,\ldots,i_k,n)}) | k \geq 1, r_n^{(l)} \leq i_l \leq s_n^{(l)}\} \tag{5.12}$$

eine Rekurrenzfamilie. Diese Rekurrenzfamilie (5.12) heißt *linear*, falls f von der Form

$$c_1(n)\, a_{g_1(i_1,\ldots,i_k,n)} + \cdots + c_{k+1}(n)\, a_{g_{k+1}(i_1,\ldots,i_k,n)} + h(i_1,\ldots,i_k,n)$$

ist, wobei die g_j linear in $i_1,\ldots,i_m,n$ sind. Ist $h(i_1,\ldots,i_k,n) = 0$ so heißt die Rekurrenzfamilie (5.12) *homogen*, ansonsten *inhomogen*. Ist $c_j(n) \in \mathbf{R}$ für alle $1 \leq j \leq m$, so heißt die Rekurrenzfamilie (5.12) *linear mit konstanten Koeffizienten*. ∎

Beispielsweise ist die Rekurrenzfamilie von *Quicksort* linear inhomogen mit konstanten Koeffizienten. Wir betrachten zuerst einen Spezialfall, bei dem auch eine Rekurrenzfamilie genau eine Lösung hat.

Lemma 5.27 (Rekurrenzfamilien mit einer Lösung)
Die Rekurrenzfamilie

$$a_0 \;=\; \gamma_0$$
$$a_{n+1} \;=\; \gamma_1 + a_i + a_j, \quad i + j = n, \; i,j \geq 0$$

hat für $\gamma_0, \gamma_1 \in \mathbf{R}$ die einzige Lösung

$$a_n = \gamma_0 + (\gamma_0 + \gamma_1)\, n$$

Beweis: Induktion

INDUKTIONSANFANG: ✓
INDUKTIONSANNAHME: Für alle $m \leq n$ gelte: $a_m = \gamma\, m$
INDUKTIONSSCHRITT: Zu zeigen: $a_{n+1} = \gamma_0 + (\gamma_0 + \gamma_1)\,(n+1)$
Es ist

$$
\begin{aligned}
a_{n+1} &= \gamma_1 + a_i + a_j && \text{(Rekurrenzfamilie)}\\
&= \gamma_1 + 2\,\gamma_0 + (\gamma_0 + \gamma_1)\,(i+j) && \text{(Induktionsannahme)}\\
&= \gamma_1 + 2\,\gamma_0 + (\gamma_0 + \gamma_1)\,n && \text{(Nebenbedingung } i + j = n)\\
&= \gamma_0 + (\gamma_0 + \gamma_1)\,(n+1)
\end{aligned}
$$

∎

5.5.1 Der beste und der schlechteste Fall

Außer bei den Rekurrenzfamilien wie in Lemma 5.27 hat man stets mehrere Lösungen für eine lineare inhomogene Rekurrenzfamilie mit konstanten Koeffizienten. Wir gehen ähnlich wie bei den bedingten Rekurrenzen vor. Zuerst wird ein Spezialfall betrachtet, und dann wird gezeigt, wie man den allgemeinen Fall so abschätzt, daß man den Spezialfall erhält. Dieser Spezialfall ist:

$$a_0 = \gamma_0$$
$$a_{n+1} = h(n) + c\, a_{i_1} + \cdots + c\, a_{i_k} \tag{5.13}$$
$$\text{Nebenbedingungen:} \quad d_{i_1}\, i_1 + \cdots + d_k\, i_k = f(n),\ i_1, \ldots, i_k \geq 0,\ d_1 \leq \cdots \leq d_k$$

Den besten bzw. schlechtesten Fall erhält man, indem man die Summe $a_{i_1} + \cdots + a_{i_n}$ gemäß Satz C.12 minimiert bzw. maximiert. Dazu muß die Inhomogenität $h(n)$ monoton wachsend und konvex sein.

Algorithmus *best_case_fam*
Eingabe: Rekurrenzfamilie (5.13) , so daß $h(n)$ monoton wachsend und konvex[2] ist.
Ausgabe: Untere Schranke für die Lösungen von (5.13)

1. $\quad i := \dfrac{f(n)}{d_1 + \cdots + d_k}$
2. Löse
$$a_l = \gamma_0 + (a_1 - \gamma_0)\, l, \quad 0 \leq l < 1$$
$$a_{n+1} = h(n) + k\, c\, a_i$$

∎   ∎

Algorithmus *worst_case_fam*
Eingabe: Rekurrenzfamilie (5.13) , so daß $h(n)$ monoton wachsend und konvex ist.
Ausgabe: Obere Schranke für die Lösungen von (5.13)

1. Wähle das kleinste l so, daß $\displaystyle\sum_{i=1}^{l+1} d_i\, n > f(n)$.
2. Für $j = 1, \ldots, l$: $i_j := n$;
3. $i_{l+1} := f(n) - \displaystyle\sum_{i=1}^{l} d_i\, n$;
4. Für $j = l + 2, \ldots, k$: $i_j := 0$;
5. Löse
$$a_0 = \gamma_0$$
$$a_{n+1} = h(n) + c\, a_{i_{l+1}} + c \cdot (k - l - 1) \cdot \gamma_0 + c \cdot l \cdot a_n$$

∎   ∎

Wir zeigen hier nur die Korrektheit von Algorithmus *best_case_fam*. Der Korrektheitsbeweis von Algorithmus *worst_case_fam* ist dual zu dem Beweis von Algorithmus *best_case_fam*. Für beide Beweise wichtig ist das folgende Lemma

---

[2]vgl. Anhang C

Lemma 5.28 (Vererbung von Monotonie und Konvexität)
Gegeben sei die Rekurrenz

$$a_0 = \gamma_0$$
$$a_{n+1} = h(n) + c_1\, a_{r_1(n)} + \cdots + c_k\, a_{r_k(n)} \tag{5.14}$$

mit den Eigenschaften

(i) $\gamma_0 \geq 0$

(ii) $h(n) \geq 0$, konvex und monoton wachsend.

(iii) $r_i(n)$ monoton wachsend und konvex

Dann ist die durch die Rekurrenz (5.14) definierte Folge a_n monoton wachsend und konvex.

Beweis:

(1) Monotonie. Durch Induktion über n wird gezeigt, daß für alle $k \leq l \leq n$ gilt: $a_k \leq a_l \leq a_n$.

> INDUKTIONSANFANG: ✓
> INDUKTIONSANNAHME: Für alle $k \leq l \leq n$ gilt: $a_k \leq a_l \leq a_n$.
> INDUKTIONSSCHRITT: Es genügt zu zeigen, daß $a_{n+1} \geq a_n$:

$$
\begin{aligned}
a_{n+1} &= h(n) + c_1\, a_{r_1(n)} + \cdots + c_k\, a_{r_k(n)} && (5.14)\\
&\geq h(n-1) + c_1\, a_{r_1(n)} + \cdots + c_k\, a_{r_k(n)} && \text{(Voraussetzung (ii))}\\
&\geq h(n-1) + c_1\, a_{r_1(n-1)} + \cdots + c_k\, a_{r_k(n-1)} && \text{(Induktionsannahme, Vor. (iii))}\\
&= a_n
\end{aligned}
$$

(2) Konvexität. Nach Lemma C.4 genügt es durch Induktion über n zu zeigen, daß für alle $n_1, n_2 \leq n$ und $\lambda_1, \lambda_2 \geq 0$ mit $\lambda_1 + \lambda_2$ gilt: $a_{\lambda_1\, n_1 + \lambda_2\, n_2} \leq \lambda_1\, a_{n_1} + \lambda_2\, a_{n_2}$.

> INDUKTIONSANFANG: ✓
> INDUKTIONSANNAHME: Für alle $n_1, n_2 \leq n$ und $\lambda_1, \lambda_2 \geq 0$ mit $\lambda_1 + \lambda_2 = 1$ gilt: $a_{\lambda_1\, n_1 + \lambda_2\, n_2} \leq \lambda_1\, a_{n_1} + \lambda_2\, a_{n_2}$.
> INDUKTIONSSCHRITT: Der Fall $\lambda_1\, n_1 + \lambda_2\, n_2 \leq n$ ergibt sich sofort aus der Induktionsannahme. Sei also $\lambda_1\, n_1 + \lambda_2\, n_2 = n + 1$. Dann ist

$$
\begin{aligned}
a_{\lambda_1\, n_1 + \lambda_2\, n_2} &= a_{\lambda_1(n_1-1) + \lambda_2(n_2-1) + 1}\\
&\quad \{\text{Definition von } a\}\\[2mm]
&= h(\lambda_1(n_1-1) + \lambda_2(n_2-1)) + \sum_{i=1}^{k} c_i\, a_{r_i(\lambda_1(n_1-1)+\lambda_2(n_2-1))}\\
&\quad \{\text{Voraussetzung (ii)}\}\\[2mm]
&\leq \lambda_1\, h(n_1-1) + \lambda_2\, h(n_2-1) + \sum_{i=1}^{k} c_i\, a_{r_i(\lambda_1(n_1-1)+\lambda_2(n_2-1))}\\
&\quad \{a_n \text{ monoton wachsend, Voraussetzung (iii)}\}\\[2mm]
&\leq \lambda_1\, h(n_1-1) + \lambda_2\, h(n_2-1) + \sum_{i=1}^{k} c_i\, a_{\lambda_1\, r_i(n_1-1)+\lambda_2\, r_i(n_2-1)}
\end{aligned}
$$

$$\{\text{Induktionsannahme}\}$$

$$\leq \quad \lambda_1 \left(h(n_1 - 1) + \sum_{i=1}^{k} c_i \, a_{r_i(n_1-1)} \right) + \lambda_2 \left(h(n_2 - 1) + \sum_{i=1}^{k} c_i \, a_{r_i(n_2-1)} \right)$$

$$\{\text{Definition von } a\}$$

$$= \quad \lambda_1 \, a_{n_1} + \lambda_2 \, a_{n_2}$$

$\blacksquare$

Satz 5.29 (Korrektheit von Algorithmus *best_case_fam*)
Die in Algorithmus *best_case_fam* bestimmte Folge $\bar{a}_n$ ist eine untere Schranke für alle Lösungen a_n von (5.13).

Beweis: Sei

$$a(x) = \gamma_0 + (a_1 - \gamma_0)\, x, \quad 0 \leq x < 1$$

$$a(x + 1) = h(x) + c \sum_{i=1}^{k} a(t_i) \tag{5.15}$$

$$t_1, \ldots, t_k \geq 0, \quad d_1\, t_1 + \cdots d_k\, t_k = f(x)$$

stetige Fortsetzung von (5.13), wobei $h(x)$ und $f(x)$ stetige Fortsetzungen von $h(n)$ bzw. $f(n)$ nach Lemma C.8 sind[3].

Wir zeigen die allgemeinere Aussage, daß die Lösung von

$$\bar{a}(x) = \gamma_0 + (a_1 - \gamma_0)\, x, \quad 0 \leq x < 1$$

$$\bar{a}(x + 1) = h(x) + k \cdot c \cdot \bar{a}(t)$$

mit

$$t = \frac{f(x)}{d_1 + \cdots + d_k}$$

in jedem endlichen abgeschlossenen Intervall $[0, n]$, $n \in \mathbf{N}$ eine untere Schranke für alle Funktionen ist, die in (5.15) definiert werden. Da $a(n) = a_n$ und $\bar{a}(n) = \bar{a}_n$ folgt dann die Behauptung. Wegen Lemma 5.28 und Lemma C.8 ist auch $\bar{a}(x)$ monoton wachsend und konvex. Dieser Beweis erfolgt ebenfalls durch Induktion über n:

INDUKTIONSANFANG: $\forall x \in [0, 1] : \bar{a}(x) \leq a(x)$ nach Definition.
INDUKTIONSANNAHME: Es gelte für alle $x \in [0, n]$: $\bar{a}(x) \leq a(x)$.
INDUKTIONSSCHRITT: Zu zeigen: $\forall x \in [0, n + 1] : \bar{a}(x) \leq a(x)$. Im folgenden sei $t = \frac{f(x)}{d_1 + \cdots + d_k}$ und $t_1, \ldots, t_k \geq 0$ beliebig, aber fest, so daß $d_1\, t_1 + \cdots d_k\, t_k = f(x)$. Dann gilt:

$$
\begin{aligned}
\bar{a}(x + 1) \quad &= h(x) + c \cdot k \cdot \bar{a}(t) \\
&\leq h(x) + c \sum_{i=1}^{k} \bar{a}(t_i) \quad \text{(Satz C.12)} \\
&\leq h(x) + c \sum_{i=1}^{k} a(t_i) \quad \text{(Induktionsannahme)} \\
&= a(x + 1)
\end{aligned}
$$

---

[3]Insbesondere läßt sich zeigen, daß dann $a(x)$ stetige Fortsetzung von a_n nach Lemma C.8 ist

Satz 5.30 (Korrektheit von Algorithmus *worst_case_fam*)
Die in Algorithmus *worst_case_fam* bestimmte Folge $\bar{a}_n$ ist eine obere Schranke für alle Lösungen a_n von (5.13).

Beweis: Analog zum Beweis in Satz 5.29, nur daß bei Satz C.12 das Maximalitätskriterium angewendet wird. ∎

Es bleibt nun zu zeigen, wie man Rekurrenzfamilien nach oben und nach unten abschätzt, daß die Algorithmen *best_case_fam* und *worst_case_fam* verwendet werden können. Grundlage bildet auch hier Lemma 5.13. Ebenso wie in Abschnitt 5.3 ist es wichtig, den Weg auf dem man zu einer bestimmten Lösung gelangt, zu betrachten. Also wird auch hier der Lösungsbegriff aus Definition 5.3 verallgemeinert.

Definition 5.31 (n–Lösung über einen Pfad p)
Sei

$$
\begin{aligned}
a_0 &= \gamma_0 \\
a_{n+1} &= \mathcal{F}(a_{g_1(i_1,\dots,i_k,n)},\dots,a_{g_k(i_1,\dots,i_k,n)},i_1,\dots,i_k,n)
\end{aligned}
$$

eine Rekurrenzfamilie[4] mit den Nebenbedingungen:

  (i) Für $1 \le j \le k$: $r_n^{(j)} \le i_j \le s_n^{(j)}$

  (ii) $\mathcal{G}(i_1,\dots,i_k,n) = 0$

Dann heißt

- a_0 eine *0–Lösung über den Pfad* (),

- a_{n+1} eine *$n+1$–Lösung über den Pfad* $((i_1,\dots,i_k),p_1,\dots,p_k)$, wenn

  1. $a_{n+1} = \mathcal{F}(a_{g_1(i_1,\dots,i_k,n)},\dots,a_{g_k(i_1,\dots,i_k,n)},i_1,\dots,i_k,n)$
  2. $(i_1,\dots,i_k)$ genügt den Nebenbedingungen (i) und (ii).
  3. Für $1 \le j \le k$ ist $a_{g_j(i_1,\dots,i_k,n)}$ ist $g_j(i_1,\dots,i_k,n)$–Lösung über den Pfad p_j.

∎

Wir betrachten nun allgemeine lineare inhomogene Rekurrenzfamilien mit konstanten Koeffizienten, d.h. Rekurrenzfamilien der Form

$$
\begin{aligned}
a_0 &= \gamma_0 \\
a_{n+1} &= h(n,i_1,\dots,i_k) + c_1\, a_{i_1} + \cdots + c_k\, a_{i_k} \\
\text{Nebenbedingungen:}\quad & 0 \le r_n^{(j)} \le i_j \le s_n^{(j)} \\
& d_1\, i_1 + \cdots + d_k\, i_k = f(n)
\end{aligned}
\tag{5.16}
$$

Es wird nun wie folgt vorgegangen:

---

[4] $\mathcal{F}, \mathcal{G}$ usw. stehen für irgendwelche arithmetischen Terme in den angegebenen Argumenten

	untere Schranke	obere Schranke
(1)	$h(n, i_1, \ldots, i_k) \geq h_{\min}(n)$	$h(n, i_1, \ldots, i_k) \leq h_{\max}(n)$
(2)	$h_{\min}(n) \geq \underline{h}(n)$ konvex, monoton wachsend	$h_{\max}(n) \leq \overline{h}(n)$ konvex, monoton wachsend
(3)	Ersetze c_i durch $c_{\min} \leq c_i$	Ersetze c_i durch $c_{\max} \geq c_i$

Nach diesen Abschätzungen lassen sich die Algorithmen *best_case_fam* bzw. *worst_case_fam* anwenden. Die nun folgenden Sätze zeigen, daß jede untere Schranke für die Lösungen der nach unten abgeschätzten Rekurrenzfamilie auch eine untere Schranke für die Lösungen der nicht abgeschätzten Rekurrenzfamilie ist, und daß jede obere Schranke der nach oben abgeschätzten Rekurrenzfamilie auch eine obere Schranke für die Lösungen der nicht abgeschätzten Rekurrenzfamilie ist.

Satz 5.32 (Elimination der Parameter in der Inhomogenität)

(a) Sei $h_{\min}(n) \leq h(n, i_1, \ldots, i_k)$ für alle $(i_1, \ldots, i_k) \in \{0, \ldots, n\}^k$ und es gebe einen Vektor $(\bar{\imath}_1(n), \ldots, \bar{\imath}_k(n))$ mit

$$h_{\min}(n) = h(n, \bar{\imath}_1(n), \ldots, \bar{\imath}_k(n))$$

Dann ist jede untere Schranke für die Lösungen von

$$
\begin{aligned}
a_0 &= \gamma_0 \\
a_{n+1} &= h_{\min}(n) + c_1\, a_{i_1} + \cdots + c_k\, a_{i_k} \\
\text{Nebenbedingungen:} \quad & 0 \leq i_1, \ldots, i_k \leq n \\
& d_1\, i_1 + \cdots + d_k\, i_k = f(n)
\end{aligned}
\tag{5.17}
$$

auch eine untere Schranke für die Lösungen von (5.16).

(b) Sei $h_{\max}(n) \geq h(n, i_1, \ldots, i_k)$ für alle $(i_1, \ldots, i_k) \in \{0, \ldots, n\}^k$ und es gebe einen Vektor $(\hat{\imath}_1(n), \ldots, \hat{\imath}_k(n))$ mit

$$h_{\max}(n) = h(n, \hat{\imath}_1(n), \ldots, \hat{\imath}_k(n))$$

Dann ist jede obere Schranke für die Lösungen von

$$
\begin{aligned}
a_0 &= \gamma_0 \\
a_{n+1} &= h_{\max}(n) + c_1\, a_{i_1} + \cdots + c_k\, a_{i_k} \\
\text{Nebenbedingungen:} \quad & 0 \leq i_1, \ldots, i_k \leq n \\
& d_1\, i_1 + \cdots + d_k\, i_k = f(n)
\end{aligned}
\tag{5.18}
$$

auch eine obere Schranke für die Lösungen von (5.16).

Beweis: Induktion über n unter Betrachtung der n-Lösungen über einen beliebigen Pfad p.

INDUKTIONSANFANG: ✓

INDUKTIONSANNAHME: Für alle $m \leq n$ gilt für jede m-Lösung b_m von (5.17) über einen beliebigen Pfad p und jede m-Lösung a_m von (5.16) über denselben Pfad p: $b_m \leq a_m$.

INDUKTIONSSCHRITT: Zu zeigen: Für jede $n+1$-Lösung b_{n+1} von (5.17) über einen beliebigen Pfad $p = ((i_1,\ldots,i_k), p_{i_1},\ldots,p_{i_k})$ und jede $n+1$-Lösung a_{n+1} von (5.16) über denselben Pfad p gilt: $b_{n+1} \leq a_{n+1}$.

$$
\begin{aligned}
a_{n+1} &= h(n,i_1,\ldots,i_k) + c_1\, a_{i_1} + \cdots + c_k\, a_{i_k} &&\text{(Definition von } a \text{ in (5.16))}\\
&\geq h_{\min}(n) + c_1\, a_{i_1} + \cdots + c_k\, a_{i_k} &&\text{(Voraussetzung)}\\
&\geq h_{\min}(n) + c_1\, b_{i_1} + \cdots + c_k\, b_{i_k} &&\text{(Induktionsannahme)}\\
&= b_{n+1} &&\text{(Definition von } b \text{ in (5.17))}
\end{aligned}
$$

Der Beweis von (b) läuft analog.   ∎

Satz 5.33 (Monotonie und Konvexität)

Seien $\underline{h}(n) \leq h_{\min}(n)$ und $\overline{h}(n) \geq h_{\max}(n)$ monoton wachsende, konvexe Folgen. Dann ist jede untere Schranke für die Lösungen von

$$
\begin{aligned}
a_0 &= \gamma_0 \\
a_{n+1} &= \underline{h}(n) + c_1\, a_{i_1} + \cdots + c_k\, a_{i_k} \\
\text{Nebenbedingungen:} \quad & 0 \leq i_1,\ldots,i_k \leq n \\
& d_1\, i_1 + \cdots + d_k\, i_k = f(n)
\end{aligned}
\tag{5.19}
$$

auch eine untere Schranke für die Lösungen von (5.17) und jede obere Schranke für die Lösungen von

$$
\begin{aligned}
a_0 &= \gamma_0 \\
a_{n+1} &= \overline{h}(n) + c_1\, a_{i_1} + \cdots + c_k\, a_{i_k} \\
\text{Nebenbedingungen:} \quad & 0 \leq i_1,\ldots,i_k \leq n \\
& d_1\, i_1 + \cdots + d_k\, i_k = f(n)
\end{aligned}
\tag{5.20}
$$

auch eine obere Schranke für die Lösungen von (5.18).

Beweis: Analog Satz 5.32   ∎

Satz 5.34 (Angleichen der Koeffizienten)

Gegeben sei die Rekurrenzfamilie

$$
\begin{aligned}
a_0 &= \gamma_0 \geq 0 \\
a_{n+1} &= h(n) + c_1\, a_{i_1} + \cdots + c_k\, a_{i_k} \\
\text{Nebenbedingungen:} \quad & 0 \leq i_1,\ldots,i_k \leq n \\
& d_1\, i_1 + \cdots + d_k\, i_k = f(n)
\end{aligned}
\tag{5.21}
$$

Weiter sei $c_{\min} = \min\{c_1,\ldots,c_k\} \geq 0$ und $c_{\max} = \max\{c_1,\ldots,c_k\}$. Dann ist jede untere Schranke für die Lösungen von

$$
\begin{aligned}
a_0 &= \gamma_0 \\
a_{n+1} &= h(n) + c_{\min}\, a_{i_1} + \cdots + c_{\min}\, a_{i_k} \\
\text{Nebenbedingungen:} \quad & 0 \leq i_1,\ldots,i_k \leq n \\
& d_1\, i_1 + \cdots + d_k\, i_k = f(n)
\end{aligned}
$$

auch eine untere Schranke für die Lösungen von (5.21) und jede obere Schranke für die
Lösungen von

$$
\begin{aligned}
a_0 &= \gamma_0 \\
a_{n+1} &= h(n) + c_{\max}\, a_{i_1} + \cdots + c_{\max}\, a_{i_k}
\end{aligned}
$$

$$
\begin{aligned}
\text{Nebenbedingungen:}\quad & 0 \le i_1, \ldots, i_k \le n \\
& d_1\, i_1 + \cdots + d_k\, i_k = f(n)
\end{aligned}
$$

auch obere Schranke für die Lösungen von (5.21).

Beweis: Gleiche Induktion wie im Beweis von Satz 5.32. ∎

Beispiel 5.35 (Quicksort)

Die Rekurrenzfamilie von *Quicksort* war:

$$
\begin{aligned}
a_0 &= 4 \\
a_{n+1} &= 31 + 10\, i_1 + 27\, n + a_{i_1} + a_{i_2}
\end{aligned}
$$

$$
\text{Nebenbedingungen:}\quad 0 \le i_1, i_2 \le n \text{ und } i_1 + i_2 = n
$$

Es ist $31 + 27\, n \le 31 + 10\, i_1 + 27\, n \le 31 + 37\, n$. Beide Abschätzungen sind monoton wachsend
und konvex, und die Koeffizienten von a_{i_1} und a_{i_2} sind 1. Für eine untere Schranke muß also
die Rekurrenz

$$
\begin{aligned}
a_0 &= 4 \\
a_{n+1} &= 31 + 27\, n + 2 \cdot a_{n/2}
\end{aligned}
$$

gelöst werden. Diese Lösung ist

$$
a_n = 27\,(n+1)\, \log_2(n+1) - 19\, n + 4
$$

Entsprechend muß für eine obere Schranke die Rekurrenz

$$
\begin{aligned}
a_0 &= 4 \\
a_{n+1} &= 35 + 37\, n + a_n
\end{aligned}
$$

gelöst werden:

$$
a_n = \frac{37}{1}\, n^2 + \frac{33}{2}\, n + 4
$$

∎

5.5.2 Der mittlere Fall

Der mittlere Fall wird unter Gleichverteilungsannahme ermittelt. Jeder mögliche Vektor
$(i_1, \ldots, i_k)$ soll mit gleicher Wahrscheinlichkeit vorkommen. Weiter soll die Entscheidung
in einem Schritt unabhängig von der Entscheidung in anderen Schritten sein. Dann erhält
man sofort den mittleren Fall der Rekurrenzfamilie durch Aufsummierung aller Möglichkeiten
der Wahl von $(i_1, \ldots, i_k)$.

Satz 5.36 (Mittlere Lösungen einer Rekurrenzfamilie)
Gegeben sei eine Rekurrenzfamilie

$$
\begin{aligned}
a_0 &= \gamma_0 \\
a_{n+1} &= h(n, i_1, \ldots, i_k) + c_1\, a_{g_1(i_1,\ldots,i_k,n)} + \cdots c_m\, a_{g_m(i_1,\ldots,i_k,n)} \\
&\quad \text{Für } 1 \le j \le k \colon\ r_n^{(j)} \le i_j \le s_n^{(j)}
\end{aligned}
\tag{5.22}
$$

Falls in jedem Schritt der Vektor $(i_1, \ldots, i_k)$ unabhängig von den Entscheidungen in den anderen Schritten erfolgt, und falls die $(i_1, \ldots, i_k)$ gleichverteilt sind, dann erfüllt die mittlere Lösung $\bar{a}_n$ von (5.22) die Rekurrenz

$$
\begin{aligned}
\bar{a}_0 &= \gamma_0 \\
\bar{a}_{n+1} &= p_n \sum_{i_1=r_n^{(1)}}^{s_n^{(1)}} \cdots \sum_{i_k=r_n^{(k)}}^{s_n^{(k)}} \left(h(n, i_1, \ldots, i_k) + c_1\, \bar{a}_{g_1(i_1,\ldots,i_k,n)} + \cdots c_m\, \bar{a}_{g_m(i_1,\ldots,i_k,n)} \right)
\end{aligned}
$$

wobei $p_n = \left(\displaystyle\prod_{j=1}^{k} (s_n^{(j)} - r_n(j) + 1) \right)$ ist.

Beweis: Im gesamten Beweis sei

$$
Pfad(n) = \{ \pi \mid \pi \text{ ist Pfad einer } n\text{-Lösung von (5.22)} \}
$$

und $a_n(\pi)$ eine n-Lösung über den Pfad π von (5.22). Sei $P(\pi)$ die Wahrscheinlichkeit dafür, daß der Pfad π bei der Berechnung einer n-Lösung gewählt wird. Dann ist die mittlere Lösung durch

$$
\bar{a}_n = \sum_{\pi \in Pfad(n)} P(\pi)\, a_n(\pi)
$$

gegeben.

1. FALL: $n = 0$
Nach Definition 5.31 ist $Pfad(0) = \{()\}$ und somit ist $P(()) = 1$. Damit ergibt sich sofort $\bar{a}_0 = \gamma_0$.

2. FALL: $n > 0$
Sei $\pi = ((i_1, \ldots, i_k), \pi_1, \ldots, \pi_m) \in Pfad(n+1)$. Dann ist

$$
a_{n+1}(\pi) = h(i_1, \ldots, i_k, n) + \sum_{j=1}^{m} c_j\, a_{g_j(i_1,\ldots,i_k,n)}(\pi_j)
$$

Wegen der Unabhängigkeit der Wahl von $(i_1, \ldots, i_k)$ von der Entscheidung in den anderen Schritten gilt:

$$
P(\pi) = P((i_1, \ldots, i_k))\, P(\pi_1) \cdots P(\pi_m)
$$

Wegen der Gleichverteilung ist

$$P((i_1,\ldots,i_k)) = \frac{1}{|\{(i_1,\ldots,i_k)|r_n^{(j)} \le i_j \le s_n^{(j)}, 1 \le j \le k\}|}$$

$$= \left(\prod_{j=1}^{k}(s_n^{(j)} - r_n^{(j)} + 1)\right)^{-1}$$

$$= p_n$$

Also ist

$$\bar{a}_{n+1} = \sum_{\pi \in Pfad(n+1)} P(\pi)\, \bar{a}_{n+1}(\pi)$$

$$= \{\text{Obige Beziehungen von } a_{n+1}(\pi) \text{ und } P(\pi)\}$$

$$p_n \sum_{i_1=r_n^{(1)}}^{s_n^{(1)}} \cdots \sum_{i_k=r_n^{(k)}}^{s_n^{(k)}} \sum_{\pi_1 \in Pfad_1} \cdots \sum_{\pi_m \in Pfad_m} P(\pi_1)\cdots P(\pi_m)\left(h(i_1,\ldots,i_k,n) + \sum_{j=1}^{m} c_j\, a_{g_j(i_1,\ldots,i_k,n)}(\pi_j)\right)$$

$$= \{(5.9)\}$$

$$p_n \sum_{i_1=r_n^{(1)}}^{s_n^{(1)}} \cdots \sum_{i_k=r_n^{(k)}}^{s_n^{(k)}} \left(\prod_{l=1}^{m} \sum_{\pi_l \in Pfad_l} P(\pi_l)\, h(i_1,\ldots,i_k,n) + \right.$$

$$\left. \sum_{j=1}^{m} c_j \prod_{\substack{l=0 \\ l \ne j}}^{m} \sum_{\pi_l \in Pfad_l} P(\pi_l) \sum_{\pi_j \in Pfad_j} P(\pi_j)\, a_{g_j(i_1,\ldots,i_k,n)}(\pi_j)\right)$$

$$= \left\{\sum_{\pi_l \in Pfad_l} P(\pi_l) = 1\right\}$$

$$p_n \sum_{i_1=r_n^{(1)}}^{s_n^{(1)}} \cdots \sum_{i_k=r_n^{(k)}}^{s_n^{(k)}} \left(h(i_1,\ldots,i_k,n) + \sum_{j=1}^{m} c_j \sum_{\pi_j \in Pfad_j} P(\pi_j)\, a_{g_j(i_1,\ldots,i_k,n)}(\pi_j)\right)$$

$$= \left\{\sum_{\pi_j \in Pfad_j} P(\pi_j)\, a_{g_j(i_1,\ldots,i_k,n)}(\pi_j) = \bar{a}_{g_j(i_1,\ldots,i_k,n)}\right\}$$

$$p_n \sum_{i_1=r_n^{(1)}}^{s_n^{(1)}} \cdots \sum_{i_k=r_n^{(k)}}^{s_n^{(k)}} \left(h(i_1,\ldots,i_k,n) + \sum_{j=1}^{m} c_j\, \bar{a}_{g_j(i_1,\ldots,i_k,n)}\right)$$

wobei $Pfad_j = Pfad(g_j(i_1,\ldots,i_k,n))$ ist. $\blacksquare$

Beispiel 5.37 (Quicksort)

Für den mittleren Fall der Rekurrenzfamilie von *Quicksort* erhält man:

$$a_0 = 4$$

$$(n+1)\cdot a_{n+1} = 31\,(n+1) + 10 \sum_{i=0}^{n} i + 27\,(n+1)\,n + \sum_{i=0}^{n} a_i + \sum_{i=0}^{n} a_{n-i}$$

$$= 32\,n^2 + 63\,n + 31 + 2 \sum_{i=0}^{n} a_i$$

Diese Rekurrenz löst man zuerst, indem man versucht die Summe zu eliminieren. Am einfachsten erfolgt dies, indem man in der Rekurrenz n durch $n - 1$ substituiert und dann die beiden Rekurrenzen subtrahiert:

$$
\begin{array}{rl}
(n + 1) \cdot a_{n+1} & = 32\, n^2 + 63\, n + 31 + 2\, \sum_{i=0}^{n} a_i \\
-\qquad\quad n\, a_n & = 32\, n^2 - n + 2\, \sum_{i=0}^{n-1} a_i \\
\hline
(n + 1)\, a_{n+1} - n\, a_n & = 64\, n + 31 + 2\, a_n
\end{array}
$$

Diese Rekurrenz ist also linear *ohne* konstante Koeffizienten:

$$
a_{n+1} = 64 - \frac{33}{n + 1} + \frac{n + 2}{n + 1}\, a_n
$$

Da diese Rekurrenz eine Rekurrenz erster Ordnung ist läßt sie sich durch direktes Aufsummieren lösen und man erhält[5]:

$$
a_n = 64\, n\, H_{n+1} - 93\, n + 64\, H_{n+1} - 57
$$

Da $H_n = O(\log n)$ stimmt das Ergebnis mit denen aus der Literatur [Meh84c, Knu73c, AHU74] überein.

---

[5]$H_n = \sum_{i=1}^{n} 1/i$ ist die n-te harmonische Zahl

Kapitel 6

Probabilistische Semantik

Es soll gezeigt werden, daß eine probabilistische Semantik (nach [Koz81]) dazu benutzt werden kann, um Wahrscheinlichkeiten dafür zu berechnen, daß im Programm vorkommende Bedingungen wahr sind. In der probabilistischen Semantik werden Funktionen als wahrscheinlichkeitsmaßtransformierende Funktionen angesehen. Es wird eine Transformation und Methodik angegeben, die die benutzerdefinierten Funktionen in wahrscheinlichkeitsmaßtransformierende Funktionen überführt. Einen Ansatz der ähnliches erreichen soll, und auf Kozens Semantik basiert wurde für FP-Programme in [HC88] durchgeführt. Er definiert und verwendet *attributierte probabilistische Grammatiken*, um Maße auf FP-Listen zu definieren. Seine Methodik erscheint allerdings schwer automatisierbar. In diesem Kapitel werden Techniken zur Definition von Maßen für allgemeine, algebraisch spezifizierte Datenstrukturen eingeführt.

Da die Datenstrukturen nicht Zahlen sind, wird gezeigt wie dort Wahrscheinlichkeitsmaße definiert werden können. Es handelt sich hierbei um ʺmehrsortigeʺ Maße, die entsprechend der Datenstruktur aufgebaut werden.

Im 2. Abschnitt wird dann die o.a. Transformation eingeführt. Die Grundfunktionen werden beispielhaft anhand von Listen und Bäumen behandelt. Für Kontrollstrukturen wird explizit die Transformation definiert.

Schließlich wird dann im 3. Abschnitt gezeigt, wie diese Ergebnisse zur Berechnung der Wahrscheinlichkeit mit der eine Bedingung wahr wird, verwendet werden können.

6.1 Wahrscheinlichkeitsmaße auf allgemeinen Typen

Wahrscheinlichkeitsmaße auf Datentypen können induktiv über den Typaufbau definiert werden. Dazu ist zu beachten, daß bei mehrsortigen Strukturen wie etwa Listen oder Bäume ein Wahrscheinlichkeitsmaß auf dem Elementtyp verwendet wird. Sind diese Sorten parametrisch definiert, so werden nur die Axiome der Definition des Begriffes *Wahrscheinlichkeitsmaß* verwendet. Ansonsten wird für alle benutzten Sorten eine Definition eines Wahrscheinlichkeitsmaßes auf diesen Typen benutzt. Diese müssen also auch definiert werden.

Zuerst wird der Begriff des Wahrscheinlichkeitsmaßes definiert. Anschließend werden einige
Beispiele vorgestellt. Schließlich werden Prinzipien zum Finden solcher induktiven Definitionen erläutert.

Definition 6.1 (Wahrscheinlichkeitsmaß)

Sei Ω eine Datenstruktur. Ein *Wahrscheinlichkeitsmaß* μ auf Ω ist eine Funktion
$\mu : 2^\Omega \to [0,1]$ mit:

(i) $\mu(\emptyset) = 0$

(ii) $\mu(\Omega) = 1$

(iii) $\mu(U \uplus V) = \mu(U) + \mu(V)$ für $U, V \subseteq \Omega$

Die Menge der Wahrscheinlichkeitsmaße auf Ω wird mit $W(\Omega)$ bezeichnet.   ∎

Es ist nun möglich Wahrscheinlichkeitsmaße auf Datenstrukturen S zu definieren. Da die
Datenstrukturen algebraisch spezifiziert werden gibt es höchstens abzählbar viele Elemente
von S. Ein Maß μ_S auf S kann daher (wegen 6.1(iii)) elementweise definiert werden:

Beispiel 6.2 (Listen)

Im Folgenden werden die hier verwendenten Definitionen und Maße auf Listen verwendet:

```
type list(A)
sorts list,A,bool
constructors
   nil: -> list(A);
   cons: A x list(A) -> list(A)
operations
   car: list(A) -> A;
   cdr: list(A) -> list(A);
   empty: list(A) -> bool
variables x:A; l:list(A)
equations
   car(cons(a,l)) = a;
   cdr(cons(a,l)) = l;
   empty(nil) = TRUE;
   empty(cons(a,l)) = FALSE
```

(a) Es sei $\mu_A \in W(A)$

Satz 6.3

Das durch die Gleichungen

$$\begin{aligned}
\mu_{List(A)}(nil) &= 0.5 \\
\mu_{List(A)}(cons(a,l)) &= 0.5 \cdot \mu_A(a) \cdot \mu_{List(A)}(l)
\end{aligned}$$

definierte Maß ist ein Wahrscheinlichkeitsmaß.

Beweis:

Es ist zu zeigen, daß $\mu_{List(A)}(List(A)) = 1$, alles andere folgt aus dem Definitionsprinzip von $\mu_{List(A)}$.

$$
\begin{aligned}
\mu_{List(A)}(List(A)) &= \sum_{l \in List(A)} \mu_{List(A)}(l) \qquad \text{(nach 6.3(iii))} \\
&= \mu_{List(A)}(nil) + \sum_{a \in A} \sum_{l \in List(A)} \mu_{List(A)}(cons(a,l)) \\
&= 0.5 + 0.5 \cdot \sum_{a \in A} \mu_A(a) \cdot \sum_{l \in List(A)} \mu_{List(A)}(l) \\
&= 0.5 + 0.5 \cdot \mu_{List(A)}(List(A))
\end{aligned}
$$

Also: $\mu_{List(A)}(List(A)) = 1$ $\blacksquare$

(b)

Satz 6.4

Das durch die Gleichungen

$$
\begin{aligned}
\mu_{List(A)}(nil) &= e^{-2} \\
\mu_{List(A)}(cons(a,l)) &= \mu_A(a) \cdot \mu_{List(A)}(l) \cdot \frac{2}{1 + length(l)}
\end{aligned}
$$

definierte Maß ist ein Wahrscheinlichkeitsmaß.

Beweis:

$$
\begin{aligned}
\mu_{List(A)}(List(A)) &= \sum_{l \in List(A)} \mu_{List(A)}(l) \\
&= \mu_{List(A)}(nil) + \sum_{a \in A} \sum_{l \in List(A)} \mu_{List(A)}(cons(a,l)) \\
&= e^{-2} + \mu_A(A) \cdot \sum_{l \in List(A)} \mu_{List(A)}(l) \cdot \frac{2}{1 + length(l)} \\
&= e^{-2} + \sum_{l \in List(A)} \mu_{List(A)}(l) \cdot \frac{2}{1 + length(l)} \\
&= e^{-2} + \sum_{n=0}^{\infty} f(n)
\end{aligned}
$$

wobei $f(n) = \displaystyle\sum_{\substack{l \in List(A) \\ length(l)=n}} \mu_{List(A)}(l) \cdot \frac{2}{1+n}$

Es gilt:

$$
\begin{aligned}
f(0) \;&=\; e^{-2}\cdot 2 \\
f(n+1) \;&=\; \sum_{\substack{l\in List(A)\\ length(l)=n+1}} \mu_{List(A)}(l)\cdot\frac{2}{n+2} \\
&=\; \sum_{\substack{l\in List(A)\\ length(l)=n}} \mu_{List(A)}(cons(A,l))\cdot\frac{2}{n+2} \\
&=\; \frac{2}{n+2}\cdot \sum_{\substack{l\in List(A)\\ length(l)=n}} \mu_{List(A)}(l)\cdot\frac{2}{n+1} \\
&=\; \frac{2}{n+2}\cdot f(n)
\end{aligned}
$$

Damit folgt:

$$
f(n) = \frac{2^{n+1}}{(n+1)!}\cdot e^{-2}
$$

Es gilt somit:

$$
\begin{aligned}
\mu_{List(A)}(List(A)) \;&=\; e^{-2}+e^{-2}\cdot\sum_{n=0}^{\infty}\frac{2^{n+1}}{(n+1)!} \\
&=\; e^{-2}+e^{-2}\cdot\left(\sum_{n=0}^{\infty}\frac{2^{n}}{n!}-1\right) \\
&=\; e^{-2}+e^{-2}\cdot(e^{2}-1) \\
&=\; 1
\end{aligned}
$$

■

Beispiel 6.5 (Bäume) type tree(A)
```
sorts tree,A,bool
contructors
   nil: -> tree(A);
   node: tree(A) x A x tree(A) -> tree(A)
operations
   left: tree(A) -> tree(A);
   cont: tree(A) -> A;
   right: tree(A) -> tree(A)
variables a:A; t1:tree(A); t2:tree(A)
equations
   cont(node(t1,a,t2))=a;
   left(node(t1,a,t2))=t1;
   right(node(t1,a,t2))=t2
```

Satz 6.6

Es sei $\mu_A \in W(A)$. Das durch die Gleichungen

$$\mu_{tree(A)}(nil) = 0.5$$
$$\mu_{tree(A)}(node(t_1, a, t_2)) = 0.5 \cdot \mu_{tree(A)}(t_1) \cdot \mu_A(a) \cdot \mu_{tree(A)}(t_2)$$

definierte Maß ist ein Wahrscheinlichkeitsmaß.

Beweis:

$$
\begin{aligned}
\mu_{tree(A)}(tree(A)) &= \mu_{tree(A)}(nil) + \mu_{tree(A)}(node(tree(A), A, tree(A))) \\
&= 0.5 + 0.5 \cdot \mu_{tree(A)}(tree(A)) \cdot \mu_A(A) \cdot \mu_{tree(A)}(tree(A)) \\
&= 0.5 + (\mu_{tree(A)}(tree(A)))^2
\end{aligned}
$$

Man muß also die Lösung der Gleichung $x = 0.5 + 0.5\, x^2$ finden. Diese hat die eindeutige Lösung $x = 1$. Somit ist also $\mu_{tree(A)}(tree(A)) = 1$. ∎

Den Maßen liegen die folgenden Konstruktionsprinzipien zugrunde:

Sei c ein nullstelliger Konstruktor des Typs B und k ein n-stelliger Konstruktor mit $k : A_1 \times \cdots \times A_n \to B$

Dann bilde:

$$\mu_B(c) = \alpha$$
$$\mu_B(k(a_1, \ldots, a_n)) = (1 - \alpha)\mu_{A_1}(a_1) \cdot \cdots \cdot \mu_{A_n}(a_n)$$

wobei die μ_{A_i} Verteilungen auf dem Typ A_i sind. Es handelt sich hierbei also um eine *geometrische Verteilung*. Nach diesem Prinzip sind die Maße in Beispiel 6.2(a) und Beispiel 6.5(a) definiert.

Dagegen ist das (b)-Beispiel direkt über Verteilungen auf $\mathbf{N}$ abgeleitet. Bei Beispiel 6.2(b) war der Ansatz eine POISSON-Verteilung:

$$\mu(n) = \frac{\alpha^n}{n!} \cdot e^{-\alpha}$$

Man setzt dann:

$$\mu(length(l)) = \frac{\alpha^{length(l)}}{(length(l))!} \cdot e^{-\alpha}$$

Induktiv ergibt sich:

$$
\begin{aligned}
\mu(length(nil)) &= e^{-\alpha} \\
\mu(length(cons(a, l))) &= \frac{\alpha^{1+length(l)}}{(1 + length(l)) \cdot length(l)!} \cdot e^{-\alpha} \\
&= \frac{\alpha}{1 + length(l)} \cdot \mu(length(l))
\end{aligned}
$$

Da in dieser Formel der Inhalt der Liste nicht berücksichtigt wird, wird jeder Rekursionsschritt mit $\mu_A(a)$, dem gegenwärtigen Inhalt der Liste, multipliziert. Man erhält dann:

$$\mu_{List(A)}(nil) = e^{-\alpha}$$

$$\mu_{List(A)}(cons(a, l)) = \frac{\alpha}{1 + length(l)} \cdot \mu_A(a) \cdot \mu_{List(A)}(l)$$

Die POISSON-Verteilung eignet sich nicht gut für eine Verallgemeinerung. Außerdem ist es schwierig die Ansätze in den folgenden Abschnitten für POISSON-Verteilungen automatisch durchzuführen. Wir beschränken uns daher auf geometrische Verteilungen. In diesem Abschnitt wird eine geometrische Verteilung für allgemeine Typen definiert, und Kriterien eingeführt, für die diese Verteilungen auch tatsächlich Wahrscheinlichkeitsverteilungen sind. Es zeigt sich, daß dies nicht immer der Fall sein wird.

Definition 6.7 (Geometrische Verteilung)
Sei $(T, S, \Sigma, C, E(X))$ ein Typ mit der folgenden Konstruktormenge C:

$$c_1 : A_{1,1} \times \cdots \times A_{1,s_1} \rightarrow T$$
$$\vdots$$
$$c_n : A_{n,1} \times \cdots \times A_{n,s_n} \rightarrow T$$

Die Abbildung $\mu_T : T \rightarrow \mathbf{R}_0^+$, definiert durch

$$\mu_T(c_1(a_{1,1}, \ldots, a_{1,s_1})) = \alpha_1 \, \mu_{A_{1,1}}(a_{1,1}) \cdots \mu_{A_{1,s_1}}(a_{1,s_1})$$
$$\vdots$$
$$\mu_T(c_n(a_{n,1}, \ldots, a_{n,s_n})) = \alpha_n \, \mu_{A_{n,1}}(a_{n,1}) \cdots \mu_{A_{n,s_n}}(a_{n,s_n})$$

heißt *geometrische Verteilung für den Typ T*, wenn gilt

(i) $\alpha_i \geq 0$ für alle $1 \leq i \leq n$.

(ii) $\alpha_1 + \cdots + \alpha_n = 1$

(iii) Die $\mu_{A_{i,j}}$ sind geometrische Verteilungen für alle $A_{i,j} \neq T$.

$\blacksquare$

Im Rest dieses Abschnitts wird nun untersucht, wann geometrische Verteilungen auch Wahrscheinlichkeitsverteilungen sind. Die Eigenschaften (i) und (iii) aus Definition 6.1 sind durch Definition 6.7 unmittelbar erfüllt. Es bleibt noch zu zeigen, wann $\mu_T(T) = 1$ gilt.

Wir betrachten zuerst den Spezialfall $(T, \{T\}, \Sigma, C, E(X))$ mit der Konstruktormenge C:

$$c_0 : T^0 \rightarrow T$$
$$\vdots \qquad\qquad\qquad\qquad (6.1)$$
$$c_n : T^n \rightarrow T$$

Dann wird gezeigt, wenn für diesen Spezialfall $\mu_T(T) = 1$ gilt, daß dann auch für den allgemeinen Fall $\mu_T(T) = 1$ gilt.

Lemma 6.8 (Beschreibung der Terme)
Die Menge der Konstruktorgrundterme des Typs T aus (6.1) wird durch die eindeutige Grammatik

$$T ::= c_0 \mid c_1\, T \mid c_2\, T\, T \mid \cdots \mid c_n\, \underbrace{T \cdots T}_{n\text{--mal}}$$

erzeugt.

Beweis: Folgt direkt aus der Definition der Terme. ∎

Man kann nun die Menge der Konstruktorterme partitionieren

Korollar 6.9 (Partitionierung von Typen)
Die Menge der Konstruktorterme des Typs T aus (6.1) läßt sich wie folgt partitionieren:

$$T = T_0 \uplus \cdots \uplus T_n$$

wobei für $0 \le i \le n$: $T_i = \{c_i\, x_1 \cdots x_i \mid \forall 1 \le j \le i:\ x_j \in T\}$. ∎

Daraus folgt insbesondere, daß T_i isomorph zu T^i ist[1].

Wenn wir nun für den Rest dieses Abschnittes von Termen der Länge k sprechen, so ist *nicht* die Abbildung *length* gemeint, sondern die Länge des entsprechenden Wortes, das durch die Grammatik aus Lemma 6.8 erzeugt wird. Wir schreiben dafür $|w|$. Der Unterschied zu *length* besteht darin, daß *alle* Konstruktorsymbole gezählt werden, auch c_0.

Lemma 6.10 (Endlichkeitslemma)
Die Anzahl der Terme der Länge k ($k \ge 0$) ist endlich.
Beweis: Sei $l_k :=$ Anzahl der Elemente in $\{w \in T \mid |w| = k\}$. Da T durch die Grammatik in Lemma 6.8 beschrieben werden kann, gilt $l_k \le (n+1)^k$, ∎

Korollar 6.11 (Formale Potenzreihen)
Durch

$$C(z) = \sum_{w \in T} \mu_T(w)\, z^{|w|}$$

ist eine formale Potenzreihe definiert.

Beweis: Es sei $\mu_k = \sum_{w \in T, |w|=k} \mu_T(w)$. Dann ist

$$C(z) = \sum_{n=0}^{\infty} \mu_n z^n$$

Da $\mu_n < \infty$ ist, ist $C(z)$ eine formale Potenzreihe. ∎

---

[1] T^i steht für $\underbrace{T \times \cdots \times T}_{n\text{-mal}}$

Satz 6.12 (Eigenschaften der formalen Potenzreihe)
Es gilt $C(z) = z \ (\alpha_0 + \alpha_1 \ C(z) + \cdots + \alpha_n(C(z))^n)$.

Beweis: Es gilt

$$C(z) = \sum_{w \in T} \mu_T(w) \ z^{|w|} = \sum_{i=0}^{n} \sum_{w \in T_i} \mu_T(w) \ z^{|w|} = \sum_{i=0}^{n} C_i(z)$$

wobei

$$
\begin{aligned}
C_i(z) \ &= \ \sum_{w \in T_i} \mu_T(w) \ z^{|w|} \\
&= \ \sum_{w_1,\ldots,w_i \in T} \mu_T(c_i \ w_1 \cdots w_i) \ z^{|c_i \ w_1 \cdots w_i|} \\
&= \ \sum_{w_1,\ldots,w_i \in T} \alpha_i \mu_T(w_1) \cdots \mu_T(w_i) z^{1+|w_1|+\cdots+|w_i|} \\
&= \ \alpha_i \ z \ \left(\sum_{w \in T} \mu_T(w) z^{|w|} \right)^i \\
&= \ \alpha_i \ z \ (C(z))^i
\end{aligned}
$$

Eingesetzt ergibt sich $C(z) = z \ (\alpha_0 + \alpha_1 \ C(z) + \cdots + \alpha_n(C(z))^n)$.   ∎

Bemerkung: Man hätte auch eine formale Potenzreihe in $n + 1$ Unbekannten definieren
können[2]:

$$\tilde{C}(z_0,\ldots,z_n) = \sum_{w \in T} \mu_T(w) \ z_0^{|w|c_0} \ldots z_n^{|w|c_n}$$

Dann läßt sich

$$\tilde{C}(\vec{z}) = \alpha_0 + \alpha_1 \ z_1 \ \tilde{C}(\vec{z}) + \cdots \alpha_n \ z_n \ \tilde{C}(\vec{z})$$

analog Satz 6.12 beweisen.

Lemma 6.13 (Obere Schranken für μ_T)
Sei $M = \max\{|\alpha_0|,\ldots|\alpha_n|\}$. Dann gilt für alle $w \in T$ mit $|w| = k$: $|\mu_T(w)| \leq M^k$.

Beweis: Induktion über die Definition von T.   ∎

Korollar 6.14
Falls $\mu_k = \sum_{w \in T, |w|=k} \mu_T(w)$, dann ist $|\mu_k| \leq ((n+1) \ M)^k$.   ∎

Korollar 6.15 (Konvergenz der formalen Potenzreihe)
Der Konvergenzradius ρ der Potenzreihe $C(z)$ ist größer als 0, nämlich:

$$\rho \geq \frac{1}{(n+1) \ M}$$

---

[2] $|w|_x$ bedeutet die Anzahl der Symbole x in w

Bemerkung: Bis hierher ist eine Verallgemeinerung für alle kontextfreien Grammatiken und damit für alle Mengen von STYFL-Typen möglich, wenn man die Abbildung μ_T in Definition 6.7 ohne die Beschränkungen für die α_i definiert (d.h. $\alpha_i \in \mathbf{R}$).

Ab jetzt sei $\alpha_0, \ldots, \alpha_n \geq 0$. Dann gilt:

- $C(z)$ ist definiert im Intervall $[0, \rho)$ ($\rho = \infty$ ist möglich).
- $C(0) = 0$ (d.h. $\mu_0 = 0$).

Falls sogar alle $\alpha_i > 0$ sind, dann kann der Konvergenzradius ρ von $C(z)$ wie folgt abgeschätzt werden:

Sei $m = \min\{\alpha_0, \ldots, \alpha_n\} > 0$. Dann gilt für $|w| = k$: $\mu_T(w) \geq m^k$. Für $k \neq 0$ ist also $\mu_k \geq ((n+1)\,m)^k$ und somit

$$\rho \leq \frac{1}{(n+1)\,m}$$

Lemma 6.16 (Formale Potenzreihen und Funktionen)
Die formale Potenzreihe $C(z)$ ist eine nichtnegative, stetige, monoton wachsende Funktion auf ihrem Definitionsbereich, und es gilt:

$$C(z) = z\,(\alpha_0 + \cdots + \alpha_n\,C^n(z)) \tag{6.2}$$

Beweis:

1. Alle Koeffizienten sind nicht-negativ.

2. Die Abbildung von formalen Potenzreihen mit Konvergenzradius $\rho > 0$ in die Funktion, die durch diese Reihe auf $[0, \rho)$ definiert ist, ist ein Ringhomomorphismus.

In [Heu81b] ist gezeigt, daß diese Funktion stetig und monoton wachsend ist. ∎

Ab jetzt gelte zusätzlich: $\alpha_0 + \cdots + \alpha_n = 1$

Lemma 6.17
Falls es ein $x > 0$ gibt, so daß $C(x) > 1$ ist, dann ist $C(1) = 1$.
Beweis: Da C eine stetige Funktion ist, nimmt C alle Werte zwischen $C(0) = 0$ und $C(x) > 1$ an. Es gibt also ein x_0 mit $C(x_0) = 1$. Eingesetzt in (6.2) ergibt sich:

$$1 = x_0\,(\alpha_0 + \cdots + \alpha_n) \Leftrightarrow x_0 = 1$$

Somit ist also $C(1) = 1$. ∎

Dieses Lemma ist nur ein hinreichendes Kriterium für den Wert von $C(1)$. Tatsächlich gilt nicht immer $C(1) = 1$. Es gilt nämlich:

Satz 6.18 (Wert von $C(1)$)
Der Wert $C(1)$ existiert und ist die kleinste positive Lösung von

$$p = \alpha_0 + \alpha_1\,p + \cdots + \alpha_n\,p^n \tag{6.3}$$

Beweis: Sei $\Omega : S(z) \mapsto z\,(\alpha_0 + \cdots + \alpha_n\,(S(z))^n)$ ein Operator auf Potenzreihen mit nicht–negativen Koeffizienten und und $\omega : s \mapsto \alpha_0 + \cdots + \alpha_n s^n$ ein Operator auf $\mathbf{R}$.

Auf den Potenzreihen sei eine Ordnung wie folgt definiert: Seien

$$S_1(z) = \sum_{n=0}^{\infty} \sigma_n\, z^n, \quad S_2(z) = \sum_{n=0}^{\infty} \tau_n\, z^n$$

zwei Potenzreihen. Dann ist $S_1(z) < S_2(z)$ genau dann, wenn für alle $n \in \mathbf{N}$ gilt: $\sigma_n \leq \tau_n$ und es ein $m \in \mathbf{N}$ gibt mit $\sigma_m < \tau_m$.

Der Operator Ω ist bezüglich dieser Ordnung auf Potenzreihen streng monoton wachsend. Zusammen mit der Tatsache[3]:

$$S_1 \equiv S_2 \bmod z^n \implies \Omega(S_1) \equiv \Omega(S_2) \bmod z^{n+1}$$

folgt, daß die Folge der formalen Potenzreihen

$$S_0 = 0, \ S_1 = \alpha_0\, z, \ldots, \ S_{n+1} = \Omega(S_n), \ldots$$

monoton wachsend ist und im Ring der formalen Potenzreihen konvergiert. Die Folge S_n ist gerade so gewählt, daß für alle $n \in \mathbf{N}$ gilt:

$$C(z) \equiv S_n(z) \bmod z^n$$

Durch die Anwendung von Ω auf S_n ändern sich die Koeffizienten bis z^n nicht mehr. Also gilt:

$$\lim_{n\to\infty} S_n(z) = C(z)$$

Alle Koeffizienten des Grenzwertes der Folge von Potenzreihen sind gleich denen von C.

Sei nun $s_n = S_n(1)$. Dann ist $\omega(s_n) = s_{n+1}$ und die Folge s_n streng monoton wachsend. Somit ist $s_n \leq C(1)$, während $C(1) - s_n$ gerade der Rest der Potenzreihe ist. Es genügt nun zu zeigen, daß die Folge s_n gegen die kleinste positive Lösung x_0 von (6.3) konvergiert. Dann folgt nämlich aus der Konvergenz der Potenzreihen, zusammen mit der Erhaltung der algebraischen Eigenschaften bei der Abbildung von Potenzreihen auf Funktionen, daß $C(1) = x_0$ ist.

Da 1 eine Lösung von (6.3) ist, gilt $x_0 \leq 1$. Durch Induktion zeigen wir nun, daß für alle $n \in \mathbf{N}$ gilt: $s_n < x_0$:

INDUKTIONSANFANG: $s_0 < x_0$
INDUKTIONSANNAHME: Es gelte $s_n < x_0$.
INDUKTIONSSCHRITT: Da x_0 Lösung von (6.3) ist gilt $\omega(x_0) = x_0$. Weil ω streng monoton wachsend ist, folgt aus der Induktionsannahme:

$$s_{n+1} = \omega(s_n) < \omega(x_0) = x_0$$

---

[3] $S_1 \equiv S_2 \bmod z^n$ bedeutet, daß bis z^n die Koeffizienten von S_1 und S_2 gleich sind.

Dann ist

$$s_\infty := \lim_{n\to\infty} s_n \le x_0$$

Da ω stetig auf $\mathbf{R}$ ist, gilt:

$$\omega(s_\infty) = \omega(\lim_{n\to\infty} s_n) = \lim_{n\to\infty} \omega(s_n) = \lim_{n\to\infty} s_{n+1} = s_\infty$$

Also ist s_∞ Lösung von (6.3). Da x_0 die kleinste Lösung von (6.3) ist, und $s_\infty \le x_0$ gilt, muß also $s_\infty = x_0$ sein. ∎

Wie schon erwähnt ist 1 nicht notwendigerweise die kleinste Lösung von (6.3):

Beispiel 6.19 (Kleinste Lösung von (6.3))
Sei $\alpha_0 = 1/4$, $\alpha_1 = 1/4$ und $\alpha_2 = 1/2$. Dann hat die kleinste Lösung von

$$x = \frac{1}{4} + \frac{1}{4}\,x + \frac{1}{2}\,x^2$$

den Wert $x_0 = 1/2$. Dann ist insbesondere

$$C(1) = \sum_{t\in T} \mu_T(t) = \frac{1}{2}$$

In der Tat erhält man

$$C(z) = \frac{4 - z - \sqrt{16 - 8\,z - 7\,z^2}}{4\,z}$$

Somit ist nach der expliziten Form der Potenzreihe $C(1) = 1/2$. ∎

Es gibt nun ein einfaches notwendiges und hinreichendes Kriterium wann $\sum_{t\in T} \mu_T(t) = 1$ ist:

Satz 6.20 (Notwendige und hinreichende Bedingung für kleinste Lösung 1)
Sei $\alpha_0,\ldots,\alpha_n \ge 0$, $\alpha_0 + \cdots + \alpha_n = 0$ und $1 > \alpha_0 \ne 0$. Weiter sei $P(x) = \alpha_0 + \cdots + \alpha_n\,x^n$ ein reellwertiges Polynom. Die kleinste Lösung von

$$x = P(x) \tag{6.4}$$

ist genau dann 1, wenn

$$\alpha_1 + 2\,\alpha_2 + \cdots + n\,\alpha_n \le 1$$

Beweis:
"$\Longleftarrow$": Sei $P'(1) = \alpha_1 + 2\,\alpha_2 + \cdots + n\,\alpha_n \le 1$. Weil alle $\alpha_i \ge 0$ sind, und ein $\alpha_i > 0$ ist, ist P' für $x \ge 0$ streng monoton wachsend. Also gilt für alle x mit $0 \le x < 1$: $P'(x) < 1$. Somit gilt nach dem Mittelwertsatz der Differentialrechnung für alle $x > y$ im Intervall $[0,1]$:

$$P(x) - P(y) = P'(\xi)\,(x - y)$$

für ein $\xi \in (y, x)$. Weil $P'(\xi) < 1$ ist, gilt also für alle $x \ne y$ in $[0,1]$: $|P(x) - P(y)| < |x - y|$.

Seien nun x_1 und x_2 zwei Lösungen von (6.4) in $[0,1]$. Dann ist

$$0 = x_1 - P(x_1) = x_2 - P(x_2) \Leftarrow x_1 - x_2 = P(x_1) - P(x_2)$$

Dies ist jedoch ein Widerspruch zur oberen Ungleichung. Damit ist 1 die einzige Lösung von
(6.4) in $[0,1]$.

"$\Longrightarrow$": Angenommen, es sei $\alpha_1 + \cdots + n\,\alpha_n > 1$. Wenn $Q(x) = P(x) - x$, dann ist diese
Annahme äquivalent zu $Q'(1) > 0$. In einer linken Umgebung $(1 - \varepsilon, 1]$ $(\varepsilon > 0)$ von 1 gilt für
alle x in dieser Umgebung: $Q(x) < Q(1)$. Weil $Q(1) = 0$ ist, existiert also ein $x_0 \in (0,1)$, so
daß $Q(x_0) < 0$.

Weiter ist $Q(0) = \alpha_0 > 0$. Weil Q stetig ist gibt es ein $\rho \in (0, x_0)$ mit $Q(\rho) = 0$. Also ist 1
nicht die kleinste Lösung von (6.4).   ∎

Satz 6.21 (Notw. und Hinr. Bedingung für geometr. Wahrscheinlichkeitsvert.)
Sei $(T, S, \Sigma, C, E(X))$ ein Typ mit den folgenden Konstruktoren:

$$c_0 \quad : \quad A_{1,1} \times \cdots \times A_{1,s_1} \to T$$

$$\vdots$$

$$c_{r_0} \quad : \quad A_{r_0,1} \times \cdots \times A_{r_0,s_{r_0}} \to T$$

$$c_{r_0+1} \quad : \quad T \times A_{r_0+1,1} \times \cdots \times A_{r_0+1,s_{r_0}+1} \to T$$

$$\vdots$$

$$c_{r_1} \quad : \quad T \times A_{r_1,1} \times \cdots \times A_{r_1,s_{r_1}} \to T$$

$$\vdots$$

$$c_{r_{k-1}+1} \quad : \quad \underbrace{T \times \cdots \times T}_{k\text{-mal}} \times A_{r_{k-1}+1,1} \times \cdots \times A_{r_{k-1}+1,s_{r_{k-1}}+1} \to T$$

$$\vdots$$

$$c_{r_k} \quad : \quad \underbrace{T \times \cdots \times T}_{k\text{-mal}} \times A_{r_k,1} \times \cdots \times A_{r_k,s_{r_k}} \to T$$

und μ_T eine geometrische Verteilung von T. Weiter sei für alle i und j $A_{i,j} \neq T$ und für die
geometrischen Verteilungen gelte $\mu_{A_{i,j}}(A_{i,j}) = 1$. Die geometrische Verteilung μ_T ist genau
dann Wahrscheinlichkeitsverteilung, wenn

$$(\alpha_{r_0+1} + \cdots + \alpha_{r_1}) + 2\,(\alpha_{r_1+1} + \cdots + \alpha_{r_2}) + \cdots + k\,(\alpha_{r_{k-1}+1} + \cdots + \alpha_{r_k}) \leq 1$$

Beweis: Durch ähnliches Schließen wie im Spezialfall erhält man für $C(z) = \displaystyle\sum_{w \in T} \mu_T(w) z^{|w|}$:

$$C(z) = z\left((\alpha_{r_0+1} + \cdots + \alpha_{r_1}) + (\alpha_{r_1+1} + \cdots + \alpha_{r_2}) C(z) + (\alpha_{r_{k-1}+1} + \cdots + \alpha_{r_k})(C(z))^k \right)$$

Dann ist $C(1)$ die kleinste Lösung der der Gleichung

$$x = (\alpha_{r_0+1} + \cdots + \alpha_{r_1}) + \cdots + (\alpha_{r_{k-1}+1} + \cdots + \alpha_{r_k})\, x^k$$

Nach Satz 6.20 ergibt sich, daß 1 genau dann die kleinste Lösung der obigen Gleichung ist, wenn das Kriterium

$$(\alpha_{r_0+1} + \cdots + \alpha_{r_1}) + 2\,(\alpha_{r_1+1} + \cdots + \alpha_{r_2}) + \cdots + k\,(\alpha_{r_{k-1}+1} + \cdots + \alpha_{r_k}) \leq 1$$

erfüllt ist. D.h. also genau dann ist:

$$\mu_T(T) = \sum_{t \in T} \mu_T(t) = C(1) \doteq 1$$

Insbesondere ist $\sum_{t \in T} \mu_T(t) = x_0$, wobei x_0 die kleinste Lösung der Gleichung

$$x = (\alpha_{r_0+1} + \cdots + \alpha_{r_1}) + \cdots + (\alpha_{r_{k-1}+1} + \cdots + \alpha_{r_k})\,x^k$$

ist. Wenn man nun jede rechte Seite in der Definition von μ_T mit $1/x_0$ multipliziert, normiert man $\mu_T(T)$ auf 1. Aus dem Beweis erhält man also gleichzeitig für den Fall, daß das notwendige und hinreichende Kriterium für die geometrische Wahrscheinlichkeitsverteilung nicht erfüllt ist, ein Verfahren, das eine geometrische Verteilung in eine Wahrscheinlichkeitsverteilung transformiert.

6.2 Wahrscheinlichkeitsmaßtransformationen

Nun soll die probabilistische Semantik von Funktionen definiert werden. Es wird gezeigt wie diese automatisch abgeleitet werden kann. Der Grund für die Notwendigkeit liegt darin daß bei Funktionsaufrufen wie etwa *f(g(x))* aus der Verteilung von x eine Verteilung von $g(x)$ bestimmt werden muß, damit eine im Rumpf der Definition von *f(y)* vorkommende Bedingung, die y enthält, behandelt werden kann. Desweiteren erlaubt diese Methodik eine uniforme Behandlung von Bedingungen der Form $t_1 = t_2$, wobei t_1 und t_2 zwei Terme sind. Es ist nämlich möglich, die Verteilung von t_1 bzw. t_2 zu bestimmen und diese Bedingung dann als $X = Y$ anzusehen, wobei X und Y zwei Zufallsvariablen sind, die gemäß der Verteilung von t_1 und t_2 verteilt sind.

Definition 6.22 (Probabilistische Semantik)
Sei $f : A \to B$ eine Funktion. Die *probabilistische Semantik* von f ist eine Funktion $f^* : W(A) \to W(B)$, wobei für $\mu_A \in W(A)$, $S \subseteq B$ gilt:

$$f^*(\mu_A)(S) = \mu_A(f^{-1}(S))$$

Daraus folgt eine wichtige Eigenschaft, die später häufig benötigt wird:

Lemma 6.23 (Linearität)
Für jede beliebige Funktion $f : A \to B$ ist f^* linear, d.h. es gilt:

$$f^*(c \cdot \mu_A + d \cdot \lambda_A) = c \cdot f^*(\mu_A) + d \cdot f^*(\lambda_A)$$

Beweis:

Für beliebiges $S \subseteq B$ gilt:

$$
\begin{aligned}
f^*(c \cdot \mu_A + d \cdot \lambda_A)(S) &= (c \cdot \mu_A + d \cdot \lambda_A)(f^{-1}(S)) \\
&= c \cdot \mu_A(f^{-1}(S)) + d \cdot \lambda_A(f^{-1}(S)) \\
&= c \cdot f^*(\mu_A)(S) + d \cdot f^*(\lambda_A)(S) \\
&= (c \cdot f^*(\mu_A) + d \cdot f^*(\lambda_A))(S)
\end{aligned}
$$

$\blacksquare$

Für benutzerdefinierte Funktionen f kann nun f^* induktiv aufgebaut werden aus:

1. Den Funktionen g^*, die in den Datenstrukturen definiert sind
2. Aus $(f \circ g)^*$
3. Aus $(f \rightarrow g; h)^*$
4. Aus $(\textbf{let } x = M \textbf{ in } N)^*$

Zuerst wird für die Grundfunktionen die probabilistische Semantik bestimmt:

Beispiel 6.24 (Listen)

Zuerst wird die probabilistische Semantik der Konstruktoren *nil* und *cons* bestimmt:

$$nil^* :\rightarrow W(List(A))$$

mit

$$
nil^*()(l) = \begin{cases} 1 & \text{falls } l = nil \\ 0 & \text{sonst} \end{cases}
$$

Desweiteren ist $cons^* : W(A) \times W(List(A)) \rightarrow W(List(A))$, wobei:

$$cons^*(\mu_A, \mu_{List(A)})(\{l\}) = (\mu_A, \mu_{List(A)})(cons^{-1}(\{l\}))$$

Um die rechte Seite dieser Gleichung zu berechnen, benötigt man eine Fallunterscheidung ob die Liste l leer ist oder nicht.

1. Fall: $l = nil$

$$
\begin{aligned}
(\mu_A, \mu_{List(A)})(cons^{-1}(\{nil\})) &= (\mu_A, \mu_{List(A)})(\emptyset) \\
&= 0 \qquad\qquad\qquad\quad \text{(Definition 6.1(i))}
\end{aligned}
$$

2. Fall: $l = cons(a, l')$

$$
\begin{aligned}
(\mu_A, \mu_{List(A)})(cons^{-1}(\{cons(a, l')\})) &= (\mu_A, \mu_{List(A)})(\{a\} \times \{l'\}) \\
&= \mu_A(a) \cdot \mu_{List(A)}(l')
\end{aligned}
$$

Zusammengefaßt ergibt sich also:

$$
cons^*(\mu_A, \mu_{List(A)})(\{l\}) = \begin{cases} 0 & \text{falls } l = nil \\ \mu_A(a) \cdot \mu_{List(A)}(l') & \text{falls } l = cons(a, l') \end{cases}
$$

Für die Destruktoren *car* und *cdr* werden die Gleichungen erweitert auf Mengen $\bar{A} \subseteq A$ und $L \subseteq List(A)$:

$$car(cons(\bar{A}, L)) = \bar{A}$$
$$\Rightarrow car^{-1}(\bar{A}) = cons(\bar{A}, List(A))$$
$$cdr(cons(\bar{A}, L)) = L$$
$$\Rightarrow cdr^{-1}(L) = cons(A, L)$$

Hier müssen nun *car** und *cdr** aufgrund dieser Definitionen berechnet werden. Für $S \subseteq A$ und $L \subseteq List(A)$ erhält man z.B.:

(a) (vgl. Beispiel 6.2(a))

Die Funktionalität von *car** und *cdr** ist gegeben durch

$$car^* : W(List(A)) \;\rightarrow\; W(A)$$
$$cdr^* : W(List(A)) \;\rightarrow\; W(List(A))$$

Die Semantik dieser Operationen kann wie folgt berechnet werden:

$$
\begin{aligned}
car^*(\mu_{List(A)})(S) &= \mu_{List(A)}(car^{-1}(S)) \\
&= \mu_{List(A)}(cons(S, List(A))) \\
&= 0.5 \cdot \mu_A(S) \cdot \mu_{List(A)}(List(A)) \\
&= 0.5 \cdot \mu_A(S) \qquad \text{(Definition 6.1(ii))}
\end{aligned}
$$

$$
\begin{aligned}
cdr^*(\mu_{List(A)})(L) &= \mu_{List(A)}(cdr^{-1}(L)) \\
&= \mu_{List(A)}(cons(A, L)) \\
&= 0.5 \cdot \mu_A(A) \cdot \mu_{List(A)}(L) \\
&= 0.5 \cdot \mu_{List(A)}(L) \qquad \text{(Definition 6.1(ii))}
\end{aligned}
$$

(b) (vgl. Beispiel 6.2(b))

Die Funktionalität von *car** und *cdr** ist die gleiche wie unter (a). Man rechnet nun:

$$
\begin{aligned}
cdr^*(\mu_{List(A)})(L) &= \mu_{List(A)}(cdr^{-1}(L)) \\
&= \mu_{List(A)}(cons(A, L)) \\
&= \sum_{l \in L} \mu_A(A) \cdot \mu_{List(A)}(l) \cdot \frac{2}{1 + length(l)} \\
&= \sum_{l \in L} \mu_{List(A)}(l) \cdot \frac{2}{1 + length(l)}
\end{aligned}
$$

Insbesondere gilt für $L = \{l\}$

$$cdr^*(\mu_{List(A)})(l) = \mu_{List(A)}(l) \cdot \frac{2}{1 + length(l)}$$

Analog rechnet man:

$$
\begin{aligned}
car^*(\mu_{List(A)})(S) &= \mu_{List(A)}(car^{-1}(S)) \\
&= \mu_{List(A)}(cons(S, List(A))) \\
&= \sum_{l \in List(A)} \mu_A(S) \cdot \mu_{List(A)}(l) \cdot \frac{2}{1 + length(l)} \\
&= \mu_A(S) \cdot \sum_{l \in List(A)} \mu_{List(A)}(l) \cdot \frac{2}{1 + length(l)}
\end{aligned}
$$

Es gilt nun:

$$
\sum_{l \in List(A)} \mu_{List(A)}(l) \cdot \frac{2}{1 + length(l)} = \sum_{n=0}^{\infty} f(n)
$$

mit $f(n) = \displaystyle\sum_{\substack{l \in List(A) \\ length(l)=n}} \mu_{List(A)}(l) \cdot \frac{2}{1 + n}$

Entsprechend dem Beweis von Satz 6.4 ist

$$
f(n) = \frac{2^{n+1}}{(n+1)!} \cdot e^{-2}
$$

was insgesamt zu

$$
car^*(\mu_{List(A)})(S) = \mu_A(S) \cdot (1 - e^{-2})
$$

führt.

Diese Berechnung kann einfacher geführt werden, denn $\mu_{List(A)}(cons(a,l))/\mu_A(a)$ ist unabhängig von a. Diese Eigenschaft wird im folgenden die *Unabhängigkeit von a in* $\mu_{List(A)}(cons(a,l))$ genannt. Falls eine solche Unabhängigkeit besteht, wie hier im Falle von a, so ist folgende Rechnung möglich:

$$
\begin{aligned}
car^*(\mu_{List(A)})(S) &= \mu_{List(A)}(car^{-1}(S)) \\
&= \mu_{List(A)}(cons(S, List(A))) \\
&= \mu_A(S) \cdot \mu_{List(A)}(cons(A, List(A))) \\
&= \mu_A(S) \cdot (1 - \mu_{List(A)}(nil)) \\
&= \mu_A(S) \cdot (1 - e^{-2})
\end{aligned}
$$

Diese Rechnung gilt nicht für den Parameter l, da l in $\mu_{List(A)}(cons(a,l))$ nicht unabhängig ist. ∎

Wie man sieht, sind hier die Ergebnisse z.T. unabhängig von der definierten Verteilung.

Beispiel 6.25 (Bäume)
In diesem Beispiel liegt der Fall etwas komplizierter, da hier der Baum in zwei Unterbäume zerlegt wird, deren Anzahl der Knoten sich aus der Gesamtknotenzahl auf verschiedene Weise aufteilen kann. In diesen Beispielen kann aber die Rechnung ohne eingehendere Betrachtung in diese Problematik durchgeführt werden. Zuerst wird wieder die Funktionalität der Konstruktoren bestimmt:

$$nil^* : \qquad\qquad\qquad\qquad\qquad \rightarrow W(tree(A))$$
$$node^* : \quad W(tree(A)) \times W(A) \times W(tree(A)) \quad \rightarrow W(tree(A))$$

Dann gilt:

$$nil^*()(t) = \begin{cases} 1 & \text{falls } t = nil \\ 0 & \text{sonst} \end{cases}$$

Für die Berechnung von $node^*$ müssen ähnlich wie bei Listen zwei Fälle unterschieden werden. Es ist:

$$node^*(\mu^1_{Tree(A)}, \mu_A, \mu^2_{Tree(A)})(t) = (\mu^1_{Tree(A)}, \mu_A, \mu^2_{Tree(A)})(node^{-1}(\{t\}))$$

1. Fall: $t = nil$

$$\begin{aligned}
(\mu^1_{Tree(A)}, \mu_A, \mu^2_{Tree(A)})(node^{-1}(\{nil\})) &= (\mu^1_{Tree(A)}, \mu_A, \mu^2_{Tree(A)})(\emptyset) \\
&= 0
\end{aligned}$$

2. Fall $t = node(t_1, a, t_2)$

$$\begin{aligned}
(\mu^1_{Tree(A)}, \mu_A, \mu^2_{Tree(A)})(node^{-1}(\{node(t_1, a, t_2)\})) \\
= (\mu^1_{Tree(A)}, \mu_A, \mu^2_{Tree(A)})(\{t_1\} \times \{a\} \times \{t_2\}) \\
= \mu^1_{Tree(A)}(t_1) \cdot \mu_A(a) \cdot \mu^2_{Tree(A)})(t_2)
\end{aligned}$$

Also:

$$node^*(\mu^1_{Tree(A)}, \mu_A, \mu^2_{Tree(A)})(t) =$$
$$\begin{cases} 0 & \text{falls } t = nil \\ \mu^1_{Tree(A)}(t_1) \cdot \mu_A(a) \cdot \mu^2_{Tree(A)})(t_2) & \text{falls } t = node(t_1, a, t_2) \end{cases}$$

Weiterhin gilt für $T_1, T_2 \subseteq Tree(A)$ und $S \subseteq A$

$$\begin{aligned}
left(node(T_1, S, T_2)) &= T_1 \Rightarrow left^{-1}(T_1) = node(T_1, A, Tree(A)) \\
right(node(T_1, S, T_2)) &= T_2 \Rightarrow right^{-1}(T_2) = node(Tree(A), A, T_2) \\
cont(node(T_1, S, T_2)) &= S \Rightarrow cont^{-1}(S) = node(Tree(A), S, Tree(A))
\end{aligned}$$

(vgl. Beispiel 6.5)

Es ist sowohl t_1, a als auch t_2 unabhängig in $\mu_{Tree(A)}(node(t_1, a, t_2))$, wie in Satz 6.6 definiert. Damit ist die folgende Rechnung möglich:

$$\begin{aligned}
left^*(\mu_{Tree(A)})(\{t\}) &= \mu_{Tree(A)}(left^{-1}(\{t\}) \\
&= \mu_{Tree(A)}(node(\{t\}, A, Tree(A))) \\
&= \mu_{Tree(A)}(t) \cdot \mu_{Tree(A)}(node(Tree(A), A, Tree(A))) \\
&= \mu_{Tree(A)}(t) \cdot (1 - \mu_{Tree(A)}(nil)) \\
&= 0.5\,\mu_{Tree(A)}(t)
\end{aligned}$$

Analog zeigt man:

$$right^*(\mu_{Tree(A)})(\{t\}) = 0.5\mu_{Tree(A)}(t)$$
$$cont^*(\mu_{Tree(A)})(\{a\}) = 0.5\mu_A(a)$$

■

Es wird damit klar, wie man Grundfunktionen bestimmt. Zum Teil muß dabei Unterstützung vom Benutzer erfolgen.

Eine benutzerdefinierte Funktion f wird nun gemäß einer Transformation **TP** nach f^* übersetzt:

(i) $\textbf{TP}[\![\,\vec{x}\,]\!] = \mu^{\vec{x}}$ mit $\mu^{(x_1,\ldots,x_n)} = (\mu^{x_1},\ldots,\mu^{x_n})$

(ii) $\textbf{TP}[\![\,f(t)\,]\!] = f^*(\textbf{TP}[\![\,t\,]\!])$

(iii) $\textbf{TP}[\![\,(b \to t;e)\,]\!] = P(b = true) \cdot T[\![\,t\,]\!] + (1 - P(b = true)) \cdot \textbf{TP}[\![\,e\,]\!]$

(iv) $\textbf{TP}[\![\,\textbf{let}\ x = t_1\ \textbf{in}\ t_2\,]\!] = \textbf{TP}[\![\,t_2[t_1 \leftarrow x]\,]\!]$

Basis der Transformation in (iii) sind die folgenden Überlegungen: Eigentlich müßte die Transformation wie folgt lauten:

$$\textbf{TP}[\![\,(b \to t;e)\,]\!] = (\textbf{TP}[\![\,t\,]\!])_{b,true} + (\textbf{TP}[\![\,e\,]\!])_{b,false}$$

wobei für Maße μ die Maße $\mu_{b,true}$ und $\mu_{b,false}$ durch

$$\mu_{b,true}(S) = \mu(\{x \in S \mid b(x) = true\})$$
$$\mu_{b,false}(S) = \mu(\{x \in S \mid b(x) = false\})$$

definiert sind. Für einelementige S gilt nun:

$$\mu_{b,true}(x) = \begin{cases} \mu(x) & \text{falls } b(x) = true \\ 0 & \text{sonst} \end{cases}$$

Insgesamt gilt also:

$$\mu_{b,true}(x) = P(b = true) \cdot \mu(x)$$

Eine analoge Rechnung ist für $\mu_{b,false}$ möglich. Es folgen nun einige Beispiele, in denen die Anwendung von T demonstriert wird:

Beispiel 6.26 (Probabilistische Semantik)
Sei a gemäß μ_A^a, b gemäß μ_A^b verteilt. Dann gilt:

$$\textbf{TP}[\![\,cons(a, cons(b, nil))\,]\!](\mu_A^a, \mu_A^b)(l) = cons^*(\mu_A^a, cons^*(\mu_A^b, nil^*))(l)$$

Zur Vereinfachung der Notation wird $\textbf{TP}[\![\,f\,]\!]$ mit f^* identifiziert. Es folgt nun eine Fallunterscheidung gemäß Beispiel 6.24:

1.Fall: $l = nil$
Dann erhält man sofort:

$$cons^*(\mu_A^a, cons^*(\mu_A^b, nil^*))(nil) = 0$$

2.Fall: $l = cons(a, l')$
Dann:

$$cons^*(\mu_A^a, cons^*(\mu_A^b, nil^*))(cons(a, l')) = \mu_A^a(a) \cdot cons^*(\mu_A^b, nil^*)(l')$$

Zur Berechnung der rechten Seite sind nochmals zwei Fallunterscheidungen nach Beispiel 6.24 erforderlich:

2.1.Fall: $l' = nil$
Dann:

$$cons^*(\mu_A^b, nil^*)(nil) = 0$$

2.2.Fall: $l' = cons(b, l'')$
Dann:

$$cons^*(\mu_A^b, nil^*)(cons(b, l'')) = \mu_A^b(b) \cdot nil^*(l'')$$

Zur Berechnung dieser rechten Seite ist schließlich nochmals eine Fallunterscheidung notwendig:

2.2.1.Fall: $l'' = nil$

$$nil^*(nil) = 1$$

2.2.2.Fall: $l''' = cons(c, l''')$

$$nil^*(cons(c, l''')) = 0$$

Faßt man diese Ergebnisse zusammen, so erhält man:

$$(cons(a, cons(b, nil)))^*(\mu_A^a, \mu_A^b)(l) =$$
$$\begin{cases} 0 & \text{falls } l = nil \\ 0 & \text{falls } l = cons(a, nil) \\ \mu_A^a(a) \cdot \mu_A^b(b) & \text{falls } l = cons(a, cons(b, nil)) \\ 0 & \text{falls } l = cons(a, cons(b, cons(c, l'))) \end{cases}$$

∎

Beispiel 6.27 (*append* von Listen)
Betrachte

$$append(l, m) =$$
$$l = nil \rightarrow m;$$
$$cons(car(l), append(cdr(l), m))$$

Der Übersetzungsprozess T ergibt für $\lambda, \mu \in W(List(A))$, definiert durch $\lambda_A, \mu_A \in W(A)$ und $l \in List(A)$:

$$append^*(\lambda, \mu)(l) = \lambda(nil) \cdot \mu(l) + (1 - \lambda(nil)) \cdot cons^*(car^*(\lambda), append^*(cdr^*(\lambda), \mu))(l)$$

Um $car^*(\lambda)$ zu eliminieren, wird symbolisch ausgewertet. Mit $l = nil$ ergibt sich:

$$append^*(\lambda, \mu)(nil) = \lambda(nil) \cdot \mu(nil)$$

Mit $l = cons(a, m)$ ergibt sich:

$$
\begin{aligned}
append^*&(\lambda, \mu)(cons(a, m)) = \\
&= \lambda(nil) \cdot \mu(cons(a, m)) + (1 - \lambda(nil)) \cdot \lambda_A(a) \cdot append^*(cdr^*(\lambda), \mu))(m) \\
&= \lambda(nil) \cdot \mu(cons(a, m)) + (1 - \lambda(nil))^2 \cdot \lambda_A(a) \cdot append^*(\lambda, \mu)(m)
\end{aligned}
$$

falls a unabhängig in $\lambda(cons(a, l))$. Dann ergibt sich nämlich der zweite Schritt aus:

$$cdr^*(\lambda) = \lambda \cdot (1 - \lambda(nil))$$

und der Tatsache, daß $append^*$ linear ist. Ansonsten wird der Ausdruck für $cdr^*(\lambda)$ explizit eingesetzt und die Linearität von $append^*$ ausgenutzt.

Damit kann für beliebige Listen l die Größe $append^*(\lambda, \mu)(l)$ berechnet werden, indem man die obigen Formeln als Berechnungsvorschrift benutzt. ∎

Beispiel 6.28 ($flat$ von Bäumen)
Die Funktion $flat$ erzeugt aus einem Baum eine Liste, die die Elemente des Baumes in Infixordnung enthält.

$$
\begin{aligned}
&flat(t{:}Tree(A)) = \\
&\quad t = nil \rightarrow nil \\
&\quad append(flat(left(t), cons(cont(t), flat(right(t)))))
\end{aligned}
$$

Man beachte die Funktionalität von $flat$: $flat : Tree(A) \rightarrow List(A)$. Man erhält also $flat^* : W(Tree(A)) \rightarrow W(List(A))$. Übersetzt mit $\tau \in W(Tree(A))$, definiert mit $\tau_A \in W(A)$, und $l \in List(A)$:

$$
\begin{aligned}
&flat^*(l) = \\
&\quad \tau(nil) \cdot nil^*(l) + (1 - \tau(nil)) \cdot append^*(flat^*(left^*(\tau)), cons^*(cont^*(\tau), flat^*(right^*(\tau))))(l)
\end{aligned}
$$

Nun wird wieder symbolisch ausgewertet, um eine Berechnungsvorschrift zu erhalten. Mit $l = nil$ erhält man $flat^*(nil) = \tau(nil)$.

Mit $l = cons(a, m)$ erhält man:

$$
\begin{aligned}
&flat^*(cons(a, m)) = \\
&= (1 - \tau(nil)) \cdot append^*(flat^*(left^*(\tau)), cons^*(cont^*(\tau), flat^*(right^*(\tau))))(cons(a, m)) \\
&= (1 - \tau(nil)) \cdot [flat^*(left^*(\tau))(nil) \cdot cons^*(cont^*(\tau), flat^*(right^*(\tau)))(cons(a, m)) \\
&\quad + (1 - flat^*(left^*(\tau))(nil))^2 \cdot (flat^*(left^*(\tau))(nil))_A(a) \\
&\qquad append^*(flat^*(left^*(\tau)), cons^*(cont^*(\tau), flat^*(right^*(\tau))))(m)]
\end{aligned}
$$

$$
\begin{aligned}
= \ & (1 - \tau(nil)) \cdot [\mathit{left}^*(\tau)(nil) \cdot \mathit{cont}^*(\tau)(a) \cdot \mathit{flat}^*(\mathit{right}^*(\tau))(m) \\
& \quad + (1 - \mathit{left}^*(\tau)(nil))^2 \cdot \tau_A(a) \\
& \qquad \cdot \mathit{append}^*(\mathit{flat}^*(\mathit{left}^*(\tau)), \mathit{cons}^*(\mathit{cont}^*(\tau), \mathit{flat}^*(\mathit{right}^*(\tau))))(m)] \\
= \ & (1 - \tau(nil))^2 \cdot \tau(nil) \cdot \mathit{cont}^*(\tau)(a) \cdot \mathit{flat}^*(\mathit{right}^*(\tau))(m) \\
& + (1 - \tau(nil)) \cdot (\tau^2(nil) - \tau(nil) + 1)^2 \cdot \tau_A(a) \\
& \qquad \cdot \mathit{append}^*(\mathit{flat}^*(\mathit{left}^*(\tau)), \mathit{cons}^*(\mathit{cont}^*(\tau), \mathit{flat}^*(\mathit{right}^*(\tau))))(m)
\end{aligned}
$$

falls t_1, a, t_2 unabhängig in $\tau(node(t_1, a, t_2))$. Nun kann noch die Linearität ausgenutzt werden, um den Ausdruck zu vereinfachen. Es ist ebenfalls möglich, für eine bestimmte Liste $\mathit{flat}^*(\tau)(l)$ zu berechnen, und zwar mittels $\mathit{append}^*(\lambda, \mu)(l)$. ∎

Insgesamt also lassen sich die Funktionen übersetzen in die entsprechenden Wahrscheinlichkeitstransformationen, die dann eine Berechnungsvorschrift liefern, welche die Wahrscheinlichkeiten, daß ein Objekt auftritt, bestimmt.

6.3 Berechnung von Wahrscheinlichkeiten

Die Techniken in Abschnitt 6.2 erlauben zu jeder im Programm vorkommenden Bedingung $t_1 = t_2$, die Wahrscheinlichkeit zu berechnen, mit der sie wahr ist. Es seien $x_1, \ldots, x_n$ die in t_1 und t_2 vorkommenden Variablen mit Typ $T_1, \ldots, T_n$, wobei $x_1, \ldots, x_n$ gemäß $\mu_{T_1}^{x_1}, \ldots, \mu_{T_n}^{x_n}$ verteilt seien. Dann ist nach den Ergebnissen des Abschnitts 6.2 t_1 bzw. t_2 eine Zufallsvariable, die gemäß $t_1^*(\mu_{T_1}^{x_1}, \ldots, \mu_{T_n}^{x_n})$ bzw. $t_2^*(\mu_{T_1}^{x_1}, \ldots, \mu_{T_n}^{x_n})$ verteilt ist. Sei T der Typ von t_1 und t_2. Dann gilt:

$$
P(t_1 = t_2) = \sum_{t \in T} t_1^*(\mu_{T_1}^{x_1}, \ldots, \mu_{T_n}^{x_n})(t) \cdot t_2^*(\mu_{T_1}^{x_1}, \ldots, \mu_{T_n}^{x_n})(t)
$$

Diese Summe wird iterativ berechnet (über den Aufbau von t) bis nichts wesentliches mehr hinzukommt.

Beispiel 6.29 (Wahrscheinlichkeiten)
(a) Seien X, Y Zufallsvariablen für Listen, die gemäß $\mu_{List(\mathbf{N})}$ nach Beispiel 6.2 verteilt seien. Die Verteilung $\mu_{\mathbf{N}}$ sei eine POISSON-Verteilung mit Parameter 2. Dann berechnet sich:

$$
\begin{aligned}
P(X = Y) \ &= \sum_{l \in List(\mathbf{N})} \mu_{List(\mathbf{N})}^2(l) \\
&= \mu_{List(\mathbf{N})}^2(nil) + \sum_{n \in \mathbf{N}} \mu_{List(\mathbf{N})}^2(cons(n, nil)) \\
&\quad + \sum_{m \in \mathbf{N}} \sum_{n \in \mathbf{N}} \mu_{List(\mathbf{N})}^2(cons(m, cons(n, nil))) \\
&\quad + \cdots \\
&= 0.25 + \sum_{n \in \mathbf{N}} \mu_{List(\mathbf{N})}^2(cons(n, nil)) \\
&\quad + \sum_{m \in \mathbf{N}} 0.25 \cdot \mu_{\mathbf{N}}^2(m) \cdot \sum_{n \in \mathbf{N}} \mu_{List(\mathbf{N})}^2(cons(n, nil)) \\
&\quad + \cdots
\end{aligned}
$$

Der 2. Summand beträgt:

$$\sum_{n\in\mathbf{N}} \mu^2_{List(\mathbf{N})}(cons(n, nil)) = 0.0625 \cdot \sum_{n\in\mathbf{N}} \mu^2_{\mathbf{N}}(n) = 0.0625 \cdot 0.207 = 0.0129$$

Der 3. Summand beträgt

$$\sum_{m\in\mathbf{N}} 0.25 \cdot \mu^2_{\mathbf{N}}(m) \cdot \sum_{n\in\mathbf{N}} \mu^2_{List(\mathbf{N})}(cons(n, nil)) =$$

$$= \; 0.25 \cdot 0.0129 \cdot \sum_{m\in\mathbf{N}} 0.25 \cdot \mu^2_{\mathbf{N}}(m)$$

$$= \; 0.0007$$

Damit ist also

$$P(X = Y) \approx 0.264$$

(b) Es sei X ein Zufallsvariable für Listen, die gemäß $\mu_{List(A)}$ nach Beispiel 6.2 verteilt sei. Nun soll $P(cdr(X) = nil)$ berechnet werden. Es gilt:

$$cdr^*(\xi) = 0.5 \cdot \xi$$

Damit berechnet man:

$$P(cdr(X) = nil) \;\; = \sum_{l\in List(A)} 0.5 \cdot \xi(l) \cdot nil^*(l)$$

$$= \; 0.5 \; \xi(nil) \cdot nil^*(nil)$$

$$= \; 0.25$$

Allgemein gilt:

$$P(f(x) = nil) = f^*(\xi)(nil)$$

(c) Die Zufallsvariable X sei wie in (a) verteilt. Dann berechnet man

$$P(f(X) = cons(1, nil)) =$$

$$= \sum_{l\in List(A)} f^*(\xi)(l) \cdot cons^*(1^*, nil^*)(\xi)(l)$$

$$= \; f^*(\xi)(nil) \cdot cons^*(1^*, nil^*)(\xi)(nil)$$

$$+ \sum_{n\in\mathbf{N}} f^*(\xi)(cons(n, nil)) \cdot cons^*(1^*, nil^*)(cons(n, nil))$$

$$+ \sum_{m,n\in\mathbf{N}} f^*(\xi)(cons(m, cons(n, nil))) \cdot cons^*(1^*, nil^*)(cons(m, cons(n, nil)))$$

$$+ \cdots$$

$$= \; f^*(\xi)(nil) \cdot 0 + f^*(\xi)(cons(1, nil)) + 0 + \cdots$$

$$= \; f^*(\xi)(cons(1, nil))$$

Allgemein gilt: Sei t ein geschlossener Term, η die Verteilung von Y. Dann ist:

$$P(Y = t) = \eta(t)$$

Kapitel 7

Zusammenfassung und Ausblick

Im Zusammenhang mit der Programmentwicklung durch Programmtransformationen gewinnen Systeme zur automatischen Komplexitätsanalyse zunehmend an Bedeutung. Sie dienen u.a. dazu, Zwischenresultate, die während einer solchen Entwicklung entstehen, zu beurteilen und unterstützen damit den Entwickler. Oft sind viele Regeln auf einen solchen Zwischenzustand anwendbar, wobei der Effekt bzgl. der Komplexität bei der Anwendung einer Regel oft nicht bestimmt werden kann. Das Beispiel der Sortieralgorithmen zeigte, daß neben dem schlechtesten und besten Fall auch der mittlere Fall analysiert werden muß, und daß eine Berechnung der Konstanten unumgänglich ist. Die Zeitkomplexität wird in Abhängigkeit von der Größe der Eingabe ausgedrückt.

7.1 Einordnung dieser Arbeit

Es gibt zwei grundsätzlich verschiedene Methoden zur Komplexitätsanalyse von Programmen, die Methode der Rekurrenzen [Weg75, LeM88] und die Methode der erzeugenden Funktionen [FSZ88]. Wir verwendeten die Methode der Rekurrenzen, da diese den Vorteil bietet Abhängigkeiten zwischen zwei oder mehreren Funktionen auf Rekurrenzebene festzustellen. Was im einzelnen analysiert wird ist aus Tabelle 7.1 zu entnehmen.

Die Abhängigkeitsanalyse basiert auf bedingten Rekurrenzen, und liefert als Ergebnis eine Rekurrenzfamilie (vgl. Kapitel 5). Keine der oben erwähnten Methoden sieht solch eine

Verfahren	Zeit			Größe des Ergebnisses		
	bester Fall	schlimmster Fall	mittlerer Fall	bester Fall	schlimmster Fall	mittlerer Fall
Metric (Wegbreit)	+	+	+	+	+	+
$\Lambda\Upsilon\Omega$(Flajolet)	−	−	+	−	−	−
ACE (LeMethayer)	−	+	−	-	+	−
COMPLEXA (diese Arbeit)	+	+	+	+	+	+

Tabelle 7.1: Durchführbare Analysen

Verfahren	Strukturelle Induktion			noethersche Induktion
	Basisfälle	Induktionshypothesen	Induktionsfälle	
Metric	1	1	1	
$\Lambda_\Upsilon\Omega$	$r \geq 1$	r	$s \geq 1$	
ACE	$r \geq 1$	r	1	
COMPLEXA	$r \geq 1$	r	$s \geq 1$	Ja
			mit Einschränkungen	

Tabelle 7.2: Analysierbare Definitionsprinzipien

Abhängigkeitsanlayse vor, und keine dieser Methoden ist in der Lage Rekurrenzfamilien abzuleiten. Durch die Einführung von Rekurrenzfamilien wurde es möglich Programme zu analysieren, deren Definition auf dem Prinzip der *noetherschen Induktion* basiert. In den anderen Systemen war es nur möglich Programme, deren Definition auf dem Prinzip der strukturellen Induktion basiert, automatisch zu analysieren. Außer bei [FSZ88] gibt es auch hier Einschränkungen: in [Weg75] ist es nur möglich Programme zu analysieren, deren Definition auf einer vollständigen Induktion über Listen beruht, d.h. ein Basisfall, eine Induktionsannahme und ein Induktionsfall. In [LeM88] wurde dies auf r Basisfälle und r Induktionsannahmen erweitert. Einzig in [FSZ88] ist es möglich, strukturelle Induktion in ihrer vollen Allgemeinheit zu behandeln. Der Ansatz in dieser Arbeit erlaubt die Behandlung von r Basisfällen und r Induktionsannahmen in adäquater Weise. Andererseits gibt es zur Zeit keine Möglichkeit die strukturelle Induktion mit mehreren Induktionsfällen in geeigneter Weise zu behandeln. In Tabelle 7.2 sind diese Ergebnisse zusammengefaßt.

Es ist nicht möglich, den Ansatz der bedingten Rekurrenzen und der Rekurrenzfamilien auf die erzeugenden Funktionen zu übertragen. Umgekehrt ist es auch nicht möglich, den Ansatz der erzeugenden Funktionen, außer in einfachen Fällen (r Basisfälle und r Induktionsannahmen) auf Rekurrenzen zu übertragen. Hier werden im Gegensatz zu [Weg75] und [LeM88] alle Funktionen auf einmal analysiert. Dies erlaubt dann auch eine Analyse verschränkt rekursiver Funktionen. Die Methode der erzeugenden Funktionen erlaubt nicht die Behandlung von Funktionskomposition und nicht-strukturell bedingter Anweisungen, da es keine Entsprechung von bedingten Rekurrenzen bei den erzeugenden Funktionen gibt. In [Weg75] ist es mit Einschränkungen möglich Funktionskompositionen $f(g(x))$ zu analysieren, nämlich dann, wenn die Größe von $g(x)$ eine Funktion der Größe von x ist. Nichtstrukturelle Bedingungen werden in bedingte Rekurrenzen umgeformt, wobei es nur in seltenen Fällen möglich ist, die Wahrscheinlichkeiten, daß diese Bedingungen wahr werden, zu analysieren. In dieser Arbeit wurde die Berechnung solcher Bedingungen systematisiert, indem die probabilistische Semantik von [Koz81] als Ausgangspunkt gewählt wurde. Statt der dortigen Fixpunktbildung wurde die Rekursion explizit belassen, und man erhielt Funktionen, die bzgl. einer gegebenen Eingabeverteilung implizit die Ausgabeverteilungen beschreiben. Das heißt insbesondere, daß es durch Anwendung einer solchen Ausgabeverteilung auf einen Term t möglich ist, die Wahrscheinlichkeit seines Vorkommens in der Ausgabe zu bestimmen. Durch dieses Verfahren werden auch strukturelle Bedingungen behandelt, falls mehr als ein Induktionsfall existiert. Leider ist es nicht möglich die Wahrscheinlichkeit in Abhängigkeit von der Größe der dort vorkommenden Variablen zu analysieren. Andererseits ist keine Methode bekannt, dies allgemein für nicht-strukturelle Bedingungen zu behandeln. Der Vergleich der verwendeten Methoden befindet sich in Tabelle 7.3. Eine Zusammenfassung der Möglichkeiten zur Behandlung einzelner **Programmkonstruktionen** ist in Tabelle 7.4 enthalten.

Verfahren	Methoden
Metric	Rekurrenzen erster Ordnung, bedingte Rekurrenzen
$\Lambda_\gamma\Omega$	Funktionalgleichungssysteme für erzeugende Funktionen
ACE	Gleichungen in der FP-Algebra
COMPLEXA	Rekurrenzsysteme, Rekurrenzfamilien, bedingte Rekurrenzen Abhängigkeitsanalyse

Tabelle 7.3: Verwendete Methoden

Verfahren	verschränkte Rekursion	Funktionskomposition	nicht-strukturelle Bedingungen
Metric	nicht möglich	stark eingeschränkt	stark eingeschränkt
$\Lambda_\gamma\Omega$	möglich	nicht möglich	nicht möglich
ACE	nicht möglich	stark eingeschränkt	stark eingeschränkt
COMPLEXA	möglich	eingeschränkt	eingeschränkt

Tabelle 7.4: Behandelbare Programmkonstruktionen

7.2 Methode und Implementierung

Die hier eingeführte Methode basiert auf Rekurrenzen. Es wird eine einfache typisierte Sprache (STYFL) analysiert. Diese Sprache erlaubt Typdefinitionen in algebraischer Weise, und Funktionsdefinitionen, deren Rumpf bedingte Anweisungen, Abkürzungen, sowie Funktionsanwendungen enthalten kann.

7.2.1 Reduktion auf Rekurrenzen

Die Reduktion eines Programmes auf Rekurrenzen, die die Zeitkomplexität beschreiben, wird im wesentlichen in fünf Schritten durchgeführt:

1. *Vorverarbeitung*: Es werden die Funktionen bestimmt, deren Analyse notwendig ist.

2. *Übersetzung in Zeitfunktionen*: Die in der Vorverarbeitung ermittelten Funktionen werden abgebildet auf Funktionen, die deren Zeitkomplexität berechnen.

3. *Normalisierung*: Beseitigung verschachtelter bedingter Anweisungen und irrelevanter Argumentpositionen

4. *Symbolische Auswertung:* Ermittlung der strukturellen Induktion in den Rümpfen der Funktionen. Das Ergebnis sind (eventuell bedingte) Gleichungen über die Struktur der Typen.

5. *Abbildung auf natürliche Zahlen*: Durch Abbildung von Typen auf natürliche Zahlen werden Rekurrenzen erzeugt. Dazu sind eventuell weitere Schritte notwendig:

   (a) *Analyse der Ausgabegröße*: Falls rekursive Aufrufe nicht-strukturelle Argumente enthalten, ist es notwendig deren Größe zu analysieren

Das Ergebnis dieses Schrittes ist ein System von Rekurrenzen und bedingten Rekurrenzen, die das Zeitverhalten der Funktionen beschreiben.

7.2.2 Lösen von Rekurrenzen

In einem Vorverarbeitungsschritt wird die Reihenfolge bestimmt, in der die Rekurrenzen gelöst werden müssen. Die Lösungen der bisher gelösten Rekurrenzen werden in den noch nicht gelösten Rekurrenzgleichungen eingesetzt. Für gewöhnliche Rekurrenzen und Rekurrenzsysteme werden die üblichen Verfahren verwendet (vgl. Anhang A). Im Falle der *bedingten Rekurrenzen* läßt sich nicht einfach eine Lösung einsetzen, da bedingte Rekurrenzen im allgemeinen unendlich viele Lösungen besitzen. Es werden obere und untere Schranken für die Lösungen, sowie die mittlere Lösung ermittelt. In Rekurrenzen, die solche bedingten Rekurrenzen verwenden, setzt man jeweils einen freien Parameter für die bedingten Rekurrenzen ein, deren Schranken durch die oberen und unteren Schranken für die entsprechenden bedingten Rekurrenzen gegeben sind. Zusätzliche Nebenbedingungen werden durch die *Abhängigkeitsanalyse* ermittelt. In diesem Schritt werden Linearkombinationen von bedingten Rekurrenzen ermittelt, die zu einer unbedingten Rekurrenz führen. Diese Linearkombination ergibt eine weitere Nebenbedingung für die freien Parameter. Die so erzeugte Gleichung mit ihren Nebenbedingungen ist eine *Rekurrenzfamilie*. Diese bilden (zusammen mit der Abhängigkeitsanalyse) die Grundlage für die Behandlung noetherscher Induktion und sind in anderen automatischen Komplexitätsanalysemethoden nicht vorgesehen.

Für Rekurrenzfamilien wird der beste und schlimmste Fall dadurch ermittelt indem man, schnelle bzw. langsame Terminierung fordert. Im mittleren Fall wird bei Rekurrenzfamilien unter Gleichverteilungsannahme gemittelt, was dann wieder zu einer gewöhnlichen Rekurrenz führt. Bei bedingten Rekurrenzen werden die Wahrscheinlichkeiten berechnet, daß die dortigen Bedingungen eintreffen. Diese Berechnung basiert auf Wahrscheinlichkeitsmaßtransformationen, die aus dem Programm erzeugt werden.

7.2.3 Implementierung

Die in dieser Arbeit entwickelte Methodik zur automatischen Komplexitätsanalyse wurde in einer kombinierten Prolog-Maple Implementierung realisiert. Zusammen mit einer Benutzungsumgebung bildet sie das System COMPLEXA 1.0. Diese Umgebung enthält einen STYFL-Editor, einen STYFL-Zerteiler, sowie eine semantische Analyse von STYFL. Außerdem enthält die Umgebung nach dem Laden eines STYFL-Programmes einen STYFL-Interpretierer, den Komplexitätsanalysator, einen Maschinenmodelleditor und einen Wahrscheinlichkeitsverteilungseditor. Im Maschinenmodelleditor können die Zeitkonstanten definiert werden. Im Wahrscheinlichkeitsverteilungseditor können die zur Analyse des mittleren Falls notwendigen Wahrscheinlichkeitsverteilungen editiert werden. Die Komponenten der Umgebung sind in Abbildung 7.1 abgebildet. Alle Komponenten sind in Quintus-PROLOG Release 2.4 implementiert.

Die Abbildung auf Rekurrenzen wird im wesentlichen vom Prolog-Teil der Implementierung realisiert , während das Lösen von Rekurrenzen, sowie die Abhängigkeitsanalyse in Maple Version 4.2 implementiert wurde (vgl. Abbildung 7.2).

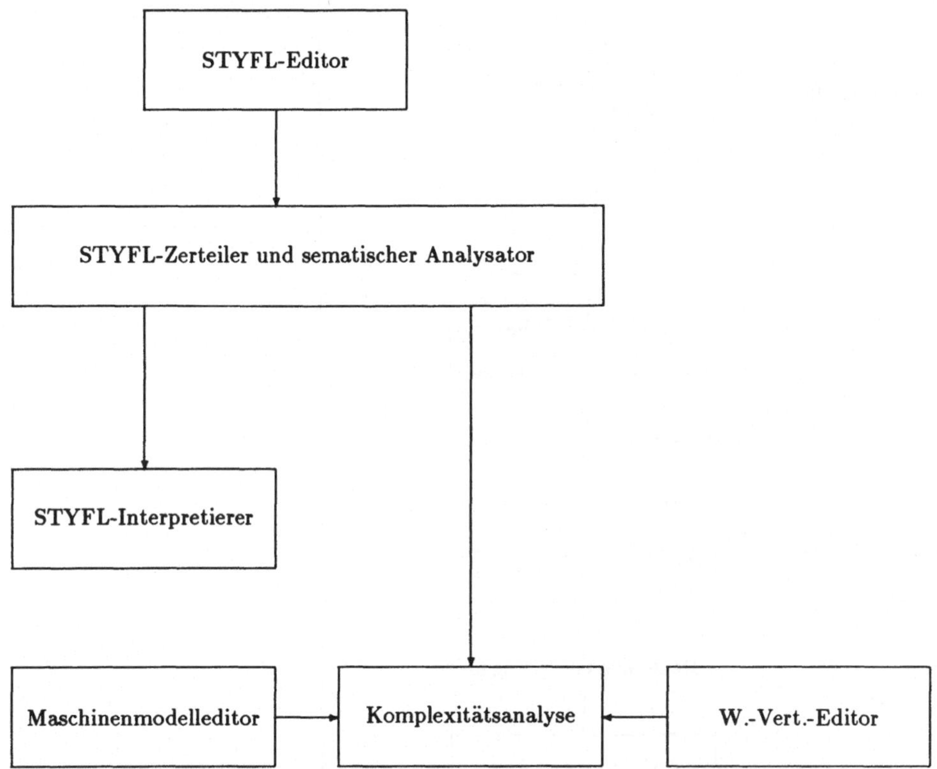

Abbildung 7.1: Komponenten der Umgebung

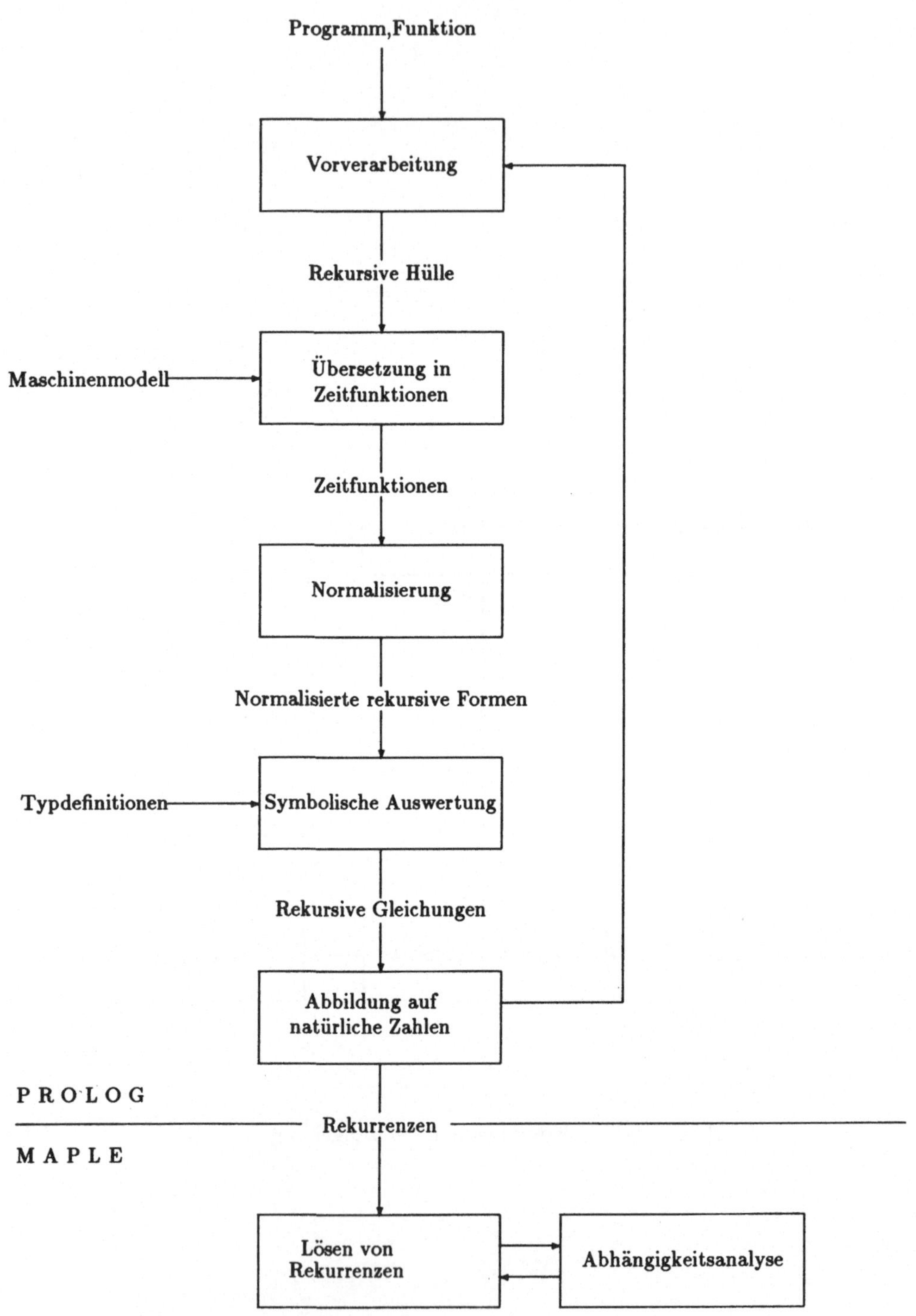

Abbildung 7.2: Implementierung

7.3 Ausblick

In dieser Arbeit wurde gezeigt, wie man die Zeitkomplexität funktionaler Programme analysieren kann. Mit der in dieser Arbeit vorgestellten Methode ist es nun möglich Funktionen zu analysieren, die strukturell induktiv oder noethersch induktiv definiert wurden. Eine noch offene Frage bleibt jedoch die Analyse von Programmen, die nach dem Prinzip der Berechnungsinduktion definiert wurden. Diese Frage dürfte allerdings nur schwer zu beantworten sein, da hier oft sogar Komplexitätsanalysen von Hand sehr schwer sind (z.B. der euklidsche Algorithmus zur Bestimmung des größten gemeinsamen Teilers zweier natürlicher Zahlen). Eine weitere Frage ist, ob Methoden dieses Ansatzes auf den Ansatz von Flajolet übertragen werden können und umgekehrt. Hier existieren schon Ergebnisse [ZZ89], die zeigen, daß dies außer in einfachen Fällen nicht trivial ist.

Wir diskutierten funktionale Sprachen, da diese keine Seiteneffekte erlauben. Um imperative Sprachen zu analysieren, wird es notwendig sein, Seiteneffekte zu untersuchen um dann für einzelne Klassen von Seiteneffekten Methoden zur automatischen Komplexitätsanalyse zu finden. Desweiteren muß bei Schleifenkonstrukten das Induktionsprinzip, auf dem die Schleifenkonstruktion basiert, ermittelt werden. Hierbei handelt es sich um eine ähnliche Aufgabe, wie das Finden von Schleifeninvarianten. Schließlich müssen bei der Analyse imperativer Sprachen noch indizierte Datentypen wie Felder berücksichtigt werden. Die Analyse imperativer Sprachen ist deshalb wichtig, weil Algorithmen, die Graphen benutzen, fast ausschließlich mit Seiteneffekten arbeiten. Diese können daher nur in imperativen Sprachen in einer natürlichen Weise formuliert werden.

Schließlich ist auch noch die Analyse logischer Sprachen, wie z.B. Prolog interessant, da diese immer mehr benutzt werden. Zusätzlich zu der hier vorgestellten Methode muß dabei noch das Rücksetzen berücksichtigt werden. Die in dieser Arbeit eingeführte Methode läßt sich nur dann direkt anwenden, wenn kein Rücksetzen möglich ist. Andernfalls muß die theoretische Basis geändert werden. Ein Ausgangspunkt zur Erweiterung könnte die Definition einer Komplexität von Ableitungssystemen sein [Die89]. Die Analyse paralleler Algorithmen wäre ebenfalls interessant, doch tritt hier eine Abhängigkeit von der Architektur auf.

Diese Arbeit kann zusammen mit der von Flajolet und seinen Mitarbeitern einen Ausgangspunkt für die oben diskutierten weiteren Ansätze sein, da bei einer Komplexitätsanalyse stets Rekurrenzen und endliche Summen auftreten, sofern das Programm keinen konstanten Zeitaufwand hat. Systeme zur automatischen Komplexitätsanalyse können sinnvoll in Programmentwicklungsumgebungen eingesetzt werden, da sie dem Entwickler die Möglichkeit geben, seine bisher erzielten Resultate zu beurteilen. Damit sollte es auch möglich sein, den Automatisierungsgrad in der Programmentwicklung zu erhöhen, da Informationen, die ein Komplexitätsanalysesystem liefert, für die Definition von Programmentwicklungsstrategien benutzt werden kann. Insgesamt können also Komplexitätsanalysesysteme einen Beitrag zur Entwicklung zuverlässiger und sicherer Software leisten.

Anhang A

Das Lösen von Rekurrenzen und Rekurrenzsystemen

In diesem Anhang werden gängige Verfahren zur Lösung von Rekurrenzen und Rekurrenzsystemen vorgestellt. Diese Verfahren werden in der Literatur nur kurz und oft unvollständig behandelt. Der Teil der sich mit dem Lösen von Rekurrenzen der Ordnung r behandelt basiert auf [Hen64]. Der Teil der sich mit dem Lösen von Rekurrenzsystemen beschäftigt wurde aus der Theorie des Lösens von Differentialgleichungssystem [Wal76] übertragen auf Rekurrenzsysteme. Schließlich wird noch die Methode der erzeugenden Funktionen diskutiert, die allgemeinere Fälle von Rekurrenzen zu behandeln erlaubt.

A.1 Lineare Rekurrenzen 1-ter Ordnung

Zur Definition der Begriffe Rekurrenz, Rekurrenzsystem, lineare Rekurrenzen (Rekurrenzsysteme) etc. sei auf Definition 5.1 verwiesen. Für lineare Rekurrenzen 1-ter Ordnung wird hier die Methode der direkten Summation diskutiert. Man betrachtet also Rekurrenzen der Form

$$
\begin{aligned}
a_0 &= b_0 \\
a_{n+1} &= b_{n+1} + c_n \cdot a_n
\end{aligned}
$$

Die Lösung dieser Rekurrenzen berechnen sich nach

$$
a_n = \sum_{i=0}^{n} \left(\prod_{j=i}^{n-1} c_j \right) b_i
$$

A.2 Lineare Rekurrenzen r-ter Ordnung mit konstanten Koeffizienten

Diese Methode ist sehr ähnlich zu der entsprechenden Methode zur Lösung von Differentialgleichungen. Man betrachtet zuerst den homogenen Teil der Rekurrenz, und versucht dort eine Basis des Lösungsraumes zu finden. Anschließen versucht man eine spezielle Lösung der inhomogenen Rekurrenz zu finden. Die Lösung der Rekurrenz setzt sich dann aus der Summe der speziellen inhomogenen Lösung und einer homogenen Lösung zusammen. Durch Einsetzen der Anfangswerte kann man nun die Koeffizienten des homogenen Teils bestimmen und erhält somit die Lösung der Rekurrenz.

Die Basis des homogenen Lösungsraumes einer Rekurrenz nennt man *Fundamentalsystem*. Ausgangspunkt bilden auch hier ähnlich wie bei Differentialgleichungssystem die charakteristischen Polynome, deren Nullstellen zur Ermittlung des Fundamentalsystems dienen.

Definition A.1 (Charakteristisches Polynom einer Rekurrenz)
Sei

$$\begin{aligned} a_i &= \gamma_i, \quad 0 \le i < r \\ a_{n+r} + c_{r-1}\, a_{n+r-1} + \cdots + c_0\, a_n &= f_n \end{aligned} \tag{A.1}$$

eine lineare Rekurrenz r-ter Ordnung mit konstanten Koeffizienten. Dann heißt das Polynom

$$p_r(\lambda) = \lambda^r + c_{r-1}\, \lambda^{r-1} + \cdots + c_0$$

das *charakteristische Polynom* der Rekurrenz (A.1). ∎

Satz A.2 (Fundamentalsystem einer homogenen Rekurrenz)
Sei

$$a_{n+r} + c_{r-1}\, a_{n+r-1} + \cdots + c_0\, a_n = 0 \tag{A.2}$$

eine homogene lineare Rekurrenz r-ter Ordnung mit konstanten Koeffizienten. Weiter seien $\lambda_1, \ldots, \lambda_p$ Nullstellen des charakteristischen Polynoms $p_r(\lambda)$ von (A.2), wobei die Nullstelle λ_i die Vielfachheit r_i habe. Dann ist die Menge

$$\{\lambda_i^n, n\, \lambda_i^n, \ldots, n^{r_i-1}\, \lambda_i^n \mid 1 \le i \le p\}$$

ein Fundamentalsystem für die Lösungen von (A.2).

Beweis: siehe [Hen64] ∎

Durch die Randbedingungen $a_i = \gamma_i$, $0 \le i < r$ kann man dann die eindeutige Lösung der Rekurrenz bestimmen (ein Koeffizientenvergleich ergibt ein inhomogenes lineares Gleichungssystem).

Beispiel A.3 (Fibonacci-Zahlen)
Die Fibonacci-Zahlen sind durch die Rekurrenz

$$
\begin{aligned}
F_0 &= 0 \\
F_1 &= 1 \\
F_{n+2} - F_{n+1} - F_n &= 0
\end{aligned}
$$

definiert. Das charakteristische Polynom der Rekurrenz ist

$$p_2(\lambda) = \lambda^2 - \lambda - 1$$

Die Nullstellen dieses Polynoms sind

$$\phi = \frac{1 + \sqrt{5}}{2} \qquad\qquad \overline{\phi} = \frac{1 - \sqrt{5}}{2}$$

Damit bildet $\{\phi^n, \overline{\phi}^n\}$ ein Fundamentalsystem. Die Lösung der Rekurrenz ermittelt man aus dem Ansatz

$$F_n = c_0\,\phi^n + c_1\,\overline{\phi}^n$$

Durch Einsetzen von $n = 0$ bzw. $n = 1$ in diesen Ansatz erhält man dann ein lineares Gleichungssystem:

$$
\begin{aligned}
c_0 + c_1 &= 0 \\
\frac{1 + \sqrt{5}}{2}\,c_0 + \frac{1 - \sqrt{5}}{2}\,c_1 &= 1
\end{aligned}
$$

mit den Lösungen

$$c_0 = \frac{1}{\sqrt{5}} \quad \text{und} \quad c_1 = -\frac{1}{\sqrt{5}}$$

Insgesamt also ist die Lösung der Fibonacci-Rekurrenz:

$$F_n = \frac{1}{\sqrt{5}}\left(\left(\frac{1 + \sqrt{5}}{2}\right)^n - \left(\frac{1 - \sqrt{5}}{2}\right)^n\right)$$

$\blacksquare$

Die Lösung einer inhomogenen Rekurrenz (A.1) ist die Summe einer speziellen Lösung und der allgemeinen homogenen Lösung. Die Basisfälle erlauben auch hier durch Koeffizientenvergleich das Finden der Lösung der Rekurrenz.

Satz A.4 (Inhomogene Rekurrenzen mit konstanten Koeffizienten)
Sei

$$a_{n+r} + c_{r-1}\, a_{n+r-1} + \cdots + c_0\, a_n = f_n \qquad\qquad (A.3)$$

eine inhomogene lineare Rekurrenz mit konstanten Koeffizienten. Sei s_n eine Lösung der inhomogenen Rekurrenz (A.3) und h_n eine Lösung der homogenen Rekurrenz (A.2). Dann ist auch $s_n + h_n$ Lösung von (A.3).

Beweis: siehe [Hen64]   ∎

Das folgende Lemma gibt Hinweise, wie die speziellen Lösungen s_n gefunden werden können. Es ist hier ohne Beweis angegeben, der sich aber durch einfaches Rechnen ergibt.

Lemma A.5 (Einige spezielle Lösungen)
Sei in der Rekurrenz (A.3)

(a) $\qquad f_n = \displaystyle\sum_{k=0}^{q} d_k\, n^k$

Dann gibt es eine spezielle Lösung der Form

$$s_n = \left(\sum_{k=0}^{q} \delta_k\, n^k\right) \cdot n^m$$

wobei $0 \le m < r$

(b) $\qquad f_n = d\, c^n$

Dann gibt es eine spezielle Lösung der Form

$$s_n = \delta\, c^n\, n^m$$

wobei $0 \le m < r$

(c) $\qquad f_n = c^n \displaystyle\sum_{k=0}^{q} d_k\, n^k$

Dann gibt es eine spezielle Lösung der Form

$$s_n = \left(\sum_{k=0}^{q} \delta_k\, n^k\right) c^n\, n^m$$

wobei $0 \le m < r$

∎

Beispiel A.6

$$a_{n+2} - a_{n+1} - a_n = n$$

Nach Lemma A.5 erhält man eine spezielle Lösung durch den Ansatz

$$s_n = c\,n + d$$

Eingesetzt in die Rekurrenz ergibt sich

$$-c\,n + c - d = n$$

Koeffizientenvergleich ergibt nun $c = -1$ und $d = -1$. Also ist $s_n = -n - 1$. Alle Lösungen der Rekurrenz sind also von der Form

$$a_n = -n - 1 + c_0 \left(\frac{1+\sqrt{5}}{2}\right)^n + c_1 \left(\frac{1-\sqrt{5}}{2}\right)^n$$

wobei $c_0, c_1 \in \mathbb{R}$ sind. $\blacksquare$

A.3 Rekurrenzsysteme

In diesem Abschnitt wurden die Methoden zur Lösung von Differentialgleichungssystemen [Wal76] auf die Rekurrenzsysteme übertragen. Hier werden nur lineare Rekurrenzsysteme erster Ordnung mit konstanten Koeffizienten betrachtet. Es sei bemerkt, daß man andere lineare Rekurrenzsysteme mit konstanten Koeffizienten stets in Rekurrenzsysteme erster Ordnung überführen kann, da z.B. die Rekurrenz r-ter Ordnung

$$a_{n+r} = c_{r-1}\,a_{n+r-1} + \cdots + c_0\,a_n + f_n$$

äquivalent zum Rekurrenzsystem 1-ter Ordnung

$$
\begin{aligned}
a_{n+1}^{(1)} &= c_{r-1}\,a_n^{(1)} + c_{r-2}\,a_n^{(2)} + \cdots c_0\,a_n^{(r)} + f_n \\
a_{n+1}^{(2)} &= a_n^{(1)} \\
\vdots\quad &\quad\ \vdots\ \quad\vdots \\
a_{n+1}^{(r)} &= a_n^{(r-1)}
\end{aligned}
$$

ist, denn die Lösungen von a_n und $a_n^{(1)}$ stimmen überein. Wir können also ohne Beschränkung der Allgemeinheit Rekurrenzsystem erster Ordnung betrachten.

Gegeben sei also das lineare inhomogene Rekurrenzsystem erster Ordnung mit konstanten Koeffizienten

$$\vec{a}_{n+1} = A \cdot \vec{a}_n + \vec{b}_n \tag{A.4}$$

wobei

$$\vec{a}_n = \begin{pmatrix} a_n^{(1)} \\ \vdots \\ a_n^{(r)} \end{pmatrix} \qquad A = \begin{pmatrix} \alpha_{1,1} & \alpha_{1,2} & \cdots & \alpha_{1,r} \\ \alpha_{2,1} & \alpha_{2,2} & \cdots & \alpha_{2,r} \\ \vdots & \vdots & \ddots & \vdots \\ \alpha_{r,1} & \alpha_{r,2} & \cdots & \alpha_{r,r} \end{pmatrix} \qquad \vec{b}_n = \begin{pmatrix} \beta_n^{(1)} \\ \vdots \\ \beta_n^{(r)} \end{pmatrix}$$

Ähnlich wie bei Rekurrenzen betrachen wir auch hier zuerst Lösungsmethoden für homogene Rekurrenzsysteme

$$\vec{a}_{n+1} = A \cdot \vec{a}_n \tag{A.5}$$

Dann gilt der Satz

Satz A.7 (Homogene Lösungen I)
Sei $p_r(\lambda) = \det(A - \lambda\,I)$ das Hauptpolynom[1][2] Matrix A aus dem System (A.4). Es gelte

$$p_r(\lambda) = (-1)^r\,(\lambda - \lambda_1)\cdots(\lambda - \lambda_r)$$

wobei die λ_i paarweise verschieden sind. Weiter sei $\vec{c}_i$ Eigenvektor zum Eigenwert λ_i, $i = 1,\ldots,r$. Dann ist

$$\{\vec{c}_1\,\lambda_1^n,\ldots,\vec{c}_r\,\lambda_r^n\}$$

ein Fundamentalsystem für die Lösungen von (A.5).

Beweis:
Sei $\vec{a}_n = \vec{c}_i\,\lambda_i^n$. Dann ist $\vec{a}_{n+1} = A \cdot \vec{a}_n$ und

$$A \cdot \vec{a}_n = A \cdot \vec{c}_i\,\lambda_i^n = \lambda_i \cdot \vec{c}_i\,\lambda_i^n = \vec{c}_i\,\lambda_i^{n+1}$$

da $\vec{c}_i$ Eigenvektor von A zum Eigenwert λ_i ist. $\blacksquare$

Man kann nun Transformationen auf Rekurrenzsystemen durchführen. Zu jeder Matrix A mit den Eigenschaften aus Satz A.7 gibt es nämlich eine nicht-singuläre Matrix C mit

$$C^{-1}\,A\,C = \begin{pmatrix} \lambda_1 & 0 & \cdots & 0 \\ 0 & \lambda_2 & \cdots & 0 \\ \vdots & \vdots & \ddots & \vdots \\ 0 & 0 & \cdots & \lambda_r \end{pmatrix} = \mathrm{diag}(\lambda_1,\ldots,\lambda_r)$$

Damit ergibt sich aus (A.5):

$$C^{-1}\,\vec{a}_{n+1} = C^{-1}\,A\,C\,(C^{-1}\,\vec{a}_n)$$

Mit $\vec{b}_n = C^{-1}\,\vec{a}_n$ erhält man also das System

$$\vec{b}_{n+1} = \mathrm{diag}(\lambda_1,\ldots,\lambda_r) \cdot \vec{b}_n$$

---

[1] I ist die Einheitsmatrix
[2] $p_r(\lambda)$ heißt das *charakteristische Polynom* des Rekurrenzsystems (A.4)

bzw. ausgeschrieben:

$$b_{n+1}^{(1)} = \lambda_1 \cdot b_n^{(1)}$$

$$\vdots \quad \vdots \quad \vdots$$

$$b_{n+1}^{(r)} = \lambda_r \cdot b_n^{(r)}$$

was die Lösung $b_n^{(i)} = \lambda_i^n$ hat. Wegen $\vec{a}_n = C\,\vec{b}_n$ erhält man auch hiermit das gewünschte Resultat. Diese Methode liefert nun den Schlüssel zum Finden der Lösung im allgemeinen Fall. Das Hauptpolynom der Matrix A habe nun die Gestalt

$$p_r(\lambda) = (-1)^r (\lambda - \lambda_1)^{r_1} \cdots (\lambda - \lambda_p)^{r_p}$$

d.h. die λ_i sind r_i-fache Eigenwerte der Matrix A. Dann gibt es eine nicht-singuläre Matrix C, so daß $B = C^{-1}\,A\,C$ in *Jordan-Normalform* ist. B hat also die Gestalt

$$B = \begin{pmatrix} \boxed{J_1} & & & \\ & \boxed{J_2} & & \\ & & \ddots & \\ & & & \boxed{J_p} \end{pmatrix}$$

wobei die J_i ("Jordankästen") $r_i \times r_i$-Matrizen der Gestalt

$$J_i = \begin{pmatrix} \lambda_i & 1 & 0 & 0 & \cdots & 0 \\ 0 & \lambda_i & 1 & 0 & \cdots & 0 \\ 0 & 0 & \lambda_i & 1 & \cdots & 0 \\ \vdots & \vdots & \vdots & \ddots & \ddots & \vdots \\ 0 & 0 & 0 & \cdots & \lambda_i & 1 \\ 0 & 0 & 0 & \cdots & 0 & \lambda_i \end{pmatrix}$$

sind. Ein solcher Jordankasten entspricht dem Rekurrenzsystem

$$\begin{aligned} a_{n+1}^{(1)} &= \lambda_i\, a_n^{(1)} + a_n^{(2)} \\ a_{n+1}^{(2)} &= \lambda_i\, a_n^{(2)} + a_n^{(3)} \\ \vdots \quad \vdots &\qquad\qquad \vdots \\ a_{n+1}^{(r_i-1)} &= \lambda_i\, a_n^{(r_i-1)} + a_n^{(r_i)} \\ a_{n+1}^{(r_i)} &= \lambda_i\, a_n^{(r_i)} \end{aligned} \tag{A.6}$$

Satz A.8 (Fundamentalsystem für Jordankästen)
Das Rekurrenzsystem (A.6) hat das Fundamentalsystem

$$\left\{ \begin{pmatrix} \lambda_i^n \\ 0 \\ 0 \\ \vdots \\ 0 \end{pmatrix}, \begin{pmatrix} \binom{n+1}{1}\lambda_i^n \\ \lambda_i^{n+1} \\ 0 \\ \vdots \\ 0 \end{pmatrix}, \begin{pmatrix} \binom{n+2}{2}\lambda_i^n \\ \binom{n+1}{1}\lambda_i^{n+1} \\ \lambda_i^{n+2} \\ \vdots \\ 0 \end{pmatrix}, \ldots, \begin{pmatrix} \binom{n+r_i-1}{r_i-1}\lambda_i^n \\ \binom{n+r_i-2}{r_i-2}\lambda_i^{n+1} \\ \binom{n+r_i-3}{r_i-3}\lambda_i^{n+2} \\ \vdots \\ \lambda_i^{n+r_i-1} \end{pmatrix} \right\}$$

Beweis:

1. Die r_i Vektoren sind linear unabhängig

2. Falls $a_n^{(k+1)} = \cdots = a_n^{(r_i)} = 0$, so ist $a_n^{(k)} = \lambda_i^n$ eine Lösung, denn

$$a_n^{(k)} = \lambda_i \, a_n^{(k)} + 0$$

3. Sei

$$a_n^{(k)} = \binom{n+l}{l} \lambda_i^{n-l+r_i-1}$$

Dann ist die folgende lineare Rekurrenz erster Ordnung mit konstanten Koeffizienten zu lösen:

$$a_{n+1}^{(k-1)} = \lambda_i \, a_n^{(k-1)} + \binom{n+l}{l} \lambda_i^{n-l+r_i-1}$$

Deren Lösung ist

$$a_n^{(k-1)} = \binom{n+l+1}{l+1} \lambda_i^{n-l+r_i-2}$$

wie man leicht durch Nachrechnen überprüft.

Löst man also das homogene Rekurrenzsystem (A.5), so ergibt sich eine Lösung in der man wie oben zuerst die Matrix A durch eine Matrix C in Jordan-Normalform überführt und dann dieses System löst und die Lösung von links mit C multipliziert. Insgesamt gilt also der Satz

Satz A.9 (Homogene Lösungen II)
Gegeben sei das Rekurrenzsystem (A.5), wobei das Hauptpolynom von A die Gestalt

$$p_r(\lambda) = (-1)^r(\lambda - \lambda_1)^{r_1} \cdots (\lambda - \lambda_p)^{r_p}$$

habe. Dann erhält man aus dem Ansatz

$$\vec{a}_n^{(m)} = \vec{p}_i^{(m)}(n)\,\lambda_i^n$$

mit

$$\vec{p}_i^{(m)}(n) = \begin{pmatrix} p_{i,1}^{(m)}(n) \\ \vdots \\ p_{i,r_i}^{(m)}(n) \end{pmatrix}$$

wobei die $p_{i,j}^{(m)}(n)$ Polynome in n vom Grad $\leq m$ sind. Sie bilden eine Menge von r_i linear unabhängigen Vektoren, wenn dieser Ansatz für $m = 0,\ldots,r_i-1$ durchgeführt wird. Führt man diesen Ansatz für jeden Eigenwert λ_i, $i = 1,\ldots,p$ durch so erhält man ein Fundamentalsystem von r-Vektoren für die Lösungen der homogenen Rekurrenz (A.5). ∎

Beispiel A.10 (Homogenes Rekurrenzsystem)

$$\begin{aligned} a_{n+1} &= a_n - b_n \\ b_{n+1} &= 4\,a_n - 3\,b_n \end{aligned} \tag{A.7}$$

Dieses Rekurrenzsystem lautet in Vektorform:

$$\begin{pmatrix} a_{n+1} \\ b_{n+1} \end{pmatrix} = \begin{pmatrix} 1 & -1 \\ 4 & -3 \end{pmatrix} \begin{pmatrix} a_n \\ b_n \end{pmatrix}$$

Das Hauptpolynom der Matrix ist $p_2(\lambda) = \lambda^2 + 2\,\lambda + 1$. Also ist $\lambda = -1$ zweifacher Eigenwert der Matrix. Der Ansatz aus Satz A.9 mit $m = 0$ lautet also:

$$\begin{pmatrix} a_n \\ b_n \end{pmatrix} = \begin{pmatrix} p_1^{(0)} \\ p_2^{(0)} \end{pmatrix} (-1)^n$$

Eingesetzt in (A.7) ergibt sich

$$\begin{aligned} p_1^{(0)} \cdot (-1)^{n+1} &= p_1^{(0)} \cdot (-1)^n - p_2^{(0)} \cdot (-1)^n \\ p_2^{(0)} \cdot (-1)^{n+1} &= 4 \cdot p_1^{(0)} \cdot (-1)^n - 3 \cdot p_2^{(0)} \cdot (-1)^n \end{aligned}$$

Die Lösung dieses linearen Gleichungssystems ist:

$$\begin{pmatrix} p_1^{(0)} \\ p_2^{(0)} \end{pmatrix} = \begin{pmatrix} 1 \\ 2 \end{pmatrix}$$

Der Ansatz aus Satz A.9 mit $m = 1$ lautet:

$$\begin{pmatrix} a_n \\ b_n \end{pmatrix} = \begin{pmatrix} p_{1,1}^{(1)} + p_{1,2}^{(1)}\,n \\ p_{2,1}^{(1)} + p_{2,2}^{(1)}\,n \end{pmatrix} \cdot (-1)^n$$

Eingesetzt in (A.7) ergibt sich

$$\begin{aligned} (p_{1,1}^{(1)} + p_{1,2}^{(1)} + p_{1,2}^{(1)}\,n) \cdot (-1)^{n+1} &= (p_{1,1}^{(1)} + p_{1,2}^{(1)}\,n) \cdot (-1)^n - (p_{2,1}^{(1)} + p_{2,2}^{(1)}\,n) \cdot (-1)^n \\ (p_{2,1}^{(1)} + p_{2,2}^{(1)} + p_{2,2}^{(1)}\,n) \cdot (-1)^{n+1} &= 4\,(p_{1,1}^{(1)} + p_{1,2}^{(1)}\,n) \cdot (-1)^n - 3\,(p_{2,1}^{(1)} + p_{2,2}^{(1)}\,n) \cdot (-1)^n \end{aligned}$$

Die Lösung dieses linearen Gleichungssytems lautet nun:

$$\begin{pmatrix} p_{1,1}^{(1)} + p_{1,2}^{(1)}\, n \\ p_{2,1}^{(1)} + p_{2,2}^{(1)}\, n \end{pmatrix} = \begin{pmatrix} n \\ 1 + 2\, n \end{pmatrix}$$

Also hat die Rekurrenz (A.7) das Fundamentalsystem

$$\left\{ \begin{pmatrix} 1 \\ 2 \end{pmatrix} \cdot (-1)^n, \begin{pmatrix} n \\ 1 + 2\, n \end{pmatrix} \cdot (-1)^n \right\}$$

■

Man vergleiche diesen Abschnitt mit dem entsprechenden Abschnitt aus [Wal76] zur Lösung von Differentialgleichungssystemen mit konstanten Koeffizienten.

Für inhomogene Rekurrenzsysteme müssen noch Ansätze definiert werden, um die spezielle Lösung $\vec{s}_n$ zu finden. Dazu formt man die Matrix A in (A.4) durch eine nicht-singuläre Matrix C in Jordan-Normalform um, und erhält das Rekurrenzsystem:

$$C^{-1} \cdot \vec{a}_{n+1} = (C^{-1}\, A\, C)(C^{-1} \cdot \vec{a}_n) + C^{-1}\vec{b}_n$$

Dann ist das Problem des Findens einer speziellen Lösung $\vec{s}_n$ reduziert auf das Problem des Findens einer speziellen Lösung $\vec{t}_n$ für den Jordankasten zum r_i-fachen Eigenwert λ_i. Man betrachtet also nur noch das Rekurrenzsystem

$$
\begin{aligned}
t_{n+1}^{(1)} &= \lambda_i\, t_n^{(1)} + t_n^{(2)} + \gamma_n^{(1)} \\
&\;\;\vdots \quad \vdots \quad \vdots \\
t_{n+1}^{(r_i-1)} &= \lambda_i\, t_n^{(r_i-1)} + t_n^{(r_i)} + \gamma_n^{(r_i-1)} \\
t_{n+1}^{(r_i)} &= \lambda_i\, t_n^{(r_i)} + \gamma_n^{(r_i)}
\end{aligned}
$$

Eine spezielle Lösung läßt sich dann von der letzten Gleichung ausgehend aus den Ansätzen zum Finden spezieller Lösungen bei inhomogenen Rekurrenzen konstruieren:

Algorithmus A.11 (Spezielle Lösungen für Jordankästen)
Eingabe: Ein Rekurrenzsystem für Jordankästen wie oben definiert
Ausgabe: Eine spezielle Lösung $\vec{t}_n$

Finde spezielle Lösung $t_n^{(r_i)}$ der inhomogenen Rekurrenz
$$t_{n+1}^{(r_i)} = \lambda_i\, t_n^{(r_i)} + \gamma_n^{(r_i)}$$

for $j := r_i - 1$ **downto** 1 **do**
    Finde spezielle Lösung $t_n^{(j)}$ der inhomogenen Rekurrenz
    $$t_{n+1}^{(j)} = \lambda_i\, t_n^{(j)} + t_n^{(j+1)} + \gamma_n^{(j)}$$

■

Beispiel A.12 (Inhomogenes Rekurrenzsystem)

$$\begin{pmatrix} a_{n+1} \\ b_{n+1} \end{pmatrix} = \begin{pmatrix} 1 & -1 \\ 4 & -3 \end{pmatrix} \begin{pmatrix} a_n \\ b_n \end{pmatrix} + \begin{pmatrix} n \\ 2 \end{pmatrix}$$

Die Jordannormalform der Matrix $\begin{pmatrix} 1 & -1 \\ 4 & -3 \end{pmatrix}$ lautet $\begin{pmatrix} -1 & 1 \\ 0 & -1 \end{pmatrix}$.

Die transformierende Matrix ist

$$C = \begin{pmatrix} -1 & 0 \\ -2 & 1 \end{pmatrix}$$

Somit ist

$$C^{-1} = \begin{pmatrix} -1 & 0 \\ -2 & 1 \end{pmatrix}$$

Also berechnet man $\begin{pmatrix} a'_n \\ b'_n \end{pmatrix} = C^{-1} \begin{pmatrix} a_n \\ b_n \end{pmatrix}$ über das Rekurrenzsystem

$$\begin{pmatrix} a'_{n+1} \\ b'_{n+1} \end{pmatrix} = \begin{pmatrix} -1 & 1 \\ 0 & -1 \end{pmatrix} \begin{pmatrix} a'_n \\ b'_n \end{pmatrix} + \begin{pmatrix} -n \\ -2\,n + 2 \end{pmatrix}$$

bzw.

$$a'_{n+1} = -a'_n + b'_n - n \tag{A.8}$$
$$b'_{n+1} = -b'_n - 2\,n + 2 \tag{A.9}$$

Die spezielle Lösung von (A.9) bekommt man über den Ansatz

$$b'_n = \alpha\,n + \beta$$

Durch Einsetzen in (A.9) ergibt sich

$$b'_n = -n + \frac{3}{2}$$

Setzt man dieses Ergebnis in (A.8), so ergibt sich die Rekurrenz

$$a'_{n+1} = -a'_n + \frac{3}{2} - 2\,n$$

Eine spezielle Lösung dieser Rekurrenz ist

$$a'_n = -n + \frac{5}{4}$$

Somit hat man

$$\begin{pmatrix} a_n \\ b_n \end{pmatrix} = \begin{pmatrix} -1 & 0 \\ -2 & 1 \end{pmatrix} \begin{pmatrix} -n + 5/4 \\ -n + 3/2 \end{pmatrix} = \begin{pmatrix} n - 5/4 \\ n - 1 \end{pmatrix}$$

Eine allgemeine Lösung dieses Rekurrenzsystems ist also:

$$\begin{pmatrix} a_n \\ b_n \end{pmatrix} = \begin{pmatrix} n - 5/4 \\ n - 1 \end{pmatrix} + \gamma \cdot \begin{pmatrix} 1 \\ 2 \end{pmatrix} \cdot (-1)^n + \delta \cdot \begin{pmatrix} n \\ 1 + 2\,n \end{pmatrix} \cdot (-1)^n$$

wobei $\gamma, \delta \in \mathbf{R}$ $\blacksquare$

A.4 Die Methode der erzeugenden Funktionen

Es gibt umfangreiche Literatur über erzeugende Funktionen. Am interessantesten für die Informatik ist wohl [GKP89].

Definition A.13 (Erzeugende Funktion)
Sei a_n eine Folge. Dann heißt die (komplexwertige) Funktion

$$A(z) = \sum_{n=0}^{\infty} a_n\, z^n$$

die *erzeugende Funktion* der Folge a_n. $\blacksquare$

Beim Lösen von Rekurrenzen mittels erzeugenden Funktionen transformiert man zuerst die Rekurrenz in eine Funktional- oder Differentialgleichung für die erzeugenden Funktion. Nach deren Lösung transformiert man diese in eine Folge, indem man den Koeffizienten von z^n bestimmt. Dazu ist im allgemeinen eine Partialbruchzerlegung notwendig, damit dann über Tabellen der Koeffizient von z^n bestimmt werden kann. Entsprechend erhält man für Rekurrenzsysteme ein System von Funktionalgleichungen und Differentialgleichungen.

Beispiel A.14 (Fibonacci-Zahlen)
Die Rekurrenz für die Fibonacci-Zahlen war:

$$\begin{aligned} f_0 &= 0 \\ f_1 &= 1 \\ f_{n+2} &= f_{n+1} + f_n \end{aligned}$$

Multiplizert man beide Seiten der Rekurrenz mit z^n und summiert dann über alle n so erhält man mit $F(z) = \sum_{n=0}^{\infty} f_n\, z^n$

$$\frac{1}{z^2}\,(F(z) - z) = \frac{1}{z} F(z) + F(z)$$

Löst man diese Gleichung, so erhält man

$$F(z) = \frac{z}{1 - z - z^2}$$

Die Durchführung der Partialbruchzerlegung führt zu:

$$F(z) = \frac{1/\sqrt{5}}{1 - (1 + \sqrt{5})/2\, z} - \frac{1/\sqrt{5}}{1 - (1 - \sqrt{5})/2\, z}$$

Unter Verwendung der Formel

$$\sum_{n=0}^{\infty} c^n\, z^n = \frac{1}{1 - cz}$$

erhält man:

$$F(z) = \sum_{n=0}^{\infty} \frac{1}{\sqrt{5}} \left(\left(\frac{1 + \sqrt{5}}{2} \right)^n - \left(\frac{1 - \sqrt{5}}{2} \right)^n \right) z^n$$

Also ist

$$f_n = \frac{1}{\sqrt{5}} \left(\left(\frac{1 + \sqrt{5}}{2} \right)^n - \left(\frac{1 - \sqrt{5}}{2} \right)^n \right)$$

Mit dieser Methode und der Anwendung der Faltungsformel

$$\sum_{n=0}^{\infty} a_n\, z^n \sum_{k=0}^{\infty} b_k\, z^k = \sum_{n=0}^{\infty} \left(\sum_{k=0}^{n} a_k\, b_{n-k} \right) z^n$$

läßt sich eine ziemlich große Klasse von Rekurrenzen behandeln:

Beispiel A.15 (Anwendung der Faltung)

$$\begin{aligned}
a_0 &= 1 \\
a_{n+1} &= \sum_{k=0}^{n} a_k\, a_{n-k}
\end{aligned}$$

Multipliziert man beide Seiten mit z^n, summiert sie auf für alle n und wendet die Faltung an, so erhält man folgende Funktionalgleichung:

$$A^2(z) - \frac{1}{z} A(z) + \frac{1}{z} = 0$$

Mit der Tatsache daß $A(0) = 1$ ist, ergibt sich

$$A(z) = \frac{1 - \sqrt{1 - 4\,z}}{2\,z}$$

Die Potenzreihenentwicklung lautet nun:

$$A(z) = \sum_{n=0}^{\infty} \frac{1}{n+1} \binom{2\,n}{n} z^n$$

Somit ist

$$a_n = \frac{1}{n+1} \binom{2\,n}{n}$$

Anhang B

Die Korrektheit der Übersetzungen

In diesem Anhang wird der Korrektheitssatz der Übersetzung (Satz 4.7) bewiesen. Der Beweis des anderen Korrektheitssatzes Satz 4.25 läuft analog zu diesem Beweis hier. Da es sich zwar um lange, nicht aber um schwierige Induktionsbeweise handelt, werden diese nur im Anhang durchgeführt. Die einzigen Stellen, an denen dieser Beweis nicht trivial ist, sind bei der let-Abkürzung und beim Funktionsaufruf. Für diese beiden Fälle benötigen wir ein Lemma, das erlaubt, Substitutionen innerhalb eines auszuwertenden Terms zu eliminieren, indem man die entsprechende Variable mit in die Umgebung aufnimmt:

Lemma B.1 (Elimination von Substitutionen)
Sei $\Pi = (T, F)$ ein beliebiges STYFL-Programm. Dann gilt für alle Terme t_1, t_2, für alle Variablen x und alle Umgebungen ρ:

$$EVAL[\![\, t_1[t_2 \leftarrow x]\,]\!]\ \Pi\ \rho = EVAL[\![\, t_1\,]\!]\ \Pi\ [EVAL[\![\, t_2\,]\!]\Pi\ \rho \leftarrow x]\rho$$

Beweis: Durch Induktion über den Aufbau von Term t_1. Es sei $T = \{(n_i, S_i, \Sigma_i, C_i, E_i(X_i))|1 \leq i \leq n\}$ und

$$C = \bigcup_{i=1}^{n} C_i, \quad \Sigma = \bigcup_{i=1}^{n} \Sigma_i, \quad X = \bigcup_{i=1}^{n} X_i, \quad E(X) = \bigcup_{i=1}^{n} E_i(X_i)$$

Weiter sei die Umgebung ρ' definiert durch

$$\rho' = [EVAL[\![\, t_2\,]\!]\Pi\ \rho \leftarrow x]\rho$$

(i) t_1 ist eine Variable

    1. Fall: $t_1 = x$. Dann gilt nach der Definition der Substitution (Definition 3.14)

$$EVAL[\![\, x[t_2 \leftarrow x]\,]\!]\Pi\ \rho = EVAL[\![\, t_2\,]\!]\Pi\ \rho$$

Andrerseits gilt:

$$EVAL[\![\, x \,]\!]\, \Pi \; [EVAL[\![\, t_2 \,]\!]\, \Pi \; \rho \leftarrow x]\rho$$

$= \{\text{Definition 3.33(i)}\}$

$$([EVAL[\![\, t_2 \,]\!]\, \Pi \; \rho \leftarrow x]\rho)(x)$$

$= \{\text{Definition 3.32}\}$

$$EVAL[\![\, t_2 \,]\!]\, \Pi \; \rho$$

2. Fall: $t_1 = y \neq x$. Dann gilt nach der Definition der Substitution (Definition 3.14)

$$EVAL[\![\, y[t_2 \leftarrow x] \,]\!]\, \Pi \; \rho = EVAL[\![\, y \,]\!]\, \Pi \; \rho = \rho(y)$$

Andrerseits gilt auch:

$$EVAL[\![\, y \,]\!]\, \Pi \; [EVAL[\![\, t_2 \,]\!]\, \Pi \; \rho \leftarrow x]\rho$$

$= \{\text{Definition 3.33(i)}\}$

$$([EVAL[\![\, t_2 \,]\!]\, \Pi \; \rho \leftarrow x]\rho)(y)$$

$= \{\text{Definition 3.32, Fall } x \neq y\}$

$$\rho(y)$$

(ii) $t_1 = f(u_1, \ldots, u_n)$ für ein $f \in C$. Dann gilt:

$$EVAL[\![\, f(u_1, \ldots, u_n)[t_2 \leftarrow x] \,]\!]\, \Pi \; \rho$$

$= \{\text{Definition der Substitution (Definition 3.14)}\}$

$$EVAL[\![\, f(u_1[t_2 \leftarrow x], \ldots, u_n[t_2 \leftarrow x] \,]\!]\, \Pi \; \rho$$

$= \{\text{Definition 3.33(ii)}\}$

$$f(EVAL[\![\, u_1[t_2 \leftarrow x] \,]\!]\, \Pi \; \rho, \ldots, EVAL[\![\, u_n[t_2 \leftarrow x] \,]\!]\, \Pi \; \rho)$$

$= \{\text{Induktionshypothese}\}$

$$f(EVAL[\![\, u_1 \,]\!]\, \Pi \; \rho', \ldots, EVAL[\![\, u_n \,]\!]\, \Pi \; \rho')$$

$= \{\text{Definition 3.33(ii)}\}$

$$EVAL[\![\, f(u_1, \ldots, u_n) \,]\!]\, \Pi \; \rho'$$

(iii) $t_1 = f(u_1, \ldots, u_n)$ für ein $f \in \Sigma \setminus C$. Dann gilt

$$EVAL[\![\, f(u_1, \ldots, u_n)[t_2 \leftarrow x] \,]\!]\, \Pi \; \rho$$

$= \{\text{Definition der Substitution (Definition 3.14)}\}$

$$EVAL[\![\, f(u_1[t_2 \leftarrow x], \ldots, u_n[t_2 \leftarrow x]) \,]\!]\, \Pi \; \rho$$

$= \sigma(r)$

wobei nach Definition 3.33(iii) σ eine Substitution ist, so daß für $f(l_1, \ldots, l_n) = r \in E(X)$ gilt:

$$\sigma(f(l_1, \ldots, l_n)) = f(EVAL[\![\, u_1[t_2 \leftarrow x] \,]\!]\, \Pi \; \rho, \ldots, EVAL[\![\, u_n[t_2 \leftarrow x] \,]\!]\, \Pi \; \rho)$$

Dann gilt nach Induktionsannahme:

$$\sigma(f(l_1, \ldots, l_n)) = f(EVAL[\![\, u_1 \,]\!]\, \Pi \; \rho', \ldots, EVAL[\![\, u_n \,]\!]\, \Pi \; \rho')$$

Nach Definition 3.33(iii) ist somit auch

$$EVAL[\![\, f(u_1, \ldots, u_n) \,]\!]\, \Pi \; \rho' = \sigma(r)$$

(iv) $t_1 = f(u_1, \ldots, u_n)$ für ein $f(x_1 : s_1, \ldots, x_n : s_n) : s = B \in F$. Dann ist

$EVAL[\![\, f(u_1, \ldots, u_n)[t_2 \leftarrow x] \,]\!] \, \Pi \, \rho =$

$=$ {Definition der Substitution (Definition 3.14)}

$\quad EVAL[\![\, f(u_1[t_2 \leftarrow x], \ldots, u_n[t_2 \leftarrow x]) \,]\!] \, \Pi \, \rho$

$=$ {Definition 3.33(iv)}

$\quad EVAL[\![\, B \,]\!] \, \Pi \, [EVAL[\![\, u_1[t_2 \leftarrow x] \,]\!] \, \Pi \, \rho \leftarrow x_1] \cdots [EVAL[\![\, u_n[t_2 \leftarrow x] \,]\!] \, \Pi \, \rho \leftarrow x]\rho$

$=$ {Induktionshypothese}

$\quad EVAL[\![\, B \,]\!] \, \Pi \, [EVAL[\![\, u_1 \,]\!] \, \Pi \, \rho' \leftarrow x_1] \cdots [EVAL[\![\, u_n \,]\!] \, \Pi \, \rho' \leftarrow x_n]\rho$

$=$ {x kommt in B nicht vor (nach Definition 3.15)}

$\quad EVAL[\![\, B \,]\!] \, \Pi \, [EVAL[\![\, u_1 \,]\!] \, \Pi \, \rho' \leftarrow x_1] \cdots [EVAL[\![\, u_n \,]\!] \, \Pi \, \rho' \leftarrow x_n]\rho'$

$=$ {Definition 3.33(iv)}

$\quad EVAL[\![\, f(u_1, \ldots, u_n) \,]\!] \, \Pi \, \rho'$

(v) $t_1 = \textbf{if } c \textbf{ then } u_1 \textbf{ else } u_2$. Dann gilt:

$EVAL[\![\, \textbf{if } c \textbf{ then } u_1 \textbf{ else } u_2[t_2 \leftarrow x] \,]\!] \, \Pi \, \rho =$

$=$ {Definition der Substitution (Definition 3.14)}

$\quad EVAL[\![\, \textbf{if } c[t_2 \leftarrow x] \textbf{ then } u_1[t_2 \leftarrow x] \textbf{ else } u_2[t_2 \leftarrow x] \,]\!] \, \Pi \, \rho$

$=$ {Definition 3.33(v)}

$\quad \begin{cases} EVAL[\![\, u_1[t_2 \leftarrow x] \,]\!] \, \Pi \, \rho & \text{falls } EVAL[\![\, c[t_2 \leftarrow x] \,]\!] \, \Pi \, \rho = true \\ EVAL[\![\, u_[t_2 \leftarrow x] \,]\!] \, \Pi \, \rho & \text{falls } EVAL[\![\, c[t_2 \leftarrow x] \,]\!] \, \Pi \, \rho = false \\ \bot & \text{sonst} \end{cases}$

$=$ {Induktionshypothese}

$\quad \begin{cases} EVAL[\![\, u_1 \,]\!] \, \Pi \, \rho' & \text{falls } EVAL[\![\, c \,]\!] \, \Pi \, \rho' = true \\ EVAL[\![\, u_2 \,]\!] \, \Pi \, \rho' & \text{falls } EVAL[\![\, c \,]\!] \, \Pi \, \rho' = false \\ \bot & \text{sonst} \end{cases}$

$=$ {Definition 3.33(v)}

$\quad EVAL[\![\, \textbf{if } c \textbf{ then } u_1 \textbf{ else } u_2 \,]\!] \, \Pi \, \rho'$

(vi) $t_1 = (u_1 = u_2)$ Dann gilt:

$EVAL[\![\, (u_1 = u_2)[t_2 \leftarrow x] \,]\!] \, \Pi \, \rho =$

$=$ {Definition der Substitution (Definition 3.14)}

$\quad EVAL[\![\, u_1[t_2 \leftarrow x] = u_2[t_2 \leftarrow x] \,]\!] \, \Pi \, \rho$

$=$ {Definition 3.33(vi)}

$\quad \begin{cases} true & \text{falls } EVAL[\![\, u_1[t_2 \leftarrow x] \,]\!] \, \Pi \, \rho = EVAL[\![\, u_2[t_2 \leftarrow x] \,]\!] \, \Pi \, \rho \\ & \quad \text{und } EVAL[\![\, u_1[t_2 \leftarrow x] \,]\!] \, \Pi \, \rho, EVAL[\![\, u_2[t_2 \leftarrow x] \,]\!] \, \Pi\rho \neq \bot \\ \bot & \text{falls } EVAL[\![\, u_1[t_2 \leftarrow x] \,]\!] \, \Pi \, \rho = \bot \\ & \quad \text{oder } EVAL[\![\, u_2[t_2 \leftarrow x] \,]\!] \, \Pi \, \rho = \bot \\ false & \text{sonst} \end{cases}$

$=$ {Induktionshypothese}

$\quad \begin{cases} true & \text{falls } EVAL[\![\, u_1 \,]\!] \, \Pi \, \rho' = EVAL[\![\, u_2 \,]\!] \, \Pi \, \rho' \\ & \quad \text{und } EVAL[\![\, u_1 \,]\!] \, \Pi \, \rho', EVAL[\![\, u_2 \,]\!] \, \Pi \, \rho' \neq \bot \\ \bot & \text{falls } EVAL[\![\, u_1 \,]\!] \, \Pi \, \rho' = \bot \text{ oder } EVAL[\![\, u_2 \,]\!] \, \Pi \, \rho' = \bot \\ false & \text{sonst} \end{cases}$

$$= \quad \{\text{Definition } 3.33(\text{vi})\}$$
$$EVAL[\![\, u_1 = u_2 \,]\!]\, \Pi\, \rho'$$

(vii) $t_1 = \mathbf{let}\ y = u_1\ \mathbf{in}\ u_2$ und $y \neq x$. Dann ist

$$EVAL[\![\, \mathbf{let}\ y = u_1\ \mathbf{in}\ u_2[t_2 \leftarrow x] \,]\!]\, \Pi\, \rho =$$
$$= \quad \{\text{Definition der Substitution (Definition 3.14)}\}$$
$$EVAL[\![\, \mathbf{let}\ y = u_1[t_2 \leftarrow x]\ \mathbf{in}\ u_2[t_2 \leftarrow x] \,]\!]\, \Pi\, \rho$$
$$= \quad \{\text{Definition } 3.33(\text{vii})\}$$
$$EVAL[\![\, u_2[t_2 \leftarrow x] \,]\!]\, \Pi\, [EVAL[\![\, u_1[t_2 \leftarrow x] \,]\!]\, \Pi\rho \leftarrow y]\rho$$
$$= \quad \{\text{Induktionshypothese}\}$$
$$EVAL[\![\, u_2 \,]\!]\, \Pi\, [EVAL[\![\, u_1 \,]\!]\, \Pi\, \rho' \leftarrow y]\rho'$$
$$= \quad \{\text{Definition } 3.33(\text{vii})\}$$
$$EVAL[\![\, \mathbf{let}\ y = u_1\ \mathbf{in}\ u_2 \,]\!]\, \Pi\, \rho'$$

$\blacksquare$

Mit diesem Lemma lassen sich nun die Korrektheitssätze der Übersetzungen Satz 4.7 und Satz 4.25 beweisen. An dieser Stelle wird nur der Korrektheitssatz Satz 4.7 bewiesen. Satz 4.25 beweist man analog.

Satz B.2 (Korrektheitssatz der Übersetzungen Satz 4.7)
Sei $\Pi = (T, F)$ ein STYFL-Programm. Das Programm $\Pi' = (T, F \cup F')$ mit

$$F' = \{\mathbf{TF}[\![\, Def \,]\!] \mid Def \in F\}$$

sei das in die Zeitfunktionen übersetzte Programm. Dann gilt für alle Terme t und Umgebungen ρ:

$$EVAL[\![\, \mathbf{TE}[\![\, t \,]\!] \,]\!]\, \Pi'\, \rho = TIME[\![\, t \,]\!]\, \Pi\, \rho$$

Beweis: Sei $\Pi = (T, F)$ ein STYFL-Programm, ρ eine beliebige Umgebung. Weiter sei

$$C = \bigcup_{i=1}^{n} C_i, \quad \Sigma = \bigcup_{i=1}^{n} \Sigma_i, \quad X = \bigcup_{i=1}^{n} X_i, \quad E(X) = \bigcup_{i=1}^{n} E_i(X_i)$$

und $\Pi' = (T, F \cup F')$ das gemäß Definition 4.6 übersetzte Programm Π. Der Beweis erfolgt durch Induktion über den Aufbau von t.

(i) $t = x$ ist eine Variable. Dann gilt

$$EVAL[\![\, \mathbf{TE}[\![\, x \,]\!] \,]\!]\, \Pi'\, \rho =$$
$$= \quad \{\text{Definition } 4.6(\text{ii})\}$$
$$EVAL[\![\, \tau_{var} \,]\!]\, \Pi'\, \rho$$
$$= \quad \{\text{Definition } 3.33(\text{ii})\}$$
$$\tau_{var}$$
$$= \quad \{\text{Definition } 3.35(\text{i})\}$$
$$TIME[\![\, x \,]\!]\, \Pi\, \rho$$

(ii) $t = \mathbf{if}\ c\ \mathbf{then}\ t_1\ \mathbf{else}\ t_2$. Dann gilt:

$EVAL \llbracket\, \mathbf{TE}\,\llbracket\, \mathbf{if}\ c\ \mathbf{then}\ t_1\ \mathbf{else}\ t_2\, \rrbracket\, \rrbracket\, \Pi'\, \rho =$

$\quad = \quad \{\text{Definition 4.6(iii)}\}$

$\qquad EVAL \llbracket\, \mathbf{if}\ c\ \mathbf{then}\ \tau_{if} + \mathbf{TC}\,\llbracket\, c\, \rrbracket + \mathbf{TE}\,\llbracket\, t_1\, \rrbracket\ \mathbf{else}\ \tau_{if} + \mathbf{TC}\,\llbracket\, c\, \rrbracket + \mathbf{TE}\,\llbracket\, t_2\, \rrbracket\, \rrbracket\, \Pi'\, \rho$

$\quad = \quad \{\text{Definition 3.33(v)}\}$

$$\begin{cases} EVAL \llbracket\, \tau_{if} + \mathbf{TC}\,\llbracket\, c\, \rrbracket + \mathbf{TE}\,\llbracket\, t_1\, \rrbracket\, \rrbracket\, \Pi'\, \rho & \text{falls } EVAL \llbracket\, c\, \rrbracket\, \Pi'\, \rho = \mathit{true} \\ EVAL \llbracket\, \tau_{if} + \mathbf{TC}\,\llbracket\, c\, \rrbracket + \mathbf{TE}\,\llbracket\, t_2\, \rrbracket\, \rrbracket\, \Pi'\, \rho & \text{falls } EVAL \llbracket\, c\, \rrbracket\, \Pi'\, \rho = \mathit{false} \\ \bot & \text{sonst} \end{cases}$$

$\quad = \quad \{EVAL \llbracket\, c\, \rrbracket\, \Pi'\, \rho = EVAL \llbracket\, c\, \rrbracket\, \Pi\, \rho,\ \text{denn in } c\ \text{werden höchstens Funktionen aus } F$

$\qquad \text{und Operationen aus } \Sigma\ \text{verwendet. Definition 3.33(ii), Definition 3.33(iii)}\}$

$$\begin{cases} \tau_{if} + EVAL \llbracket\, \mathbf{TC}\,\llbracket\, c\, \rrbracket\, \rrbracket\, \Pi'\, \rho + EVAL \llbracket\, \mathbf{TE}\,\llbracket\, t_1\, \rrbracket\, \rrbracket\, \Pi'\rho & \text{falls } EVAL \llbracket\, c\, \rrbracket\, \Pi\, \rho = \mathit{true} \\ \tau_{if} + EVAL \llbracket\, \mathbf{TC}\,\llbracket\, c\, \rrbracket\, \rrbracket\, \Pi'\, \rho + EVAL \llbracket\, \mathbf{TE}\,\llbracket\, t_2\, \rrbracket\, \rrbracket\, \Pi'\rho & \text{falls } EVAL \llbracket\, c\, \rrbracket\, \Pi\, \rho = \mathit{false} \\ \bot & \text{sonst} \end{cases}$$

$\quad = \quad \{\text{Induktionshypothese}\}$

$$\begin{cases} \tau_{if} + TIME \llbracket\, c\, \rrbracket\, \Pi\, \rho + TIME \llbracket\, t_1\, \rrbracket\, \Pi\rho & \text{falls } EVAL \llbracket\, c\, \rrbracket\, \Pi\, \rho = \mathit{true} \\ \tau_{if} + TIME \llbracket\, c\, \rrbracket\, \Pi\, \rho + TIME \llbracket\, t_2\, \rrbracket\, \Pi\rho & \text{falls } EVAL \llbracket\, c\, \rrbracket\, \Pi\, \rho = \mathit{false} \\ \bot & \text{sonst} \end{cases}$$

$\quad = \quad \{\text{Definition 3.35(iv)}\}$

$\qquad TIME \llbracket\, \mathbf{if}\ c\ \mathbf{then}\ t_1\ \mathbf{else}\ t_2\, \rrbracket\, \Pi\, \rho$

(iii) $t = \mathbf{let}\ x = t_1\ \mathbf{in}\ t_2$. Dann gilt:

$EVAL \llbracket\, \mathbf{TE}\,\llbracket\, \mathbf{let}\ x = t_1\ \mathbf{in}\ t_2\, \rrbracket\, \rrbracket\, \Pi'\, \rho =$

$\quad = \quad \{\text{Definition 4.6(iv)}\}$

$\qquad EVAL \llbracket\, \tau_{let} + \mathbf{TE}\,\llbracket\, t_1\, \rrbracket + \mathbf{TE}\,\llbracket\, t_2\, \rrbracket [t_1 \leftarrow x]\, \rrbracket\, \pi'\, \rho$

$\quad = \quad \{\text{Definition 3.33(ii), Definition 3.33(iii)}\}$

$\qquad \tau_{let} + EVAL \llbracket\, \mathbf{TE}\,\llbracket\, t_1\, \rrbracket\, \rrbracket\, \Pi'\, \rho + EVAL \llbracket\, \mathbf{TE}\,\llbracket\, t_2\, \rrbracket [t_1 \leftarrow x]\, \rrbracket\, \Pi'\, \rho$

$\quad = \quad \{\text{Lemma B.1}\}$

$\qquad \tau_{let} + EVAL \llbracket\, \mathbf{TE}\,\llbracket\, t_1\, \rrbracket\, \rrbracket\, \Pi'\, \rho + EVAL \llbracket\, \mathbf{TE}\,\llbracket\, t_2\, \rrbracket\, \rrbracket\, \Pi'\, [EVAL \llbracket\, t_1\, \rrbracket\, \Pi'\, \rho \leftarrow x]\rho$

$\quad = \quad \{\text{Induktionshypothese, in } t_1\ \text{werden nur Operationen aus } \Sigma\ \text{und}$

$\qquad \text{Funktionen aus } F\ \text{benutzt}\}$

$\qquad \tau_{let} + TIME \llbracket\, t_1\, \rrbracket\, \Pi\, \rho + TIME \llbracket\, t_2\, \rrbracket\, \Pi\, [EVAL \llbracket\, t_1\, \rrbracket\, \Pi\, \rho \leftarrow x]\rho$

$\quad = \quad \{\text{Definition 3.35(vi)}\}$

$\qquad TIME \llbracket\, \mathbf{let}\ x = t_1\ \mathbf{in}\ t_2\, \rrbracket\, \Pi\, \rho$

(iv) $t = f(t_1, \ldots, t_n)$, wobei $f \in \Sigma$. Dann gilt:

$EVAL \llbracket\, \mathbf{TE}\,\llbracket\, f(t_1, \ldots, t_n)\, \rrbracket\, \rrbracket\, \Pi'\, \rho =$

$\quad = \quad \{\text{Definition 4.6(v)}\}$

$\qquad EVAL \llbracket\, \tau_f + \mathbf{TE}\,\llbracket\, t_1\, \rrbracket + \cdots + \mathbf{TE}\,\llbracket\, t_n\, \rrbracket\, \rrbracket\, \Pi'\, \rho$

$\quad = \quad \{\text{Definition 3.33(ii), Definition 3.33(iii)}\}$

$\qquad \tau_f + EVAL \llbracket\, \mathbf{TE}\,\llbracket\, t_1\, \rrbracket\, \rrbracket\, \Pi'\, \rho + \cdots + EVAL \llbracket\, \mathbf{TE}\,\llbracket\, t_n\, \rrbracket\, \rrbracket\, \Pi'\, \rho$

$\quad = \quad \{\text{Induktionshypothese}\}$

$\qquad \tau_f + TIME \llbracket\, t_1\, \rrbracket\, \Pi\, \rho + \cdots + TIME \llbracket\, t_n\, \rrbracket\, \Pi\, \rho$

$\quad = \quad \{\text{Definition 3.35(iii)}\}$

$\qquad TIME \llbracket\, f(t_1, \ldots, t_n)\, \rrbracket\, \Pi\, \rho$

(v) $t = f(t_1, \ldots, t_n)$, wobei $f(x_1 : s_1, \ldots, x_n : s_n) : s = B \in F$.

Vorbemerkung: $t_1, \ldots, t_n$ enthalten nur Operationen aus Σ und Funktionen aus F. Daher gilt für $1 \leq i \leq n$:

$$EVAL[\![\, t_i \,]\!] \, \Pi \, \rho = EVAL[\![\, t_i \,]\!] \, \Pi' \, \rho$$

Daher sind die zwei Umgebungen

$$\rho' = [EVAL[\![\, t_1 \,]\!] \, \Pi \, \rho \leftarrow x_1] \cdots [EVAL[\![\, t_n \,]\!] \, \Pi \, \rho \leftarrow x_n]\rho$$
$$\rho'' = [EVAL[\![\, t_1 \,]\!] \, \Pi' \, \rho \leftarrow x_1] \cdots [EVAL[\![\, t_n \,]\!] \, \Pi' \, \rho \leftarrow x_n]\rho$$

gleich.

Es gilt:

$$EVAL[\![\, \mathbf{TE}\,[\![\, f(t_1, \ldots, t_n) \,]\!] \,]\!] \, \Pi' \, \rho =$$

$\quad = \{\text{Definition } 4.6(\text{vi})\}$

$\qquad EVAL[\![\, \tau_{call} + \mathbf{TE}\,[\![\, t_1 \,]\!] + \cdots + \mathbf{TE}\,[\![\, t_n \,]\!] + time\_f(t_1, \ldots t_n) \,]\!] \, \Pi' \, \rho$

$\quad = \{\text{Definition } 3.33(\text{ii}), \text{ Definition } 3.33(\text{iii})\}$

$\qquad \tau_{call} + EVAL[\![\, \mathbf{TE}\,[\![\, t_1 \,]\!] \,]\!] \, \Pi' \, \rho + \cdots + EVAL[\![\, \mathbf{TE}\,[\![\, t_n \,]\!] \,]\!] \, \Pi' \, \rho$

$\qquad + EVAL[\![\, time\_f(t_1, \ldots t_n) \,]\!] \, \Pi' \, \rho$

$\quad = \{time\_f(x_1 : s_1, \ldots, x_n : s_n) : \mathbf{nat} = \mathbf{TE}\,[\![\, B \,]\!] \in F', \text{Definition } 3.33(\text{iv})\}$

$\qquad \tau_{call} + EVAL[\![\, \mathbf{TE}\,[\![\, t_1 \,]\!] \,]\!] \, \Pi' \, \rho + \cdots + EVAL[\![\, \mathbf{TE}\,[\![\, t_n \,]\!] \,]\!] \, \Pi' \, \rho$

$\qquad + EVAL[\![\, \mathbf{TE}\,[\![\, B \,]\!] \,]\!] \, \Pi' \, \rho''$

$\quad = \{\text{Vorbemerkung, Induktionshypothese}\}$

$\qquad \tau_{call} + TIME[\![\, t_1 \,]\!] \, \Pi \, \rho + \cdots + TIME[\![\, t_n \,]\!] \, \Pi \, \rho + TIME[\![\, B \,]\!] \, \Pi\rho'$

$\quad = \{\text{Definition } 3.35(\text{iii})\}$

$\qquad TIME[\![\, f(t_1, \ldots, t_n) \,]\!] \, \Pi \, \rho$

(vi) Für Gleichungen gilt:

$$EVAL[\![\, \mathbf{TC}\,[\![\, t_1 = t_2 \,]\!] \,]\!] \, \Pi' \, \rho =$$

$\quad = \{\text{Definition } 4.6(\text{vii})\}$

$\qquad EVAL[\![\, \tau_{eq} + \mathbf{TE}\,[\![\, t_1 \,]\!] + \mathbf{TE}\,[\![\, t_2 \,]\!] \,]\!] \, \Pi' \, \rho$

$\quad = \{\text{Definition } 3.33(\text{ii}), \text{ Definition } 3.33(\text{iii})\}$

$\qquad \tau_{eq} + EVAL[\![\, \mathbf{TE}\,[\![\, t_1 \,]\!] \,]\!] \, \Pi' \, \rho + EVAL[\![\, \mathbf{TE}\,[\![\, t_2 \,]\!] \,]\!] \, \Pi' \, \rho$

$\quad = \{\text{Induktionshypothese}\}$

$\qquad \tau_{eq} + TIME[\![\, t_1 \,]\!] \, \Pi \, \rho + TIME[\![\, t_2 \,]\!] \, \Pi \, \rho$

$\quad = \{\text{Definition } 3.35(\text{vi})\}$

$\qquad TIME[\![\, t_1 = t_2 \,]\!] \, \Pi \, \rho$

(vii) Für Bedingungen, die boolsche Terme sind, gilt:

$$EVAL[\![\, \mathbf{TC}\,[\![\, c \,]\!] \,]\!] \, \Pi' \, \rho =$$

$\quad = \{\text{Definition } 4.6(\text{viii})\}$

$\qquad EVAL[\![\, \mathbf{TE}\,[\![\, c \,]\!] \,]\!] \, \Pi' \, \rho$

$\quad = \{\text{Induktionshypothese}\}$

$\qquad TIME[\![\, c \,]\!] \, \Pi \, \rho$

Anhang C

Eigenschaften von Folgen und Funktionen

In diesem Anhang werden diejenigen Grundlagen aus der Mathematik diskutiert, die für die Beweise in Kapitel 5 wichtig sind. Gleichzeitig werden allgemeine Notationen erläutert. Teile dieser Definitionen finden sich in [Heu81a, Heu81b, Wal71a, Wal71b].

C.1   Folgen

Eine *Folge a* ist eine Abbildung[1] $a : \mathbf{N} \to \mathbf{R}$ der natürlichen in die reellen Zahlen. Zwei Eigenschaften, die wir benötigen, sind die *Monotonie* und die *Konvexität*. Der Begriff der Konvexität wurde aus dem allgemeinen Begriff für reellwertige Funktionen übertragen. Anschließend folgen einige Sätze über monotone und konvexe Folgen, die sich aus dem kontinuierlichen auf den diskreten Fall übertragen lassen. Schließlich wird in einem letzten Satz gezeigt, wie sich Eigenschaften von Folgen auf Funktionen übertragen lassen.

Definition C.1 (Monotone und konvexe Folgen)
Eine Folge a_n heißt *monoton wachsend*, wenn für alle $n, m \in \mathbf{N}$ gilt:

$$n \leq m \Rightarrow a_n \leq a_m$$

Falls sogar $n < m \Rightarrow a_n < a_m$ gilt, so heißt a_n *streng monoton wachsend*.

Eine Folge a_n heißt *konvex*, wenn für alle $n, m \in \mathbf{N}$ folgende Aussage gilt:

Ist $l(t)$ die Strecke vom Punkt (n, a_n) nach (m, a_m), dann gilt für alle $n \leq k \leq m$:
$l(k) \geq a_k$

Gilt für alle $n < k < m$ sogar $l(k) > a_k$, dann heißt die Folge a_n *streng konvex*. ∎

---

[1] Die Anwendung einer Folge a auf ein Argument n wird als a_n geschrieben

Wir wollen nun hinreichende und notwendige Bedingungen für die Monotonie und Konvexität definieren, die im Reellen über den Begriff der ersten und zweiten Ableitung aufgebaut sind. Im diskreten Fall benutzt man dazu die Differenzen 1. und 2. Ordnung:

Definition C.2 (Differenzen 1. und 2. Ordnung)
Sei a_n eine Folge. Die *Differenz 1. Ordnung* ist eine Folge, die definiert ist durch:

$$\Delta a_n := a_{n+1} - a_n$$

Die *Differenz 2. Ordnung* von a_n ist die Differenz 1. Ordnung von Δa_n, d.h.

$$\Delta^2 a_n = \Delta\Delta a_n = \Delta a_{n+1} - \Delta a_n = a_{n+2} - 2\,a_{n+1} + a_n$$

■

Lemma C.3 (Notwendige und hinreichende Bedingung für Monotonie)
Eine Folge a_n ist genau dann monoton wachsend, wenn für alle $n \in \mathbf{N}$ gilt: $\Delta a_n \geq 0$. Sie ist genau dann streng monoton wachsend, wenn für alle $n \in \mathbf{N}$ gilt: $\Delta a_n > 0$.

Beweis: (nur für die Monotonie)
"$\Longleftarrow$":

$$a_n - a_m = \sum_{i=m}^{n-1} \Delta a_i \geq 0$$

"$\Longrightarrow$": Angenommen, es gibt $n_0 \in \mathbf{N}$ mit $\Delta a_{n_0} < 0$. Dann ist $a_{n_0+1} < a_{n_0}$, und somit ist also a_n nicht monoton wachsend. ■

Lemma C.4 (Charakterisierung konvexer Folgen)
Eine Folge a_n ist genau dann konvex, wenn für alle $n, m \in \mathbf{N}$ und λ_1, λ_2 mit $\lambda_1, \lambda_2 \geq 0$, $\lambda_1 + \lambda_2 = 1$, $n\,\lambda_1 + m\,\lambda_2 \in \mathbf{N}$ gilt:

$$a_{n\lambda_1 + m\lambda_2} \leq \lambda_1\,a_n + \lambda_2\,a_m$$

Beweis: Spezialfall von Lemma C.10 ■

Lemma C.5 (Notwendige und hinreichende Bedingung für Konvexität)
Eine Folge a_n ist genau dann konvex, wenn Δa_n monoton wachsend ist.

Beweis: "$\Longleftarrow$": Sei $n < m$. Für die Sekante

$$l(t) = \frac{a_n\,m - a_m\,n}{m - n} + \frac{a_m - a_n}{m - n}\,t$$

von (n, a_n) nach (m, a_m) ist für alle $n \leq k \leq m$ zu zeigen, daß $l(k) \geq a_k$ gilt. D.h. mit

$$a_k = a_n + \sum_{i=n}^{k-1} a_i = a_m - \sum_{i=k}^{m-1} a_i \text{ und } a_m - a_n = \sum_{i=n}^{m-1} a_i$$

muß gelten:

$$a_n\, m - a_m\, n + \left(\sum_{i=n}^{m-1} a_i\right) \cdot k \;\geq\; m \left(a_n + \sum_{i=n}^{k-1} a_i\right) - n \left(a_m - \sum_{i=k}^{m-1} a_i\right)$$

$$\Leftrightarrow \;\; \left(\sum_{i=n}^{m-1} a_i\right) \cdot k \;\geq\; m \cdot \sum_{i=k}^{m-1} a_i + n \cdot \sum_{i=n}^{k-1} a_i$$

$$\Leftrightarrow \;\; (k-n) \sum_{i=k}^{m-1} a_i \;\geq\; (m-k) \sum_{i=n}^{k-1} a_i$$

Da Δa_n monoton wachsend ist für alle $j \geq k$: $\Delta a_j \geq \Delta a_k$ und für alle $j \leq k$: $\Delta a_j \leq \Delta a_k$. Damit ist

$$(k-n) \sum_{i=k}^{m-1} a_i \;\geq\; (k-n)\,(m-k)\,\Delta a_k \;\geq\; (m-k) \sum_{i=n}^{k-1} a_i$$

"$\Longrightarrow$": Angenommen a_n ist konvex, aber es gibt ein $n_0 \in \mathbb{N}$ mit $\Delta a_{n_0} > \Delta a_{n_0+1}$. Dann gilt einerseits

$$a_{n_0} - 2\, a_{n_0+1} + a_{n_0+2} < 0$$

Andererseits gilt wegen der Konvexität von a_n für die Sekante

$$l(t) = \frac{a_{n_0}\,(n_0+2) - a_{n_0+2}\, n_0}{2} + \frac{a_{n_0+2} - a_{n_0}}{2}\, t$$

daß $l(n_0+1) \geq a_{n_0+1}$. Letzteres ist äquivalent zu

$$a_{n_0} - 2\, a_{n_0+1} + a_{n_0+2} \geq 0$$

Dies ist also ein Widerspruch zur Annahme, daß Δa_n nicht monoton wachsend ist. ∎

Korollar C.6
Eine Folge a_n ist genau dann konvex, wenn $\Delta^2 a_n \geq 0$ für alle $n \in \mathbb{N}$. ∎

Korollar C.7 (Sekantensteigungen)
Sei a_n eine konvexe Folge. Weiter sei für $n < m$:

$$\begin{aligned}
l_{n,m}(t) &= \Gamma_{n,m} + \Delta_{n,m}\, t \\
\Gamma_{n,m} &= \frac{a_n\, m - a_m\, n}{m - n} \\
\Delta_{n,m} &= \frac{a_m - a_n}{m - n}
\end{aligned}$$

die Sekante durch (n, a_n) und (m, a_m). Dann ist $\Delta_{n,m}$ monoton wachsend in n und m.

Beweis: Folgt zusammen mit Lemma C.5 aus der Tatsache, daß

$$\Delta_{n,m} = \frac{1}{m-n} \sum_{i=n}^{m-1} \Delta a_i$$

oder als Spezialfall von Satz C.11.   ∎

Lemma C.8 (Fortsetzungslemma)

Jede Folge a_n läßt sich zu einer stetigen Funktion fortsetzen, so daß die Eigenschaften Monotonie und Konvexität erhalten bleiben.

Beweis: Wähle als Fortsetzung die Strecken zwischen (n, a_n) und $(n+1, a_{n+1})$ ∎

C.2   Funktionen

Ähnlich wie beim Abschnitt über Folgen werden hier Eigenschaften von Funktion definiert und charkterisiert, wie sie für Kapitel 5 nützlich sind. Insbesondere spielt Satz C.12 eine zentrale Rolle in Kapitel 5.5. Es werden ausschließlich Funktion vom Typ $\mathbf{R}_0^+ \to \mathbf{R}$ betrachtet[2].

Definition C.9 (Monotone und konvexe Funktionen)

(a) Eine Funktion $f : \mathbf{R}_0^+ \to \mathbf{R}$ heißt *monoton wachsend* genau dann, wenn für alle $x, y \in \mathbf{R}_0^+$ gilt:

$$x \leq y \Rightarrow f(x) \leq f(y)$$

Gilt sogar $x < y \Rightarrow f(x) < f(y)$, so heißt f *streng monoton wachsend.*

(b) Eine stetige Funktion $f : \mathbf{R}_0^+ \to \mathbf{R}$ heißt *konvex* genau dann, wenn für alle $x, y \in \mathbf{R}_0^+$ folgende Aussage gilt:

> Ist $l(t)$ die Sekante von $(x, f(x))$ nach $(y, f(y))$, dann gilt für alle $x \leq t \leq y$: $f(t) \leq l(t)$.

Gilt für alle $x < t < y$ sogar $f(t) < l(t)$, so heißt f *streng konvex.*   ∎

Lemma C.10 (Eigenschaften konvexer Funktionen)

Folgende Aussagen sind für stetige Funktionen f äquivalent:

(i) f ist konvex.

(ii) Für alle $x \neq y$ und $0 \leq \lambda \leq 1$ gilt: $f(\lambda x + (1 - \lambda) y) \leq \lambda f(x) + (1 - \lambda) f(y)$

(iii) Für alle $x \neq y$ und $\lambda_1, \lambda_2 \geq 0$ mit $\lambda_1 + \lambda_2 = 1$ gilt: $f(\lambda_1 x + \lambda_2 y) \leq \lambda_1 f(x) + \lambda_2 f(y)$

Beweis: [Wal71b]   ∎

---

[2] $\mathbf{R}_0^+$ ist die Menge der nichtnegativen reellen Zahlen

Satz C.11 (Konvexe Funktionen und Sekanten)
Sei $f : \mathbf{R}_0^+ \to \mathbf{R}$ eine konvexe Funktion. Weiter sei für $x < y$

$$l_{x,y}(t) \;=\; \Gamma(x,y) + \Delta(x,y)\, t$$

$$\Gamma(x,y) \;=\; \frac{f(x)\, y - f(y)\, x}{y - x}$$

$$\Delta(x,y) \;=\; \frac{f(y) - f(x)}{y - x}$$

die Sekante durch $(x, f(x))$ und $(y, f(y))$. Dann ist $\Delta(x,y)$ monoton wachsend in x und y.
Beweis: Zu zeigen sind die zwei Aussagen:

(i) Sei $x_1 \leq x_2$. Dann ist $\Delta(x_1,y) \leq \Delta(x_2,y)$.

(ii) Sei $y_1 \leq y_2$. Dann ist $\Delta(x,y_1) \leq \Delta(x,y_2)$.

Dann folgt nämlich mit $x_1 \leq x_2$ und $y_1 \leq y_2$:

$$\Delta(x_1,y_1) \leq \Delta(x_2,y_2) \leq \Delta(x_2,y_2)$$

(i) Sei $x_1 \leq x_2$. Es gilt: $l_{x_2,y}(x_2) = f(x_2)$. Da $l_{x_2,y}(t)$ eine Gerade ist, gilt:

$$\Delta(x_1,y) = \frac{f(y) - l_{x_1,y}(x_2)}{y - x_2}$$

Nach Definition C.9 ist $f(x_2) \leq l_{x_1,y}(x_2)$. Also ist:

$$\Delta(x_1,y) \leq \frac{f(y) - f(x_2)}{y - x_2} = \Delta(x_2,y)$$

(ii) Sei $y_1 \leq y_2$. Es gilt: $l_{x,y_1}(y_1) = f(y_1)$. Da $l_{x,y_1}(t)$ eine Gerade ist gilt:

$$\Delta(x,y_2) = \frac{l_{x,y_1}(y_1) - f(x)}{y_1 - x}$$

Weil $x \leq y_1 \leq y_2$ gilt nach Definition C.9: $f(y_1) \leq l_{x,y_2}(y_1)$. Also ist:

$$\Delta(x,y_2) \geq \frac{f(y_1) - f(x)}{y_1 - x} = \Delta(x,y_1) \qquad \blacksquare$$

Der folgende Satz ist wichtig für die Beweise in Abschnitt 5.5:

Satz C.12 (Optimierung von konvexen Funktionen)
Sei f eine monoton wachsende konvexe Funktion. Dann wird unter der Nebenbedingung $d_1\, t_1 + \cdots + d_k\, t_k = x$ und $t_1, \ldots, t_k \geq 0$ die Summe $f(t_1) + \cdots + f(t_k)$ minimal bei

$$t_1 = \cdots = t_k = \frac{x}{d_1 + \cdots + d_k}$$

und maximal an einer Ecke mit $t_i = x$ des durch die Nebenbedingungen gegeben Hyperdreiecks.
Beweis: Hier wird nur die Minimalität gezeigt. Der Beweis der Maximalität verläuft dual zu dem der Minimalität.

Es sei $t = \dfrac{x}{d_1 + \cdots + d_k}$. Dann ist zu zeigen:

$$\sum_{i=1}^{k} f(t_i) \geq k \cdot f(t) \tag{C.1}$$

Weiter sei für $1 \leq m \leq k$

$$\sum_{i=1}^{k} f(t_i) = \sum_{i=1}^{m} f(t + \delta_i) + \sum_{i=m+1}^{k} f(t - \delta_i), \quad \delta_i \geq 0$$

Weil $\sum_{i=1}^{k} d_i \, t_i = \sum_{i=1}^{k} d_i \, t$ gilt, gilt auch

$$\sum_{i=1}^{m} d_i \, \delta_i = \sum_{i=m+1}^{k} d_i \, \delta_i \tag{C.2}$$

Dann ist (C.1) äquivalent zu

$$\sum_{i=1}^{m} f(t + \delta_i) - f(t) \geq \sum_{i=m+1}^{k} f(t) - f(t - \delta_i) \tag{C.3}$$

Ziel ist es nun, die Summen so umzuschreiben, daß die Anzahl der Summanden auf der linken und rechten Seite von (C.3) gleich ist, und daß keiner der Summanden links kleiner ist als einer der rechten Summanden. Damit ist dann (C.3) und somit auch (C.1) bewiesen.

Sei $\delta \geq 0$, so daß für alle $1 \leq i \leq k$ gilt: $\delta_i = d_i \, \alpha_i \, \delta$ für ein $\alpha_i > 0$, so daß $\alpha_i \cdot d_i$ eine natürliche Zahl ist. Dann ist (C.3) äquivalent zu:

$$\sum_{i=1}^{m} \sum_{j=1}^{d_i \, \alpha_i} f(t + j\,\delta) - f(t + (j-1)\,\delta) \geq \sum_{i=m+1}^{k} \sum_{j=1}^{d_i \, \alpha_i} f(t - (j-1)\,\delta) - f(t - j\,\delta) \tag{C.4}$$

Wegen (C.2) ist $\sum_{i=1}^{m} d_i \, \alpha_i = \sum_{i=m+1}^{k} d_i \, \alpha_i$, d.h. die Anzahl der Summanden auf der linken Seite in (C.4) ist gleich der Anzahl der Summanden auf der rechten Seite in (C.4). Nach Satz C.11 gilt für alle $1 \leq i \leq m$, $1 \leq j \leq \alpha_i$ und für alle $m + 1 \leq v \leq k$, $1 \leq w \leq \alpha_v$:

$$f(t + j\,\delta) - f(t + (j-1)\,\delta) \geq f(t - (w-1)\,\delta) - f(t - w\,\delta)$$

Dies beweist (C.4) und damit (C.1). ∎

Satz C.12 gilt nicht für allgemeine Linearkombinationen $c_1 \, f(t_1) + \cdots + c_k \, f(t_k)$ wie das folgende Gegenbeispiel zeigt:

Beispiel C.13 (Gegenbeispiel zur möglichen Verallgemeinerung von Satz C.12)
Sei $f(x) = x^2$, $t_1 + t_2 = x$. Ziel ist die Minimierung von $f(t_1) + 2 \, f(t_2)$. Nach Satz C.12 erhält man für $t_1 = t_2 = x/2$:

$$f(x/2) + 2 \, f(x/2) = 3/4 \, x^2$$

Andererseits ist:

$$f(3/4 \, x) + 2 \, f(x/4) = 11/16 \, x^2 < 3/4 \, x^2$$

∎

Literatur

[AHU74]   A. V. Aho, J. E. Hopcroft, and J. D. Ullman. *The Design and Analysis of Computer Algorithms.* Addison-Wesley, 1974.

[AHU83]   A. V. Aho, J. E. Hopcroft, and J. D. Ullman. *Data Structures and Algorithms.* Addison-Wesley, 1983.

[CGG+88] B.W. Char, K.O. Geddes, G.H. Gonnet, M.B. Monagan, and S.M. Watt. *MAPLE Reference Manual.* Symbolic Computation Group, Dept. of Computer Science, University of Waterloo, Canada, 5th edition, März 1988.

[Die89]   R. Dietrich. Komplexitätsvergleiche von Ableitungssystemen. Dissertation an der Universität Karlsruhe, 1989.

[Ech88]   R. Echahed. On completeness of narrowing strategies. In *Proceedings of the 13th CAAP '88.* Lecture Notes in Computer Science 299, Springer, 1988.

[EM85]   H. Ehrig and B. Mahr. *Fundamentals of Algebraic Specifications 1, Equations and Initial Semantics.* EATCS Monographs on Theoretical Computer Science. Springer, 1985.

[Fla88]   P. Flajolet. Mathematical methods in the analysis of algorithms and datastructures. In E. Boerger, editor, *Trends in Theoretical Computer Science*, chapter 6, pages 225–304. Computer Science Press, 1988.

[FO88]   P. Flajolet and A. Odlyzko. Singularity analysis of generating functions. Rapport de Recherche 826, INRIA, April 1988.

[FS87]   P. Flajolet and J.-M. Steyaert. A complexity calculus for recursive tree algorithms. *Mathematical Systems Theory*, 19: 301–331, 1987.

[FSZ88]   P. Flajolet, B. Salvy, and P. Zimmermann. Lambda-upsilon-omega: An assistant algorithms analyzer. In *Proceedings of the* AAECC. Lecture Notes in Computer Science 357, Springer, 1988.

[FV87]   P. Flajolet and J.S. Vitter. Average-case analysis of algorithms and data structures. Rapport du Recherche 718, INRIA, August 1987.

[GKP89]   R. L. Graham, D. E. Knuth, and O. Patashnik. *Concrete Mathematics.* Addison-Wesley, 1989.

[HC88]   T. Hickey and J. Cohen. Automating program analysis. *Journal of the ACM*, 35(1): 185–220, 1988.

[Hei89]   B. Heinz. Das Lösen von Gleichungen und Ungleichungen unter einer Gleichungstheorie mit Konstruktoren. Diplomarbeit, Universität Karlsruhe, Fakultät für Informatik, Februar 1989.

[Hen64]   P. Henrici. *Elements of Numerical Analysis.* J. Wiley, 1964.

[Heu81a]   H. Heuser. *Lehrbuch der Analysis 1.* B.G. Teubner, 1981.

[Heu81b]   H. Heuser. *Lehrbuch der Analysis 2.* B.G. Teubner, 1981.

[HH80]   G. Huet and J.-M. Hullot. Proofs by induction in equational theories with constructors. In *Proceedings of the 21st Annual Symposium on Foundations of Computer Science.* IEEE, 1980.

[Hof87]   M. Hofri. *Probabilistic Analysis of Algorithms.* Texts and Monographs in Computer Science. Springer, 1987.

[KB70]   D. E. Knuth and P. Bendix. Simple word problems in universal algebras. In Leech, editor, *Computational Problems in Abstract Algebra,* pages 263 – 297. Pergamon Press, 1970.

[Kem84]   R. Kemp. *Fundamentals of the Average Case Analysis of Particular Algorithms.* B. G. Teubner, John Wiley and Sons, 1984.

[Kla83]   H.A. Klaeren. *Algebraische Spezifikation.* Springer, 1983.

[Knu73a]   D. E. Knuth. *Fundamental Algorithms, The Art of Computer Programming* Vol. 1. Addison-Wesley, 1973.

[Knu73b]   D. E. Knuth. *Seminumerical Algorithms, The Art of Computer Programming* Vol. 2. Addison-Wesley, 1973.

[Knu73c]   D. E. Knuth. *Sorting and Searching, The Art of Computer Programming* Vol. 3. Addison-Wesley, 1973.

[Koz81]   Dexter Kozen. Semantics of probabilistic programs. *Journal of Computer and System Sciences,* 22: 328–350, 1981.

[LeM88]   Daniel LeMetayer. ACE: An automatic complexity evaluator. *ACM Transactions on Programming Languages and Systems,* 10(2): 248–266, 1988.

[Meh84a]   K. Mehlhorn. *Graph Algorithms and NP-Completeness, Data Structures and Algorithms* Vol. 2. Springer, 1984.

[Meh84b]   K. Mehlhorn. *Multi-dimensional Searching and Computational Geometry, Data Structures and Algorithms* Vol. 3. Springer, 1984.

[Meh84c]   K. Mehlhorn. *Sorting and Searching, Data Structures and Algorithms* Vol. 1. Springer, 1984.

[Rem84]   R. Remmert. *Funktionentheorie I, Grundwissen Mathematik* Band 5. Springer, 1984.

[Rio58]   J. Riordan. *An Introduction to Combinatorial Analysis.* J. Wiley, 1958.

[Rio68]   J. Riordan. *Combinatorial Identities.* J. Wiley, 1968.

[Wal71a]   W. Walter. Differential- und Integralrechnung 1. Skriptum an der Universität Karlsruhe, 1971.

[Wal71b]   W. Walter. Differential- und Integralrechnung 2. Skriptum an der Universität Karlsruhe, 1971.

[Wal76]   W. Walter. *Gewöhnliche Differentialgleichungen.* Springer, 4. Aufl. 1990.

[Weg75]   B. Wegbreit. Mechanical program analysis. *Communications of the ACM,* 18(9): 528–539, 1975.

[Zim89]   Paul Zimmermann. Alas: Un systeme d'analyse algebrique. Rapport de Recherche 968, INRIA, Januar 1989.

[ZZ89]   Paul Zimmermann and Wolf Zimmermann. The automatic complexity analysis of divide-and-conquer algorithms. Rapport de Recherche 1134, INRIA, December 1989.

Index

Band 215: M. Bidjan-Irani, Qualität und Testbarkeit hochintegrierter Schaltungen. IX, 169 Seiten. 1989.

Band 216: D. Metzing (Hrsg.), GWAI-89. 13th German Workshop on Artificial Intelligence. Eringerfeld, September 1989. Proceedings. XII, 485 Seiten. 1989.

Band 217: M. Zieher, Kopplung von Rechnernetzen. XII, 218 Seiten. 1989.

Band 218: G. Stiege, J. S. Lie (Hrsg.), Messung, Modellierung und Bewertung von Rechensystemen und Netzen. 5. GI/ITG-Fachtagung, Braunschweig, September 1989. Proceedings. IX, 342 Seiten. 1989.

Band 219: H. Burkhardt, K. H. Höhne, B. Neumann (Hrsg.), Mustererkennung 1989. 11. DAGM-Symposium, Hamburg, Oktober 1989. Proceedings. XIX, 575 Seiten. 1989

Band 220: F. Stetter, W. Brauer (Hrsg.), Informatik und Schule 1989: Zukunftsperspektiven der Informatik für Schule und Ausbildung. GI-Fachtagung, München, November 1989. Proceedings. XI, 359 Seiten. 1989.

Band 221: H. Schelhowe (Hrsg.), Frauenwelt – Computerräume. GI-Fachtagung, Bremen, September 1989. Proceedings. XV, 284 Seiten. 1989.

Band 222: M. Paul (Hrsg.), GI–19. Jahrestagung I. München, Oktober 1989. Proceedings. XVI, 717 Seiten. 1989.

Band 223: M. Paul (Hrsg.), GI–19. Jahrestagung II. München, Oktober 1989. Proceedings. XVI, 719 Seiten. 1989.

Band 224: U. Voges, Software-Diversität und ihre Modellierung. VIII, 211 Seiten. 1989

Band 225: W. Stoll, Test von OSI-Protokollen. IX, 205 Seiten. 1989.

Band 226: F. Mattern, Verteilte Basisalgorithmen. IX, 285 Seiten. 1989.

Band 227: W. Brauer, C. Freksa (Hrsg.), Wissensbasierte Systeme. 3. Internationaler GI-Kongreß, München, Oktober 1989. Proceedings. X, 544 Seiten. 1989.

Band 228: A. Jaeschke, W. Geiger, B. Page (Hrsg.), Informatik im Umweltschutz. 4. Symposium, Karlsruhe, November 1989. Proceedings. XII, 452 Seiten. 1989.

Band 229: W. Coy, L. Bonsiepen, Erfahrung und Berechnung. Kritik der Expertensystemtechnik. VII, 209 Seiten. 1989.

Band 230: A. Bode, R. Dierstein, M. Göbel, A. Jaeschke (Hrsg.), Visualisierung von Umweltdaten in Supercomputersystemen. Karlsruhe, November 1989. Proceedings. XII, 116 Seiten. 1990.

Band 231: R. Henn, K. Stieger (Hrsg.), PEARL 89 – Workshop über Realzeitsysteme. 10. Fachtagung, Boppard, Dezember 1989. Proceedings. X, 243 Seiten. 1989.

Band 232: R. Loogen, Parallele Implementierung funktionaler Programmiersprachen. IX, 385 Seiten. 1990.

Band 233: S. Jablonski, Datenverwaltung in verteilten Systemen. XIII, 336 Seiten. 1990.

Band 234: A. Pfitzmann, Diensteintegrierende Kommunikationsnetze mit teilnehmerüberprüfbarem Datenschutz. XII, 343 Seiten. 1990.

Band 235: C. Feder, Ausnahmebehandlung in objektorientierten Programmiersprachen. IX, 250 Seiten. 1990.

Band 236: J. Stoll, Fehlertoleranz in verteilten Realzeitsystemen. IX, 200 Seiten. 1990.

Band 237: R. Grebe (Hrsg.), Parallele Datenverarbeitung mit dem Transputer. Aachen, September 1989. Proceedings. VIII, 241 Seiten. 1990.

Band 238: B. Endres-Niggemeyer, T. Hermann, A. Kobsa, D. Rösner (Hrsg.), Interaktion und Kommunikation mit dem Computer. Ulm, März 1989. Proceedings. VIII, 175 Seiten. 1990.

Band 239: K. Kansy, P. Wißkirchen (Hrsg.), Graphik und KI. Königswinter, April 1990. Proceedings. VII, 125 Seiten. 1990.

Band 240: D. Tavangarian, Flagorientierte Assoziativspeicher und -prozessoren. XII. 193 Seiten. 1990.

Band 241: A. Schill, Migrationssteuerung und Konfigurationsverwaltung für verteilte objektorientierte Anwendungen. IX, 174 Seiten. 1990.

Band 242: D. Wybranietz, Multicast-Kommunikation in verteilten Systemen. VIII, 191 Seiten. 1990.

Band 243: U. Hahn, Lexikalisch verteiltes Text-Parsing. X, 263 Seiten. 1990.

Band 244: B. R. Kämmerer, Sprecherunabhängigkeit und Sprecheradaption. VIII, 110 Seiten. 1990.

Band 245: C. Freksa, C. Habel (Hrsg.), Repräsentation und Verarbeitung räumlichen Wissens. VIII, 353 Seiten. 1990.

Band 246: Th. Bräunl, Massiv parallele Programmierung mit dem Parallaxis–Modell. XII, 168 Seiten. 1990

Band 247: H. Krumm, Funktionelle Analyse von Kommunikationsprotokollen. IX, 122 Seiten. 1990.

Band 248: G. Moerkotte, Inkonsistenzen in deduktiven Datenbanken. VIII, 141 Seiten. 1990.

Band 249: P. A. Gloor, N. A. Streitz (Hrsg.), Hypertext und Hypermedia. IX, 302 Seiten. 1990.

Band 250: H. W. Meuer (Hrsg.), SUPERCOMPUTER '90. Mannheim, Juni 1990. Proceedings. VIII, 209 Seiten. 1990.

Band 251: H. Marburger (Hrsg.), GWAI-90. 14th German Workshop on Artificial Intelligence. Eringerfeld, September 1990. Proceedings. X, 333 Seiten. 1990.

Band 252: G. Dorffner (Hrsg.), Konnektionismus in Artificial Intelligence und Kognitionsforschung. 6. Österreichische Artificial-Intelligence-Tagung (KONNAI), Salzburg, September 1990. Proceedings. VIII, 246 Seiten. 1990.

Band 253: W. Ameling (Hrsg.), ASST '90. 7. Aachener Symposium für Signaltheorie. Aachen, September 1990. Proceedings. XI, 332 Seiten. 1990.

Band 254: R. E. Großkopf (Hrsg.), Mustererkennung 1990. 12. DAGM-Symposium, Oberkochen-Aalen, September 1990. Proceedings. XXI, 686 Seiten. 1990.

Band 255: B. Reusch, (Hrsg.), Rechnergestützter Entwurf und Architektur mikroelektronischer Systeme. GME/GI/ITG-Fachtagung, Dortmund, Oktober 1990. Proceedings. X, 298 Seiten. 1990.

Band 256: W. Pillmann, A. Jaeschke (Hrsg.), Informatik für den Umweltschutz. 5. Symposium, Wien, September 1990. Proceedings. XV, 864 Seiten. 1990.

Band 257: A. Reuter (Hrsg.), GI–20. Jahrestagung I. Stuttgart, Oktober 1990. Proceedings. XVIII, 602 Seiten. 1990.

Band 258: A. Reuter (Hrsg.), GI–20. Jahrestagung II. Stuttgart, Oktober 1990. Proceedings. XVIII, 602 Seiten. 1990.

Band 259: H.-J. Friemel, G. Müller-Schönberger, A. Schütt (Hrsg.), Forum '90 Wissenschaft und Technik. Trier, Oktober 1990. Proceedings. XI, 532 Seiten. 1990.

Band 260: B. J. Frommherz, Ein Roboteraktionsplanungssystem. XI, 134 Seiten. 1990.

Band 261: W. Zimmermann, Automatische Komplexitätsanalyse funktionaler Programme. VII, 194 Seiten. 1990.